全国中等职业技术学校楼宇智能化专业教材

电子基础知识与技能

人力资源和社会保障部教材办公室组织编写

中国劳动社会保障出版社

图书在版编目(CIP)数据

电子基础知识与技能/人力资源和社会保障部教材办公室组织编写. —北京：中国劳动社会保障出版社，2013

ISBN 978-7-5167-0513-1

Ⅰ.①电…　Ⅱ.①人…　Ⅲ.①电子技术　Ⅳ.①TN

中国版本图书馆 CIP 数据核字(2013)第 211714 号

中国劳动社会保障出版社出版发行

（北京市惠新东街 1 号　邮政编码：100029）

*

北京谊兴印刷有限公司印刷装订　新华书店经销

787 毫米×1092 毫米　16 开本　13 印张　282 千字

2014 年 2 月第 1 版　　2024 年 5 月第 4 次印刷

定价：24.00 元

营销中心电话：400-606-6496

出版社网址：http://www.class.com.cn

http://jg.class.com.cn

前　言

进入21世纪，智能楼宇技术飞速发展，对社会生活各方面的影响日益深刻，相关技能人才的需求量也随之增加。为了更好地适应中等职业技术学校楼宇智能化专业的教学需求和企业的用人要求，我们组织全国有关学校的一线教师和行业专家，开发了本套教材。

本套教材包括《建筑基础知识》《楼宇智能化概论》《电工基础知识与技能》《电子基础知识与技能》《综合布线与网络通信》《安全防范系统实务》《火灾报警与消防联动系统实务》《供配电系统监控实务》《照明系统监控实务》《环境控制系统实务》，以及《电梯基础知识与保养》。本套教材的开发过程一直以如下理念作为指导：

第一，以就业为导向，突出职业教育特色。全套教材面向楼宇智能化设备操作和维护技能人才的培养，以对口岗位需求为原点，依据职业能力和相关知识两个维度确定内容。在夯实基础的同时，为学生提供良好的职业发展平台。

第二，体现职业教育改革趋势，坚持贴近实际、贴近生活、贴近学生的原则。依据现有教学条件，以工程任务为载体，引导学生在实践中领悟知识、获得技能，培养自主学习的意识、能力和信心，激发学生的学习兴趣。

第三，紧跟楼宇智能化技术发展，符合时代要求。教材立足当前，放眼未来，既选择通用设备类型展开实训，又尽可能多地介绍行业新知识、新技术和新设备，从而帮助学生尽快适应工作岗位的需要，提高人才培养质量。

本套教材可供全国中等职业技术学校楼宇智能化专业选用，也可作为职业培训教材。教材的编写工作得到了广东、江苏、浙江等省人力资源和社会保障厅及有关学校的大力支持，在此，我们表示诚挚的谢意。

人力资源和社会保障部教材办公室

目　　录

项目一　半导体器件及其应用

半导体器件是利用半导体材料特殊电特性来完成特定功能的电子器件，具有体积小、质量轻、使用寿命长、输入功率小、功率转换效率高等优点，在电子电路中得到了广泛的应用。由半导体器件发展而成的集成电路，特别是大规模和超大规模集成电路，大大推进了电子设备的微型化、可靠性和灵活性。

任务一　二极管的判别与应用

任务要求

1. 掌握二极管的结构、符号，了解二极管的主要参数。
2. 熟悉二极管的判别方法。
3. 能利用万用表，对二极管进行质量判别及极性判别。
4. 掌握二极管半波整流稳压电路的安装与测试方法。

基础知识

一、二极管的结构和符号

半导体二极管制造材料有硅（Si）、锗（Ge）及化合物半导体，它用途广泛，可用来产生、控制、接收、变换、放大信号和进行能量转换等。生活中经常见到的商铺外的广告LED显示屏、各种门禁控制、电梯显示、艺术装饰灯等都会用到半导体二极管，如图1—1—1所示。

举例说明你在何处曾经见到过二极管，它在电路中起什么作用呢？

半导体材料是指导电性能介于导体和绝缘体之间的物体。半导体理论证实在半导体中存在两种导电的带电物体：一种是带负电的自由电子（有时称为电子），另外一种是带正电的空穴，它们在外电场的作用下，都有定向移动的效应，都能形成电流，通常称为载流子。

不加杂质的半导体称为本征半导体，在本征半导体中加不同杂质，能产生两种类型杂质半导体，它们是P型半导体和N型半导体。P型半导体又称为空穴型半导体，其内部空穴数量多于自由电子，即空穴是多数载流子，自由电子是少数载流子（图1—1—2）。例

图 1—1—1　无处不在的二极管

如，在硅晶体中加入微量的硼元素，可得到 P 型硅。N 型半导体又称为电子型半导体，其内部自由电子是多数载流子，空穴是少数载流子（图 1—1—3）。例如，在硅单晶体中加入微量磷元素，可以得到 N 型硅。

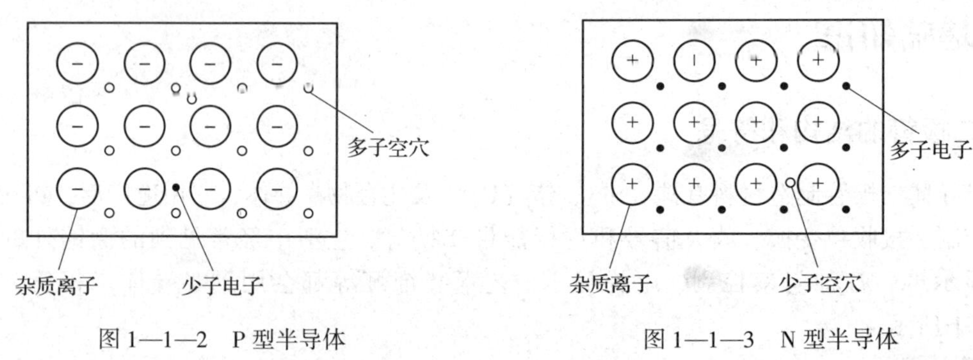

图 1—1—2　P 型半导体　　图 1—1—3　N 型半导体

半导体二极管简称二极管，是在硅或者锗单晶基片上加工出 P 型区和 N 型区，从 P 型区引出二极管的正极，从 N 型区引出二极管的负极，两个区域之间有个结合部，它是一个特殊的薄层，称为 PN 结。二极管的内部其实就是一个用硅或者锗材料制造的 PN 结，半导体二极管的结构和图形符号如图 1—1—4 所示。

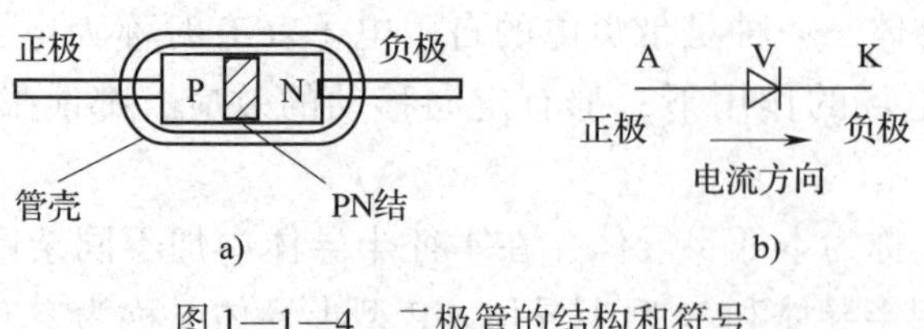

图 1—1—4　二极管的结构和符号

a）结构　b）图形符号

按照所用材料不同，二极管可分为硅管和锗管两大类。二极管的内部分为 P 型半导体区和 N 型半导体区，交界处形成 PN 结。从 P 区引出的电极为正极，用符号“A”表示，从 N 区引出的电极为负极，用符号“K”表示。

二、二极管的工作特点、主要参数和分类

1. 二极管的工作特点

(1) 二极管的单向导电性　二极管的导电性能可以用图 1—1—5 所示的实验来说明，把二极管 V、可调直流稳压电源 E，开关 S、限流电阻 R 和指示灯 H 按图 1—1—5a 所示用导线连接后，闭合开关认真观察指示灯的状态是亮还是不亮，然后把二极管的正负极对调，如图 1—1—5b 所示，闭合开关后，再认真观察指示灯的状态是亮还是不亮。

图 1—1—5a 所示的灯亮说明此时二极管的电阻很小，导电性能良好，称为“导通”状态。图 1—1—5b 指示灯不发亮，说明此时二极管的电阻很大，导电性能极差，称为“截止”状态。

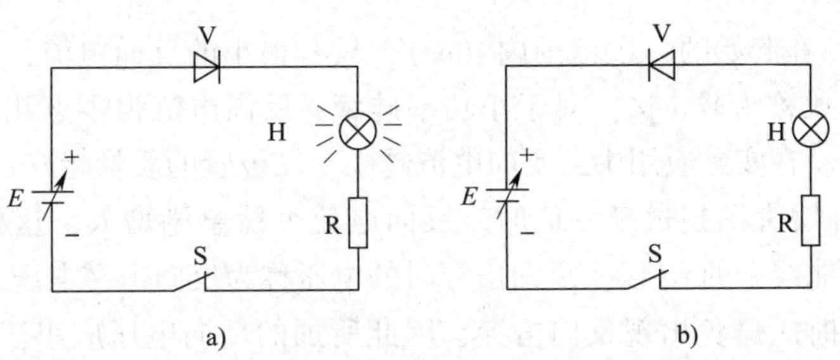

图 1—1—5　二极管的导电性能实验

a) 正偏导通　b) 反偏截止

定义：二极管导通时，其正极电位高于负极电位，此时的外加电压称为正向电压，二极管处于正向偏置状态，简称“正偏”；二极管截止时，其正极电位低于负极电位，此时的外加电压称为反向电压，二极管处于反向偏置状态，简称“反偏”。

结论：二极管在加正向电压时导通，加反向电压时截止，这就是二极管的单向导电性。

(2) 二极管的伏安特性曲线

1) 正向特性　在起始阶段（oa），外加正向电压很小，二极管呈现很大的电阻，正向电流很小，二极管几乎不导通。常把这个正向电压很小的范围称为死区，相应的电压称为死区电压。使二极管开始导通的临界电压称为开启电压或门坎电压，通常用 U_{on} 表示，硅管的开启电压 U_{on} 约为 0.5 V，而锗管的开启电压 U_{on} 约为 0.1 ~ 0.2 V。

当外加正向电压超过 U_{on} 值以后，正向电流迅速增大，二极管电阻变得很小，这时二极管处于正向导通状态，如图 1—1—6 曲线中的 *ab* 段，*ab* 段曲线较陡直。二极管正向导通时，硅管的正向压降约为 0.7 V 左右，锗管的正向压降约为 0.3 V 左右。

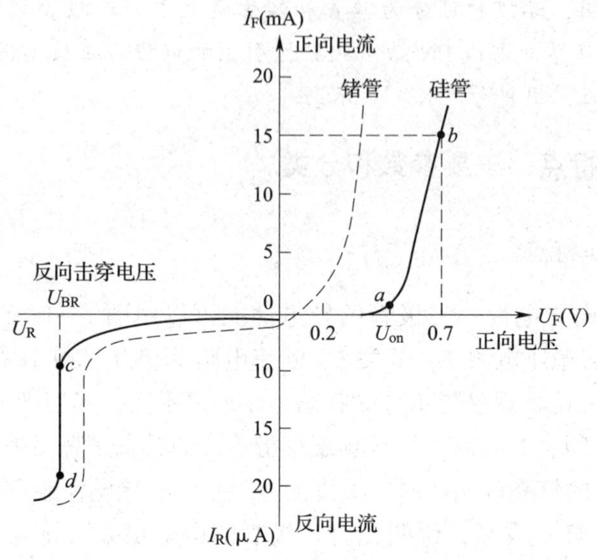

图 1—1—6　二极管的伏安特性曲线

2）反向特性　在起始的一段范围内（*oc*），只有很小的反向电流，称为反向饱和电流或反向漏电流。*oc* 段称为截止区。对于小功率硅管，反向电流为零点几微安，而锗管的反向电流为十几微安。在实际应用中，反向电流越小，二极管的质量越好。

当反向电压 U_R 增大到超过某一值时，反向电流突然急剧增大，这种现象称为反向击穿，如图 1—1—6 曲线中的 *cd* 段。反向击穿时的电压称为反向击穿电压，用符号 U_{BR} 表示。二极管在正常使用时应避免出现反向击穿，因此所加的反向电压应小于 U_{BR}。需要说明的是，二极管反向击穿时并不一定损坏，只是在没有限流措施时，反向电流 I_R 超过一定限度，PN 结过热，才会烧毁造成二极管永久性损坏。

2. 二极管的主要参数

（1）最大整流电流 I_{FM}　它是指二极管长期运行时允许通过的最大正向平均电流。实际工作时二极管的正向平均电流不得超过此值，否则二极管可能会因过热而损坏。

（2）最高反向工作电压 U_{RM}　它是指二极管正常工作时所允许外加的最高反向电压。若二极管两端电压超过此值有可能导致二极管反向击穿。

上述两个参数是选用二极管的重要依据。

3. 二极管的分类

（1）按材料分类，有硅二极管和锗二极管等。

（2）按二极管的结构分类，有点接触型二极管和面接触型二极管（键型二极管、合金型二极管、扩散型二极管、平面型二极管、台面型二极管）等，如图 1—1—7 所示。

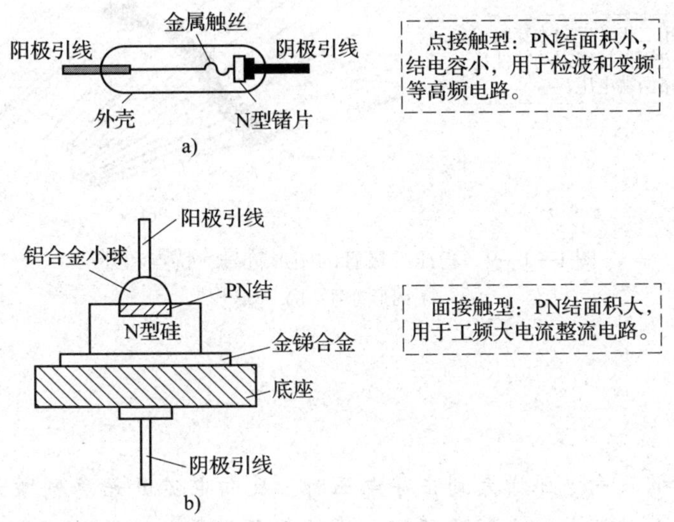

图 1—1—7　点接触型、面接触型二极管的结构示意图及特点

a）点接触型　b）面接触型

（3）按用途分类，有下面几种常见的不同用途的二极管。

1）整流二极管（见图 1—1—8）　整流二极管的内部结构为一个 PN 结，外形封装有金属壳封、塑料封装和玻璃封装等多种形式，它主要用于整流电路，利用二极管的单向导电性，将交流电变为直流电。由于整流管的正向电流较大，所以整流二极管多为面接触型二极管，PN 结面积大、结电容大，但工作频率低。

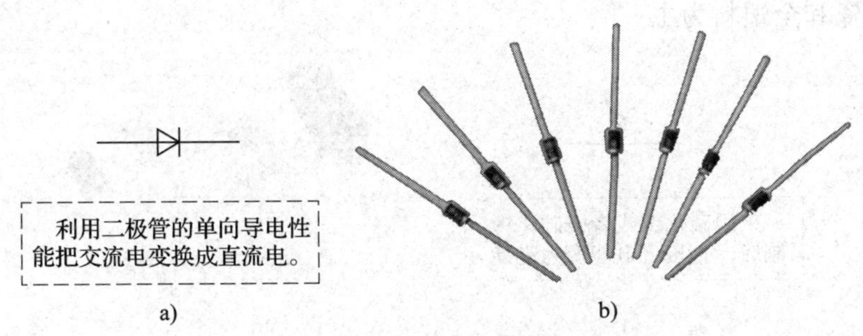

图 1—1—8　整流二极管的图形符号、特点和外形

a）图形符号　b）外形

2）稳压二极管（见图 1—1—9）　稳压二极管在电子设备电路中，起稳定电压的作用。稳压二极管有金属外壳、塑料外壳等封装形式。

稳压二极管在起稳定作用的范围内，其两端的反向电压值，称为“稳定电压”，用符号 U_z 表示。不同型号的稳压二极管，稳定电压是不同的。

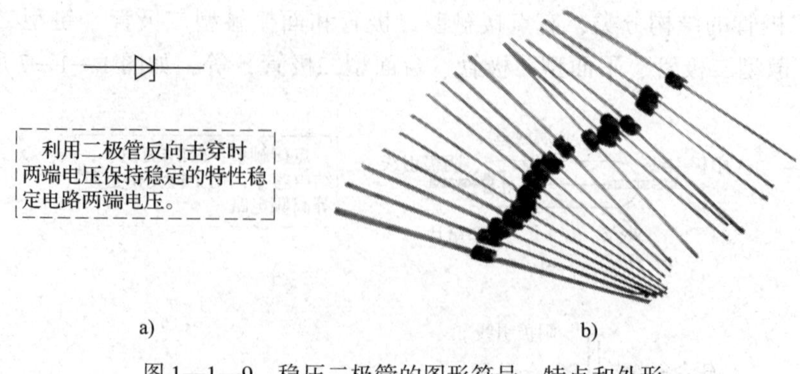

图 1—1—9　稳压二极管的图形符号、特点和外形

a）图形符号　b）外形

当稳压二极管的反向电压增大到击穿电压时，反向电流开始急剧增大，只要小于它的允许值，稳压二极管就不会热击穿而损坏。此时反向电流变化很大，而它两端的电压几乎不变，这就是稳压管的稳压特性。另外，如果反向电压减小或者撤除，稳压二极管能恢复到击穿前的状态，能反复使用。

3）发光二极管（见图 1—1—10）　发光二极管采用砷化镓、磷化镓、镓铝砷等材料制成。不同材料制成的发光二极管，能发出不同颜色的光。有发绿色光的磷化镓发光二极管；有发红色光的磷砷化镓发光二极管；有发红外光的砷化镓二极管；有双向变色发光二极管（加正向电压时发红色光，加反向电压时发绿色光）；还有三颜色变色发光二极管等。它的外形有圆形的、方形的、三角形的、组合型等。封装形式有金属、陶瓷和全塑料 3 种形式，并以陶瓷和全塑料为主。

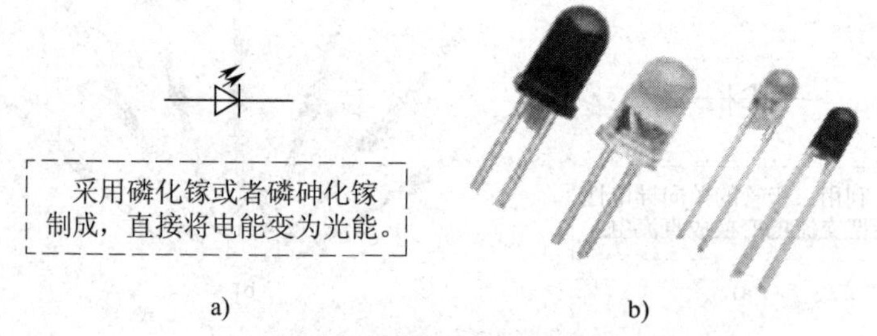

图 1—1—10　发光二极管的图形符号、特点和外形

a）图形符号　b）外形

当发光二极管的内部结构为一个 PN 结，而且具有单向导电性时，在发光二极管的 PN 结上加上正向电压，这时由于外加电压产生电场的方向与 PN 结内电场方向相反，使 PN 结

势垒（内总电场）减弱，则载流子的扩散作用占了优势。于是P区的空穴很容易扩散到N区，N区的电子也很容易扩散到P区，相互注入的电子和空穴相遇后会产生复合。复合时产生的能量大部分以光的形式出现，会使二极管发光。

4）光电二极管（见图1—1—11）　光电二极管和普通二极管一样，也是由一个PN结组成的半导体器件，也具有单向导电特性。但是，在电路中不是用它做整流元件，而是通过它把光信号转换成电信号。

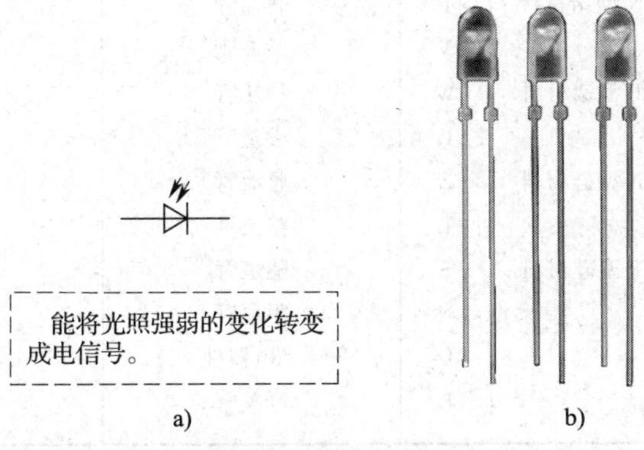

图1—1—11　光电二极管的图形符号、特点和外形
a）图形符号　b）外形

光电二极管是怎样把光信号转换成电信号的呢？众所周知，普通二极管在反向电压处于截止状态时，只能流过微弱的反向电流，而光电二极管的PN结面积相对较大，可以接收入射光。光电二极管是在反向电压作用下工作的，没有光照时，反向电流极其微弱，叫暗电流；有光照时，反向电流迅速增大到几十微安，称为光电流。光的强度越大，反向电流也越大。光的变化引起光电二极管电流变化，这就可以把光信号转换成电信号，成为光电传感器件。

此外，还有很多其他不同用途的二极管，例如变容二极管、检波二极管、开关二极管、红外光电二极管、红外发光二极管以及激光二极管等，在电子电路中也得到了较为广泛的应用。

三、二极管的型号命名

二极管根据外形、结构、材料、功率和用途可分成各种类型，按照各个国家的不同标准，其命名的方法也不同。目前应用较多的国产二极管型号命名方法和美国制造二极管型号的命名方法介绍如下。

1. 我国半导体器件命名法

根据中华人民共和国国家标准，半导体器件型号由五部分组成，其每一部分的含义见表1—1—1。

表1—1—1　国产半导体器件的型号命名方法

第一部分		第二部分		第三部分		第四部分	第五部分
用数字表示器件的电极数目		用汉语拼音字母表示器件的材料和极性		用汉语拼音字母表示器件的类别		用数字表示器件序号	用汉语拼音字母表示规格
符号	意义	符号	意义	符号	意义		
2	二极管	A B C D	N型锗材料 P型锗材料 N型硅材料 P型硅材料	P V W C Z L S N U K	普通管 微波管 稳压管 参量管 整流管 整流堆 隧道管 阻尼管 光电器件 开关管		

例如，2AP7表示N型普通二极管。

2. 美国半导体器件命名法

根据美国电子工业协会（EIA）规定的半导体器件型号命名方法见表1—1—2。

表1—1—2　美国半导体器件型号命名法

第一部分		第二部分		第三部分		第四部分		第五部分	
用符号表示器件的等级		用数字表示PN结数目		用字母表示材料		用数字表示器件登记序号		用字母表示同一器件的不同档次	
符号	意义	符号	意义	符号	意义	符号	意义	符号	意义
J 无	军品 非军品	1	二极管	N	表示该器件已在美国电子工业协会（EIA）注册登记	2～4位数字	登记顺序号	A、B、C、…	表示器件改进型

例如，1N4148表示开关二极管。

四、二极管在智能楼宇设备中的应用

在关于智能楼宇的一系列设施和设备中，二极管也具有较为普遍的应用，例如用于交直流转变的整流二极管，以及在智能楼宇中作为光电传感器（图1—1—12）发射装置的发光二极管和作为接收装置的光电二极管等。

光电传感器（红外线光电传感器）是通过把光强度的变化转换成电信号的变化来实现控制的。

一般情况下，光电传感器由三部分构成，分别为发送器、接收器和检测电路。

光电传感器的工作框图如图 1—1—13 所示。发送器对准目标发射光束，发射的光束一般来源于半导体光源，如发光二极管（LED）、激光二极管及红外发射二极管。光束不间断地发射，或者改变脉冲宽度。接收器由光电二极管、光电三极管、光电池组成。在接收器的前面，装有光学元件如透镜和光圈等；在其后面是检测电路，它能滤出有效信号并应用该信号。

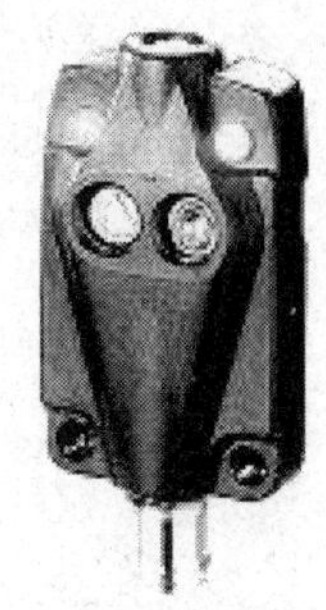

图 1—1—12　光电传感器

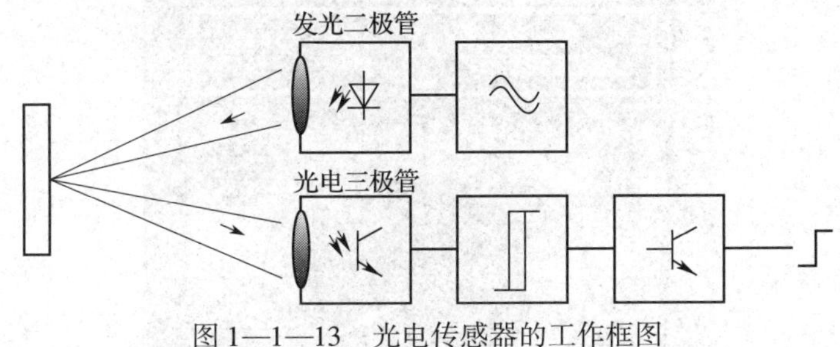

图 1—1—13　光电传感器的工作框图

五、万用表的使用

对于普通的电子元器件，通常在使用前都要对其质量和极性进行判别，而判别最方便也是最常用的仪器就是万用表。

万用表主要用于测量电压、电流和电阻，另外可粗略判断电感器、电容器、二极管和三极管、集成电路等元器件的性能好坏。它具有体积小、使用方便、检测精度高、成本低廉及测量项目多等一系列优点，应用极为广泛。

目前，人们通常使用的万用表有模拟式（又称指针式，见图 1—1—14）和数字式（见图 1—1—15）两大类。本任务只介绍模拟式万用表及其电阻挡的使用方法和相关知识。

图 1—1—14　模拟式万用表

图 1—1—15　数字式万用表

1．模拟式万用表的机械结构

模拟式万用表的面板如图 1—1—16 所示，它主要由表头、表盘、转换开关、机械调零旋钮、电阻挡欧姆调零旋钮和表笔插孔等组成。

图 1—1—16 模拟式万用表整机

（1）表头

表头是万用表的重要组成部分，万用表的性能在很大程度上取决于表头的好坏，表头一般由指针、表盘、磁路系统及偏转系统组成。万用表使用的表头一般都是内阻较大、灵敏度较高的磁电式微安直流电流表头。MF47 型万用表使用的是内阻 1 kΩ，满刻度电流为 82 μA 的直流表头。由于直流表头只允许电流表从“ + ”极流入，从“ − ”极流出，所以万用表的表笔插孔（或接线柱上）标有“ + ”和“ − ”的记号。在测量直流电压或电流时，若将极性接反，一则读不出数值；二则有可能将指针打弯，使用时应注意这一点。

（2）表盘

由于万用表的测量项目较多，为了便于指针读数，表盘上印有多条刻度线，并附有各种符号和字母加以说明。掌握各条刻度线的读法及正确理解表盘上各种符号和字母的意义，是正确使用万用表的关键之一。

MF47 型万用表表盘（见图 1—1—17）上共设置了 8 条标度尺：最上面的标度尺是测量电阻用的；下面的是直流电流、直流电压和交流电压三者公用的标度尺，其上标有三组读数（0 ~ 250；0 ~ 50；0 ~ 10）；另外是 0 ~ 10 V 交流电压专用标度尺；测量电容容量的标度尺（测量时，转动开关至交流 10 V 挡位置）；测量负载电压 LV 和负载电流 LI 的标度尺；测量 PNP 和 NPN 型晶体管直流放大系数 h_{FE} 的标度尺；测量电感的标度尺；最下面一条是测电平用的标度尺（dB 刻度线）。

图 1—1—17　MF47 型万用表表盘

注意：用万用表测量时，其表盘刻度线上的“读数”与“实测值”很容易混淆。其实这两者是有所不同的，“读数”是指从刻度线上直接读出的数值，而“实测值”则是该读数所代表的被测量的数值（含单位），它往往要通过换算获取。当然，有时这两者在数值上是相同的，而许多情况下是不同的，这些都将在后续课程中加以理解和识读。

（3）转换开关

MF47 型万用表只使用一只转换开关（见图 1—1—18），完成测量项目和量程的选择。而有的万用表，如 MF500 型万用表使用两只转换开关，其中一只用来选择测量项目，另一只用来选择量程。万用表除了可以利用转换开关来选择量程外，还可以通过改变表笔插头的位置改变测量量程。

万用表对转换开关的要求是：接触可靠，导电性能好，旋转时轻松而又有弹性，并能听到清脆的响声，旋转定位准确而且左右不晃动。

图 1—1—18　MF47 型万用表转换开关及刻度

（4）机械调零旋钮与欧姆调零旋钮

万用表调零可分为两类：

第一类是机械调零：此项调零不需要用电池，调零时用一字旋具缓慢调节表盘上的机械调零旋钮，使指针指在左侧刻度的起始线位置上，方可进行测量。

第二类是电阻调零，也称欧姆调零：此项调零只在测量电阻时使用，同时需使用表内电池方可进行。电阻调零的方法是将红、黑表笔短接在一起，再旋动欧姆调零旋钮，使指针指在 0 Ω 处。若改变电阻量程还需重新调零，方法同上。

注意：机械调零能影响电阻调零，而电阻调零不影响机械调零，一般机械调零在没有受到剧烈震动的情况下，不需要反复调零。

（5）表笔

万用表的表笔（见图 1—1—19）有红色和黑色两支。测量前，将红色表笔插入万用表的表笔插孔（或接线柱上）的“+”端，将黑色表笔插入“-”端。

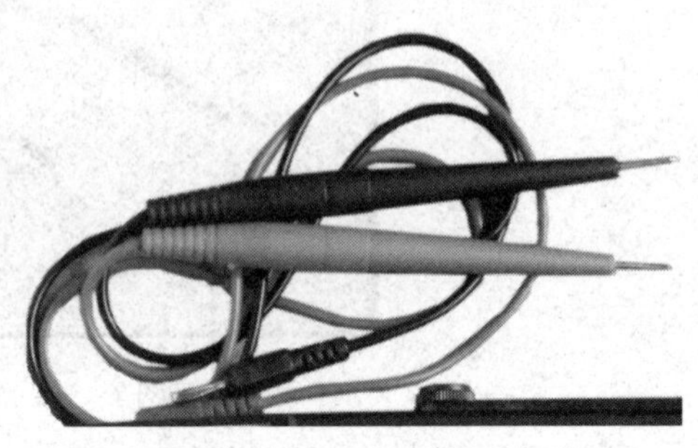

图 1—1—19　万用表表笔

2．万用表测量普通电阻

万用表电阻挡测量电阻值的步骤如下：

（1）选挡位、量程

首先将万用表功能开关旋转至电阻测量挡位，然后根据被测电阻器的阻值，选择合适量程。MF47 型万用表共有 5 挡量程，分别为 R×1，R×10，R×100，R×1 k，R×10 kΩ。对于设置有两只转换开关的万用表，应将功能开关拨至电阻挡位，再将量程开关拨至适当量程。

（2）电阻调零

将万用表的两只表笔短接后，调节面板上的欧姆调零旋钮，使指针指在“0”的位置上。欧姆调零是测量电阻值之前必不可少的步骤，而且每换一次量程都必须重新欧姆调零。

（3）测量电阻值

右手握持两表笔，左手拿住电阻器一端，将表笔跨接在被测量电阻器两引线上，图 1—1—20 所示为正确测量方法，图 1—1—21 所示为不正确测量方法。

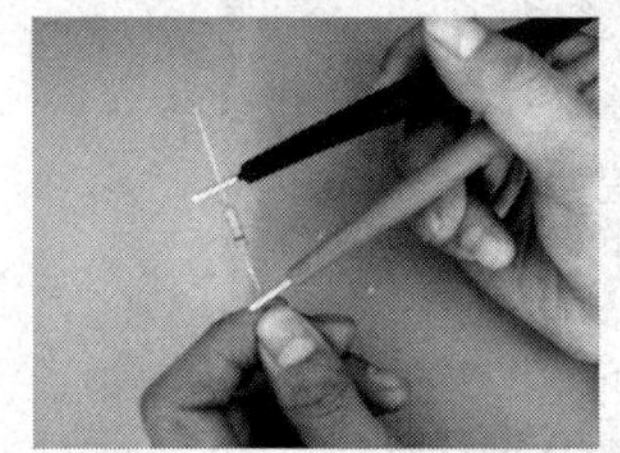

图 1—1—20　电阻测量正确方法

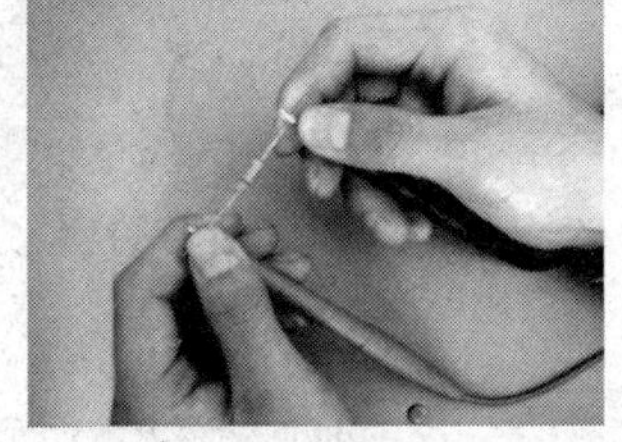

图 1—1—21　电阻测量不正确方法

（4）读表

将指针在刻度线上的读数与所在电阻挡位对应量程的倍率相乘，即可得到所测的电阻值，即实测值或称指示值。

例如，指针在刻度线上的读数为 100，量程选择在 R×100，则被测电阻值为：$R=100\times$

100 = 10 kΩ。

电阻挡的刻度数是从右到左由小值到大值的方向排列的，而其他刻度线的读数，如电流挡刻度线、电压挡刻度线等，则是从左到右由小值到大值排列。

注意：对未知阻值的电阻测量时，应当从最大挡位开始，逐级选取合适挡位，当指针在全刻度起始的 1/3 ~ 2/3 满刻度范围内时可以读数。

3. 万用表使用注意事项

（1）使用万用表之前，首先要熟悉各转换开关、旋钮、测量插孔、专用插孔的作用，明确每条刻度所对应的测量项目。然后根据所要测量的项目，来确定转换开关、旋钮、插孔应处的位置及使用注意事项，形成一种习惯。

（2）万用表一般应水平放置，若倾斜放置，应先进行机械调零后再使用。

（3）万用表应在无振动、干燥、无强磁场、环境温度适宜的条件下使用和存放。特别是机械振动的冲击极易损坏万用表，因此要轻拿轻放。

（4）测量完毕应将功能开关拨至交流电压最高挡或空挡，避免下次使用时因误测高压交流或直流而损坏万用表。

（5）经常检查万用表表笔及导线，若表笔氧化严重，导线破损，应及时修理或更换。

（6）长期不用的万用表应将电池取出，发现电池座正、负极片氧化严重或弹性降低，应及时清除并整理，以减少接触电阻。

（7）万用表应定期检验，若无专用仪器检验，可用 3 位半数字万用表代替，电阻挡也可用标准电阻箱校准。

4. 测量电阻注意事项

（1）严禁在被测电路带电时测量电阻。

（2）检测电容器漏电电阻时应先将电容器短路放电后再测量。

（3）在不使用电阻挡时，应将功能开关拨到交流电压挡位的最高量程或空挡，以避免表笔短路造成的无谓耗电，以及误测高压损坏万用表。

（4）电池没电要及时更换。

（5）检测敏感元件时，时间要短。例如，测量热敏电阻时，时间过长，产生的热量会改变其阻值。

（6）注意被测量器件的极限值，防止测量时将其损坏。例如，测量高灵敏度表头电阻时，可能烧坏其动圈或打弯指针。

（7）变换电阻量程时，必须欧姆调零，注意在 R ×1、R ×10 量程调零时，电流较大，应尽量缩短调零时间。

（8）电阻挡需要使用内部电池，此时黑表笔连接该电池的正极，红表笔连接电池的负极。这一点非常重要，特别是判断非线性元器件极性时，例如，测量二极管极性时易造成

错判。

（9）电阻挡的刻度线呈非线性，越靠近高端，刻度越密，读数误差亦相应增大。

（10）测量电阻时，指针应尽量保持在全刻度起始的1/3～2/3满刻度范围内，以保证测量的准确度。

（11）万用表在不同的量程，内部电池也不同。例如，R×10 k采用9 V层叠电池，不宜检测耐压很低的元器件。

（12）测量电阻时，手不要跨接在被测电阻两端，以免人体电阻影响测量结果。

六、示波器的使用

在对二极管实际电路的测量中，对于其输入、输出端，以及各测试点的电压、电流等的波形，可以通过示波器来观察。现以使用YB43020B型模拟示波器观察为例进行介绍。YB43020B型模拟示波器整体外观如图1—1—22所示。

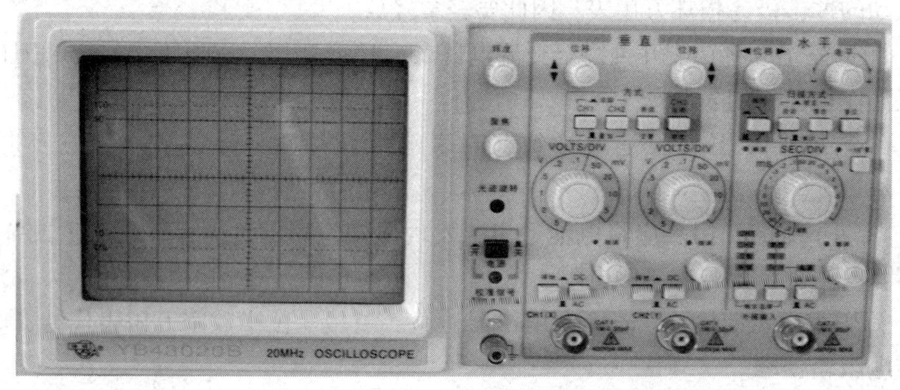

图1—1—22　YB43020B型模拟示波器

1. 主要按键以及旋钮的功能

（1）电源开关　按下此开关，仪器电源接通，指示灯亮。

（2）辉度　用以调节示波管电子束的亮度，使其亮度适中。

（3）聚焦　用以调节示波管电子束的焦点，使显示的光点成为细而清晰的圆点。

（4）校准信号　此端口输出幅度为0.5 V，频率为1 kHz的方波信号。

（5）垂直　垂直位移用以调节光迹在垂直方向的位置，垂直方式用以选择垂直系统的工作方式（图1—1—23）。

1）CH1：只显示CH1通道的信号。

2）CH2：只显示CH2通道的信号。

3）交替：用于同时观察两路信号，此时两路信号交替显示，该方式适合于在扫描速率较快时使用。

4）断续：两路信号断续工作，适合于在扫描速率较慢时，同时观察两路信号。

5）叠加：用于显示两路信号相加的结果，当 CH2 极性开关被按入时，则两信号相减。

6）CH2 反相：按下此键，CH2 的信号被反相。

（5）灵敏度选择开关（VOLTS/DIV）　选择垂直轴的偏转系数，从 2 mV/div ~ 10 V/div 分 12 个挡级调整，可根据被测信号的电压幅度选择合适的挡级。

（6）微调　用以连续调节垂直轴偏转系数，调节范围大于等于 2.5 倍。该旋钮逆时针旋足时为校准位置，此时可根据“VOLTS/DIV”开关度盘位置和屏幕显示幅度读取该信号的电压值。

（7）耦合方式（AC GND DC）　垂直通道的输入耦合方式选择。

1）AC：信号中的直流分量被隔开，用以观察信号的交流成分。

2）DC：信号与仪器通道直接耦合，当需要观察信号的直流分量或被测信号的频率较低时应选用此方式。

3）GND：输入端处于接地状态，用以确定输入端为零电位时光迹所在位置。

（8）水平位移　用以调节光迹在水平方向的位置（见图 1—1—24）。

（9）电平　用以调节被测信号在变化至某一电平时触发扫描（见图 1—1—24）。

（10）极性　用以选择被测信号在上升沿或下降沿触发扫描（见图 1—1—24）。

（11）扫描方式　选择产生扫描的方式（见图 1—1—24）。

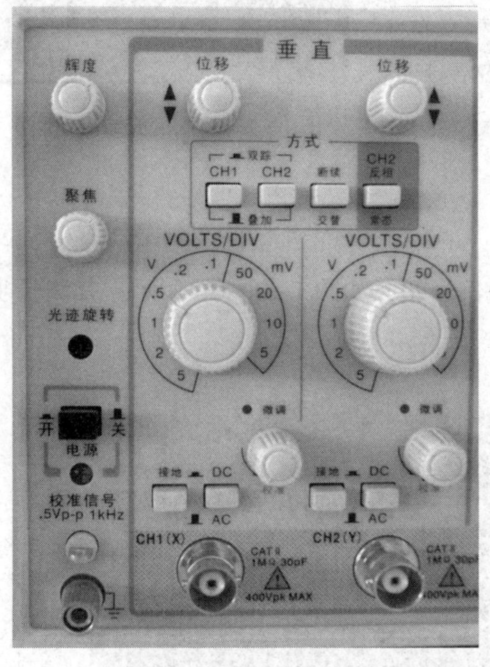

图 1—1—23　示波器面板局部图 1

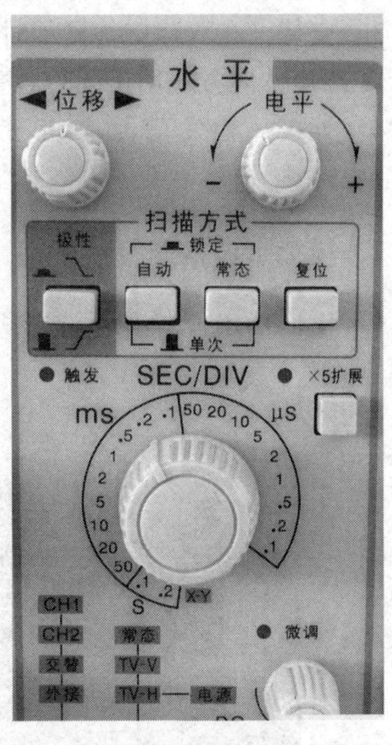

图 1—1—24　示波器面板局部图 2

1）自动：当无触发信号输入时，屏幕上显示扫描光迹，一旦有触发信号输入，电路自动转换为触发扫描状态，调节电平可使波形稳定地显示在屏幕上，此方式适合观察频率在 50 Hz 以上的信号。

2）常态：无信号输入时，屏幕上无光迹显示，有信号输入时，且触发电平旋钮在合适位置上，电路被触发扫描，当被测信号频率低于 50 Hz 时，必须选择该方式。

3）锁定：仪器工作在锁定状态后，无须调节电平即可使波形稳定地显示在屏幕上。

4）单次：用于产生单次扫描，进入单次状态后，按下复位键，电路工作在单次扫描方式，扫描电路处于等待状态，当触发信号输入时，扫描只产生一次，下次扫描需再次按下复位键。

（12）×5 扩展　按下后扫描速度扩展 5 倍（见图 1—1—24）。

（13）扫描速率选择开关（SEC/DIV）　根据被测信号的频率高低，选择合适的挡级。当扫描“微调”置校准位置时，可根据度盘的位置和波形在水平轴的距离读出被测信号的时间参数（见图 1—1—24）。

（14）微调　用于连续调节扫描速率，调节范围大于等于 2. 5 倍，逆时针旋足为校准位置（图 1—1—24）。

（15）触发源　用于选择不同的触发源。

1）CH1：在双踪显示时，触发信号来自 CH1 通道，单踪显示时，触发信号则来自被显示的通道。

2）CH2：在双踪显示时，触发信号来自 CH2 通道，单踪显示时，触发信号则来自被显示的通道。

3）交替：在双踪交替显示时，触发信号交替来自于两个 Y 通道，此方式用于同时观察两路不相关的信号。

4）外接：触发信号来自于外接输入端口（见图 1—1—25）。

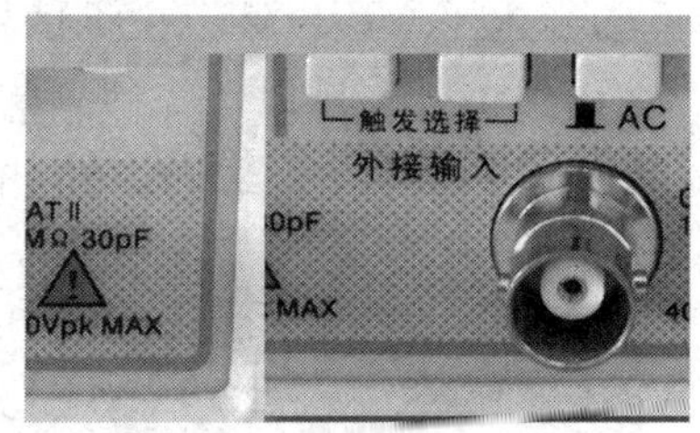

图 1—1—25　示波器局部图 3

2. 模拟示波器测量举例

以 YB43020B 型模拟示波器测量校准信号为例介绍，如图 1—1—26 所示。其测量步骤如下：

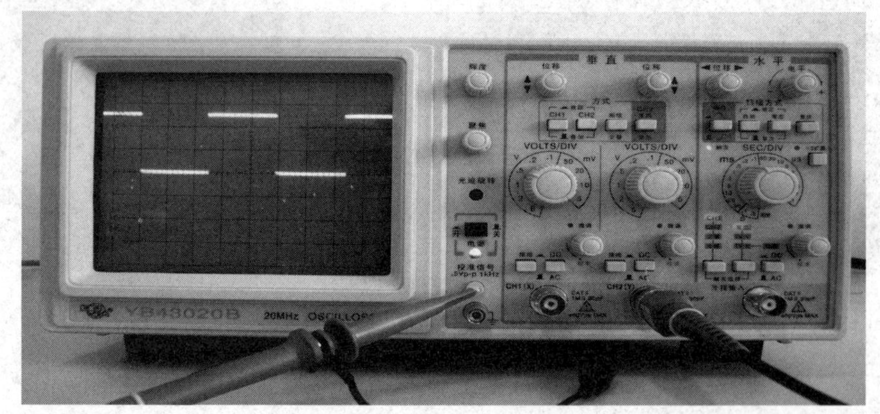

图 1—1—26　YB43020B 模拟示波器校准信号测试图

（1）把校准信号接入 CH2 通道。

（2）扫描方式选择自动，通道选择 CH2，耦合方式选择 GND，把地线通过垂直位移旋钮调整到屏幕中央。

（3）耦合方式选择 AC，调整电压灵敏度开关以及扫描速率选择开关到合适位置，使屏幕显示 2 ~ 3 个周期波形，读出幅度和周期。如图 1—1—26 所示，其读数为：

$$U_{pp}=0.2\ \mathrm{V/div}\times 2.5\mathrm{div}=0.5\ \mathrm{V}$$

$$T=0.2\ \mathrm{ms/div}\times 5\mathrm{div}=1\ \mathrm{ms}$$

$$f=1/T=1\ \mathrm{kHz}$$

任务实施

一、二极管的直观识别

熟悉半导体器件型号命名方法，对准备的二极管进行直观识别，包括二极管的型号、极性、材料、用途、符号等内容。

根据二极管的型号，读出其所代表的含义，并将结果填写在表 1—1—3 中。

表 1—1—3　　**二极管型号识别**

二极管			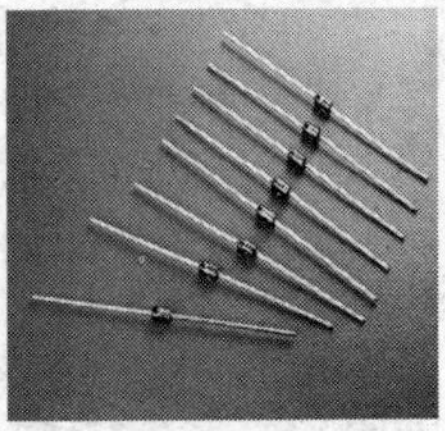	
二极管型号	2AP7	1N4007	1N5237	2CL3A
型号的含义				

二、二极管的测试

1. 测试前的准备，万用表的调零

将万用表拨到 R × 100 或 R × 1 k 电阻挡，并且将两表笔短接调零，如图 1—1—27 所示。注意，此时万用表的红表笔与表内电池的负极相连，而黑表笔与表内电池的正极相连。

2. 二极管正向电阻和反向电阻的测量

测量方法如图 1—1—28 和图 1—1—29 所示。

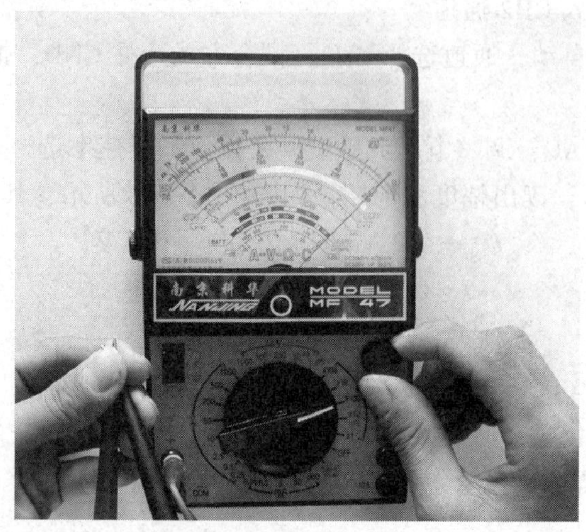

图 1—1—27　万用表的调零

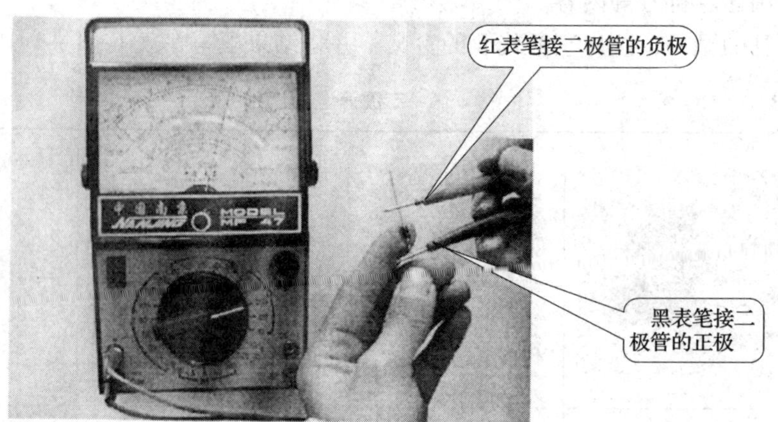

图 1—1—28　二极管正向电阻的测量

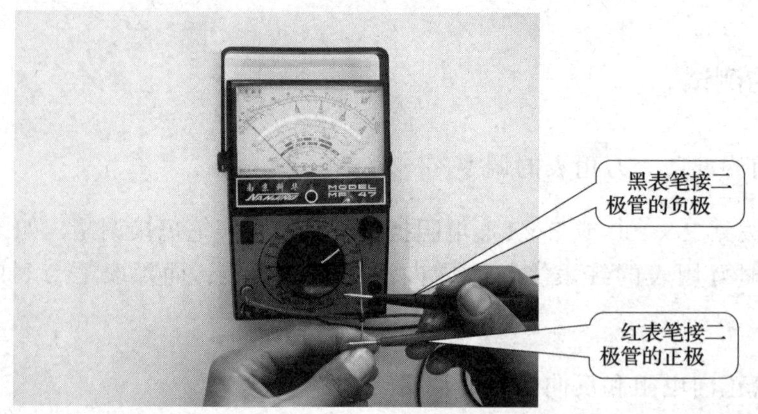

图 1—1—29　二极管反向电阻的测量

根据给出型号的二极管进行正、反向电阻测量，并将测量值记录在表 1—1—4。

表 1—1—4　　常用二极管电阻值的测量

二极管的类型	二极管正向电阻值	二极管反向电阻值
1N4007		
1N4148		

想一想

用万用表测量二极管的正向电阻时红表笔应当接二极管的哪个电极？黑表笔应当接二极管的哪个电极？若要测量二极管的反向电阻，两根表笔又应当怎样接？仔细观察万用表的读数，二极管的正向电阻和反向电阻哪个大？

3. 二极管质量好坏的判断和极性的判别

将红、黑两只表笔跨接在二极管的两端，再将红、黑表笔对调后接在二极管的两端，分别测量阻值，如图 1—1—30 所示。若一次阻值较小（几千欧以下），另一次阻值较大（几百千欧），则说明二极管质量良好。测得阻值较小的那一次黑表笔所接的为二极管的正极，而红表笔所接的为二极管的负极。

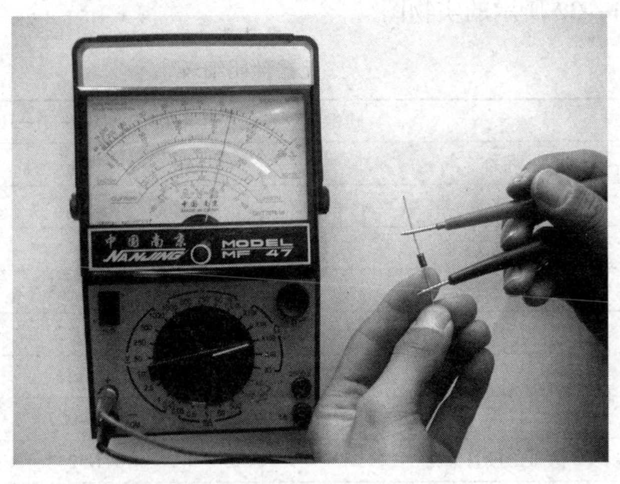

图 1—1—30　二极管的测试

如果测得二极管的正反向电阻都很小（接近零），说明二极管内部已经短路；如果测得二极管的正反向电阻都很大，说明二极管内部已经开路。

三、二极管在硅稳压管整流稳压电路中的安装与测试

在日常生活中，使用的电源一般都是交流电源，如我国的工频用电就是交流 220 V、50 Hz。但是随着科技的不断进步，电子产品在日常生活中的普遍使用，交流电产品不断地被直流电产品所代替，因此各种直流电源相继被开发出来。下面介绍一个最为简单的直流稳压电源。

图 1—1—31 所示为硅稳压管整流稳压电路图，图中，T 为电源变压器，V1 为整流二极管，V2 为稳压二极管，V3 为发光二极管，S 为开关，R1 为限流电阻、R2 为负载电阻。

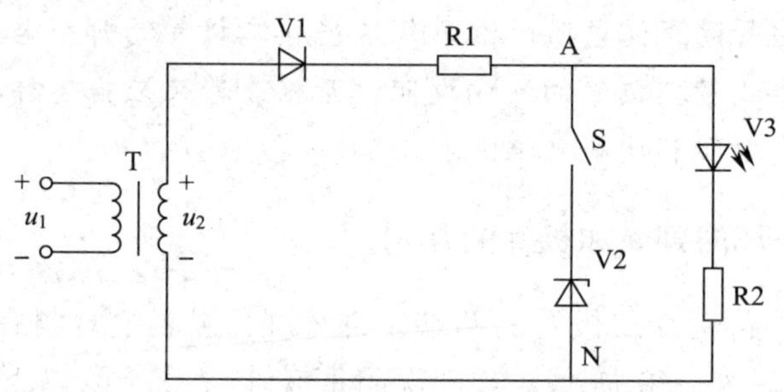

图 1—1—31　硅稳压管整流稳压电路

1. 将表 1—1—5 中所列的元器件按照图 1—1—31 所示安装在实验电路板上并进行焊接，可以得到图 1—1—32 所示的实物图。

表 1—1—5　　元器件明细表

电路名称	硅稳压管整流稳压电路（见图 1—1—31）			
序号	名称		规格	数量
1	示波器		通用	1 台
2	无线电工具		—	1 套
3	电源变压器		220 V/15 V	1 只
4	电阻器	R1	300 Ω	1 只
5		R2	1 kΩ	1 只
6	二极管 V1		1N4007	1 只
7	稳压二极管 V2		1N5242	1 只
8	发光二极管 V3		ϕ5 mm，红色	1 只
9	开关 S		单刀单掷	1 个
10	实验电路板		—	1 块

2. 利用万用表和示波器对该电路进行测量，观察电路中的各种二极管在电路中起到了什么作用，并将结果写在表 1—1—6 中。

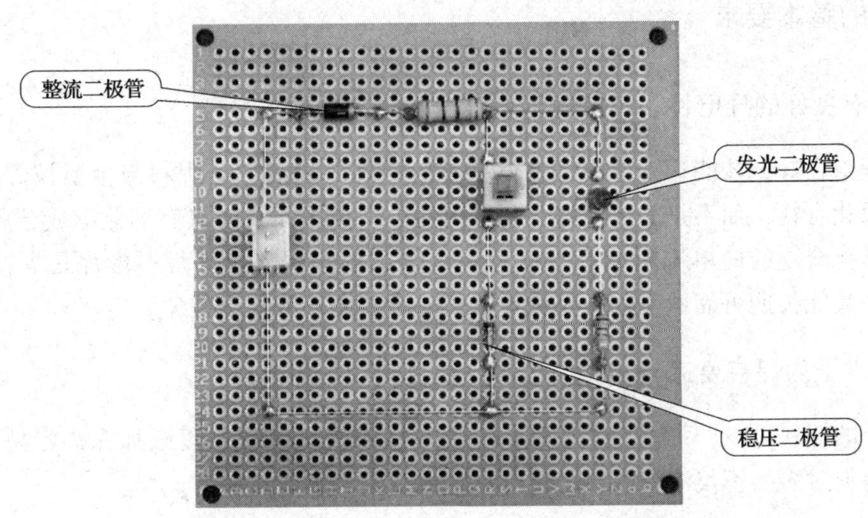

图 1—1—32　硅稳压管整流稳压电路实物图

表 1—1—6　　硅稳压管整流稳压电路的测量

序号	步骤	结果	
	断开开关 S，用示波器观察 u_2 和 u_{AN} 的波形		
	合上开关 S，用示波器观察 u_2 和 u_{AN} 的波形		
	测量 V2 的反向电压（即稳压管的稳定电压）		
	观察发光二极管 V3 的状态，用万用表测量它的导通电压		

在进行通电调试的过程中，应首先针对安装完毕的电路进行短路测试，即用万用表 R×1 挡测量变压器一次绕组和二次绕组及其与变压器铁心是否短路，若电阻不为零，则才能够正常通电调试。切记，调试结束后应及时断电。

拓展实训

在电子电路制作中，元器件的连接处需要焊接，焊接的质量对制作的质量影响极大。所以，学习电子电路制作技术，必须掌握焊接技术，练好焊接基本功。

一、焊接的基本要求

1. 具有良好的导电性，不能虚焊

只有焊点良好，才能达到导电性良好要求。良好的焊点应是焊料与金属被焊面互相扩散形成金属化合物，而不是简单地将焊料堆附在被焊金属面上或只有部分形成金属化合物，未形成金属化合物的简单堆附或只有部分形成合金的锡焊称为虚焊。虚焊是焊接的大敌，要使电子产品能长期可靠地工作，至关重要的是一定要消除虚焊现象。

2. 焊点上的焊料要适当

焊点上的焊料过少，不仅力学强度低，而且由于表面氧化层逐渐加深，容易导致焊接失效。若焊料过多，不仅浪费焊料，还容易造成短路和虚焊现象。

3. 具有一定的力学强度

焊点的作用是连接两个或两个以上的元器件，并使其接触良好。为使被焊件不松动或脱落，焊点应有一定的强度。锡铅焊料中的锡和铅的力学强度都比较低，为了增加力学强度，可根据需要增大焊接面积，或把元器件的引线、导线先行缠绕、绞合、打弯、钩接在接点上，再进行焊接。

4. 焊点表面应有良好光泽

优良的焊点应光滑并有特殊的光泽和良好的颜色，不应有凹凸不平、杂色及光泽不均的现象。这主要与焊接温度及使用的助焊剂有关。

5. 焊点不应有毛刺、空隙

6. 焊点表面应清洁

焊点表面的污垢，特别是助焊剂的有害残留物，如不及时清除，会埋下腐蚀隐患。

二、导线焊接步骤

1. 五步操作法

手工电烙铁焊接时，一般应按以下五个步骤进行（简称五步操作法）。

（1）准备

将被焊件（如电阻器、二极管、连接细导线等）、焊锡丝、松香、电烙铁、烙铁架等准备好，并放置在便于操作的地方。

焊接前，先将电烙铁预热，把加热到能熔锡的烙铁头放在松香或蘸水海绵上轻轻擦拭，

去除氧化物残渣。然后把少量的焊料和助焊剂加到清洁的烙铁头上，让电烙铁随时处于可焊接状态，如图1—1—33a所示。

（2）送烙铁头

将烙铁头以约40°角放置在被焊件的焊接点上，使焊接点升温。若烙铁头上带有少量焊料（在准备阶段时带上），可使烙铁头的热量较快传到焊点上，如图1—1—33b所示。

（3）送焊锡丝

将焊接点加热到一定温度后，将焊锡丝以约40°角触到焊接点处，熔化适量的焊料，如图1—1—33c所示。焊锡丝应从烙铁头的对称侧以40°角送入，而不是直接加在烙铁头上。

（4）移开焊锡丝

当焊锡丝适量熔化后，以约40°角迅速移开焊锡丝，如图1—1—33d所示。

（5）移开烙铁头

当焊接点上的焊料流散接近饱满，助焊剂尚未完全挥发，也就是焊接点上的温度最适当、焊锡最光亮、流动性最强的时刻，以约40°角迅速拿开烙铁头，如图1—1—33e所示。

移开烙铁头的时机、方向和速度，决定着焊接点的焊接质量。正确的方法是先慢后快，烙铁头沿约40°角方向移动，并在将要离开焊接点时快速往回一带，然后迅速离开焊接点。

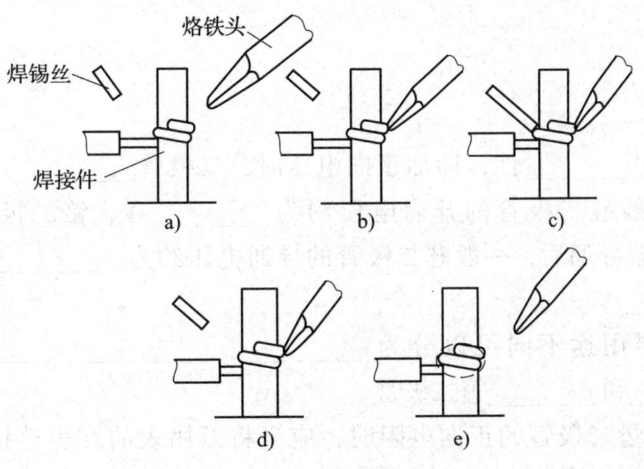

图1—1—33　焊接操作五步法

a）准备　b）送烙铁头　c）送焊锡丝　d）移开焊锡丝　e）移开烙铁头

以上介绍的锡焊步骤，需要在装配时熟练掌握和细心体会其中的要领。对于热容量大的焊件，一定要按照这五步操作法进行操作，才能保证锡焊的质量。

2. 三步操作法

对于热容量小的焊件，可以采用三步操作法：

（1）准备

将焊锡丝向经过预上锡的烙铁头靠近，处于随时可焊接的状态，如图 1—1—34a 所示。

（2）同时加热被焊件和焊料

在被焊件的焊接处两侧，同时分别触及烙铁头和焊锡丝，其角度同五步操作法，等待熔化适量的焊料，如图 1—1—34b 所示。

（3）同时移开烙铁和焊锡丝

当焊料的扩散范围达到要求后，迅速拿开烙铁头和焊锡丝。拿开焊锡丝的时间不得迟于拿开烙铁头的时间，如图 1—1—34c 所示。

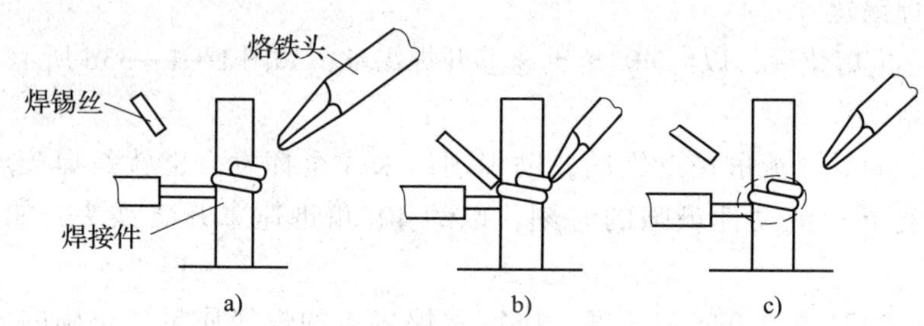

图 1—1—34　焊接操作三步法

a）准备　b）加热熔化焊锡丝　c）同时移开烙铁和焊锡丝

知识巩固

一、填空题

1. 二极管具有________性，即加正向电压时，二极管________；加反向电压时，二极管________。一般硅二极管的开启电压约为________ V，锗二极管的开启电压约为________ V。二极管导通后，一般硅二极管的导通电压约为________ V，锗二极管的导通电压约为________ V。

2. 二极管按照用途不同可以分为________、________、________、________、________、________和________等二极管。

3. 用万用表测量二极管的正向电阻时，应当将万用表的红表笔接二极管的________极，将黑表笔接二极管的________极。

二、判断题

1. 二极管有一个 PN 结，所以有单向导电性。（　）

2. 用万用表欧姆挡的不同量程去测二极管的正向电阻，其数值是相同的。（　）

3. 二极管的反向电阻越大，其单向导电性能就越好。（　）

4. 锗二极管的导通电压约为 0.7 V。（　）

三、选择题

1. 二极管两端加上正向电压时（　）。

A. 一定导通　　　　　　B. 超过死区电压才能导通

C. 超过 0.7 V 才导通　　　D. 超过 0.3 V 才导通

2. 如果二极管的正反向电阻都很大，则该二极管（　　）。

A. 正常　　　　　　B. 已被击穿　　　　　　C. 内部断路

3. 在测量二极管反向电阻时，若用手把管脚捏紧，电阻值将会（　　）。

A. 变大　　　　　　B. 变小　　　　　　C. 不变化

四、计算题

图 1—1—35a 中二极管为硅管，图 1—1—35b 中二极管为锗管，分别求电压 U_{AB}。

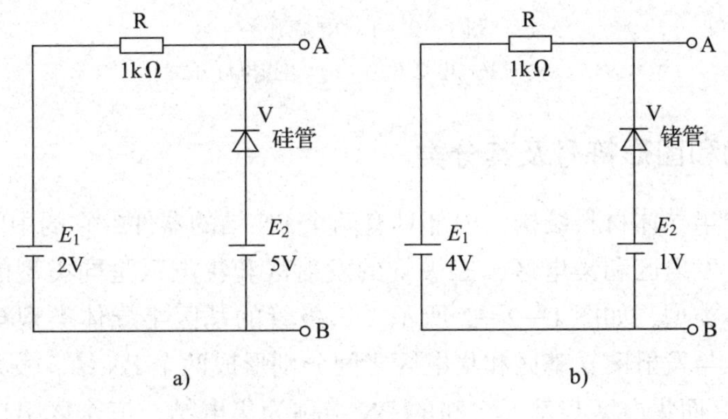

图 1—1—35

任务二　三极管的判别与应用

任务要求

1. 掌握三极管的符号和工作特点，了解三极管的主要参数。
2. 熟悉三极管的识别方法。
3. 熟悉三极管的分类，了解它的实际应用。

基础知识

半导体三极管又叫晶体三极管，简称为三极管。由于它在工作时半导体中的电子和空穴两种载流子都起作用，因此属于双极型器件，也叫作双极结型晶体管（Bipolar Junction Transistor，BJT），它是电子放大电路的重要器件。

照明电灯开关在生活中司空见惯，一般常用的是机械开关，如图 1—2—1a 所示。随着电子技术的发展，声控、光控和遥控电灯开关也相继出现，极大地方便了人们的生活，图 1—2—1b 所示为遥控电灯开关。

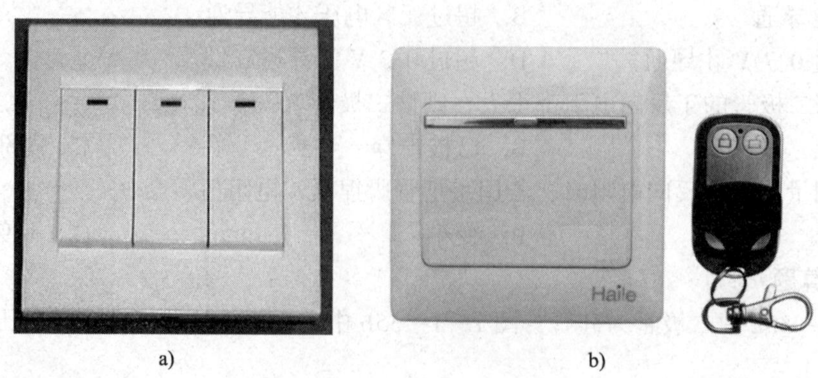

图 1—2—1 电灯开关

a）内壁式电灯开关 b）遥控电灯开关

一、三极管结构和图形符号及其分类

三极管是三层半导体材料结构、内部具有两个 PN 结的器件，它的中间层称为基区，基区的两边分别称为发射区和集电区，三极管的发射区和集电区是同类型的半导体，所以三极管有两种半导体类型，如图 1—2—2 所示。三极管的基区半导体类型与发射区和集电区不同，所以在基区与发射区、基区和集电区之间分别形成两个 PN 结，发射区与基区之间的 PN 结称为发射结，而集电区与基区之间的 PN 结称为集电结，三个区引出的电极分别称为基极 b、发射极 e 和集电极 c。

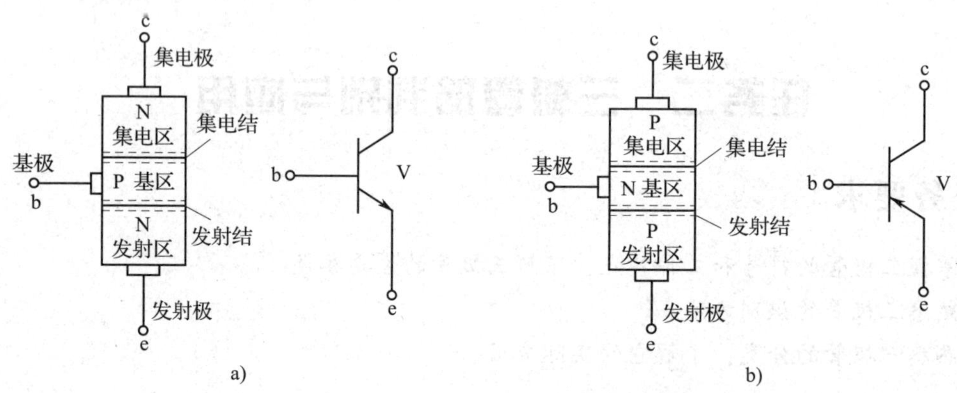

图 1—2—2 三极管的结构和图形符号

a）NPN 型 b）PNP 型

三极管图形符号中发射极的箭头表示发射结加正向电压时电流方向，三极管的文字符号为“V”或“VT”。

三极管按照所用半导体材料不同，分为硅管和锗管；按照工作频率不同，分为高频管（工作频率不低于 3 MHz）和低频管（工作频率低于 3 MHz）；按照功率不同，分为小功率管（耗散功率小于 1 W）和大功率管（耗散功率大于等于 1 W）；按照用途不同，分为普通放大三极管和开关三极管，如图 1—2—3 所示。

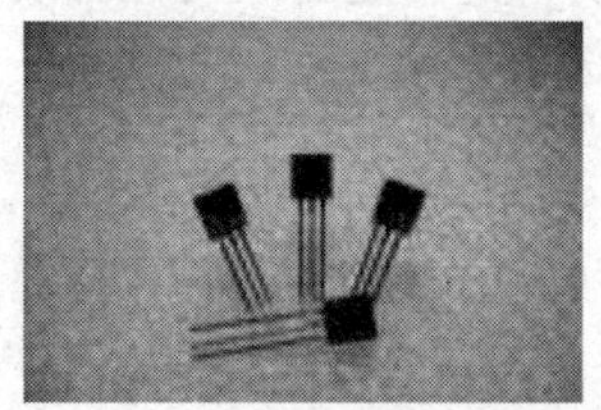
低频三极管

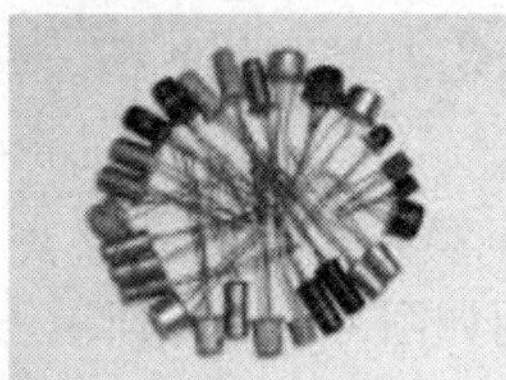
高频三极管

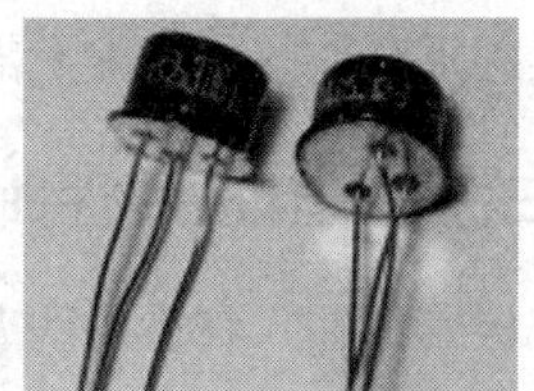
小功率三极管

大功率三极管

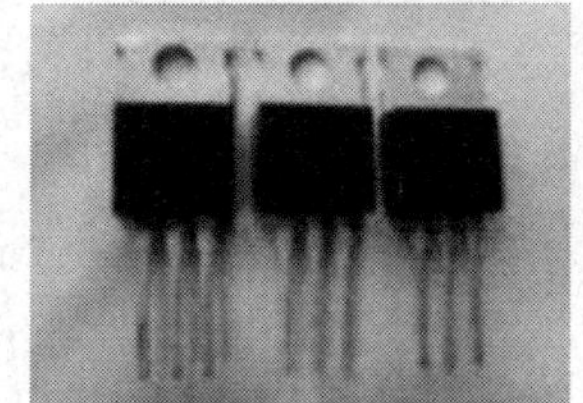
开关三极管

图 1—2—3　三极管的外形图

二、三极管的电流分配关系

三极管的发射极电流为集电极电流与基极电流之和，即

$$I_E = I_C + I_B$$

由于基极电流很小，所以集电极电流与发射极电流近似相等，即

$$I_C \approx I_E$$

三、三极管的电流放大作用

三极管集电极直流电流 I_C 与相应的基极直流电流 I_B 之间的比值几乎是固定不变的，称为共发射极直流电流放大系数，用 $\bar{\beta}$ 表示。

$$\bar{\beta} = \frac{I_C}{I_B}$$

三极管集电极电流变化量 ΔI_C 与相应的基极电流变化量 ΔI_B 的比值也几乎是固定不变的，称为共发射极交流电流放大系数，用 β 表示，$\beta = \dfrac{\Delta I_C}{\Delta I_B}$。在一般情况下，同一只三极管的 $\bar{\beta}$ 比 β 略小，实际应用中并不严格区分。

例如 $\beta = 50$，那么 $\Delta I_C = \beta \Delta I_B = 50\Delta I_B$，说明集电极电流的变化量将是基极电流变化量的 50 倍。

定义：当三极管的 I_B 有一微小的变化时，就能引起 I_C 较大的变化，这种现象称为三极管的电流放大作用。

β 值的大小表明了三极管电流放大能力的强弱。必须强调的是，这种放大能力实质上是 I_B 对 I_C 的控制能力，因为无论 I_B 还是 I_C 都来自电源，三极管本身是不能放大电流的。

四、三极管的伏安特性曲线

三极管的输入特性曲线及说明如图 1—2—4 所示。

1. 输入特性

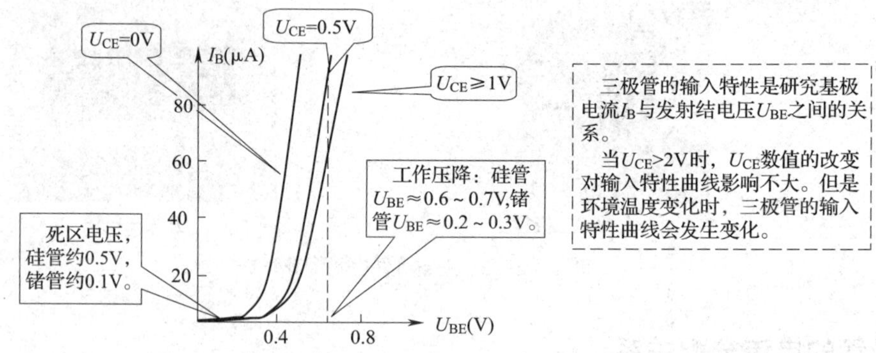

图 1—2—4 三极管的输入特性曲线及说明

2. 输出特性

三极管的输出特性曲线及说明如图 1—2—5 所示。

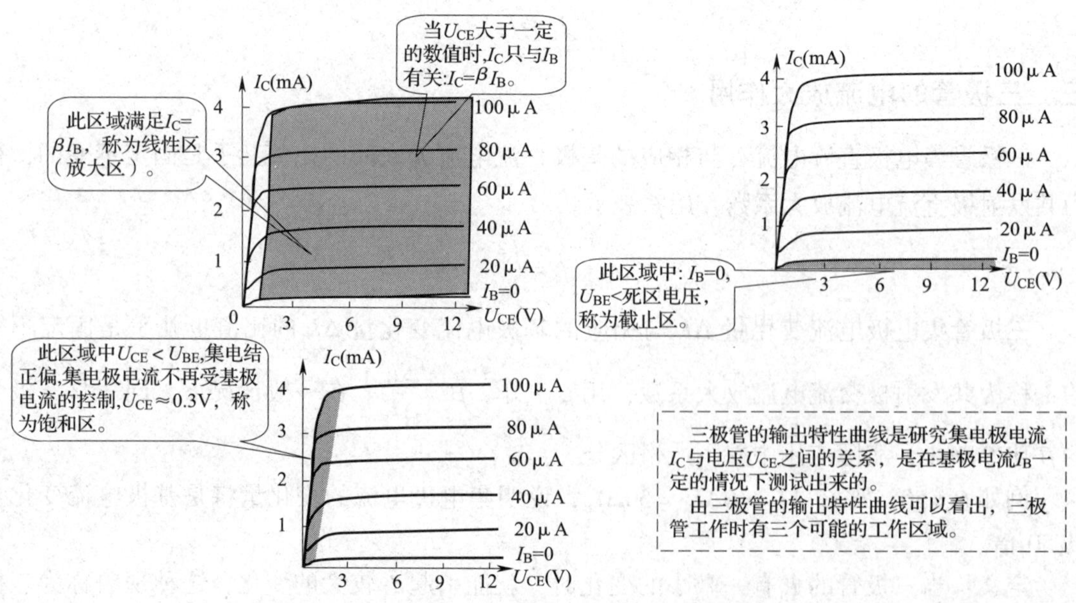

图 1—2—5 三极管的输出特性曲线及说明

三极管的输出特性的三个工作区及其特点见表1—2—1。

表1—2—1　　三极管的三个工作区及其特点

项目	截止区	放大区	饱和区
条件	发射结反偏或零偏	发射结正偏且集电结反偏	发射结和集电结都正偏
特点	$I_B=0$、$I_C\approx0$	$\Delta I_C=\beta\Delta I_B$	I_C不再受I_B控制

三极管饱和时的U_{CE}值称为饱和压降，记作U_{CES}，小功率硅管的U_{CES}约为0.3 V，锗管的U_{CES}约为0.1 V。

五、三极管的主要参数和型号命名方法

1. 共射电流放大系数

（1）共射直流电流放大系数$\bar{\beta}$（有时用h_{FE}表示）。

（2）共射交流电流放大系数β（有时用h_{fe}表示）。

同一三极管在相同工作条件下$\bar{\beta}\approx\beta$。

2. 极限参数

（1）集电极最大允许电流I_{CM}

集电极电流过大时，三极管的β值要降低，一般规定β值下降到额定值的2/3时的集电极电流为集电极最大允许电流。

（2）集电极—发射极反向击穿电压$U_{(BR)CEO}$

基极开路时，加在集电极和发射极之间的最大允许电压。u_{CE}大于此值后，i_C急剧增大，可能造成集电结热击穿。在使用三极管时，其集电极电源电压应低于此值。

（3）集电极最大允许耗散功率P_{CM}

集电极电流I_C流过集电结时会消耗功率而产生热量，使三极管温度升高。根据三极管的最高温度和散热条件来规定最大允许耗散功率P_{CM}，要求$P_{CM}\geqslant I_CU_{CE}$。

例如，3CX200B型低频小功率三极管的$\bar{\beta}$为55～400，$I_{CM}=300$ mA，$U_{(BR)CEO}=18$ V，$P_{CM}=300$ mW。

3. 国产三极管的型号命名方法

国产三极管的型号命名方法见表1—2—2。

表 1—2—2　　国产三极管的型号命名方法

第一部分		第二部分		第三部分		第四部分	第五部分
用数字表示器件的电极数目		用汉语拼音字母表示器件的材料和极性		用汉语拼音字母表示器件的类别		用数字表示器件序号	用汉语拼音字母表示规格号
符号	意义	符号	意义	符号	意义		
3	三极管	A	PNP 型锗材料	X	低频小功率管（f_T < 3 MHz，P_c < 1 W）		
		B	NPN 型锗材料	G	高频小功率管（$f_T \geq$ 3 MHz，P_c < 1 W）		
		C	PNP 型硅材料	D	低频大功率管（f_T < 3 MHz，$P_c \geq$ 1 W）		
		D	NPN 型硅材料	A	高频大功率管（$f_T \geq$ 3 MHz，$P_c \geq$ 1 W）		
		E	化合物材料	U	光电器件		
				K	开关管		
				I	可控整流器		
				Y	体效应器件		
				B	雪崩管		
				J	阶跃恢复管		
				CS	场效应器件		
				BT	半导体特殊器件		
				FH	复合管		
				PIN	PIN 型管		
				JG	激光器件		

例如，3AD50C 表示低频大功率 PNP 型锗管；3DG6E 表示高频小功率 NPN 型硅管。

六、三极管在智能楼宇设备中的应用

在整个智能大楼工程的实施当中，作为其极为重要的一项工程——消防联动系统的安装是极为庞大也是非常重要的，其中不单单涉及供水系统和管道的敷设，而且还涉及各种感应和联动设备。烟雾报警器就是其中的一种，其外形如图 1—2—6 所示。

烟雾报警器是由红外发光管、光电三极管构成的串联反馈感光电路，半导体管开关电路及集成报警电路等组成，如图 1—2—7 所示。

图 1—2—6　烟雾报警器

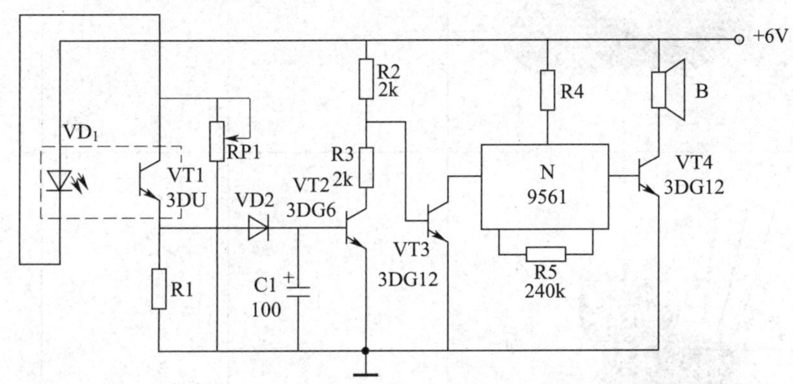

图 1—2—7　光电三极管应用电路的烟雾报警器电路图

当被监视的环境洁净无烟雾时，红外发光二极管 VD1 以预先调好的起始电流发光。该红外光被光电三极管 VT1 接收后其内阻减小，使得 VD1 和 VT1 串联电路中的电流增大，红外发光二极管 VD1 的发光强度相应增大，光电三极管内阻进一步减小。如此循环便形成了强烈的正反馈过程，直至使串联感光电路中的电流达到最大值，在 R1 上产生的压降经 VD2 使 VT2 导通，VT3 截止，报警电路不工作。当被监视的环境中烟雾达到一定浓度时，空气中的透光性恶化，此时光电三极管 VT1 接收到的光通量减小，其内阻增大，串联感光电路中的电流也随之减小，发光二极管 VD1 的发光强度也随之减弱。如此循环便形成了负反馈的过程，使串联感光电路中的电流直至减小到起始电流值，R1 上的电压也降到 1.2 V，使 VT2 截止，VT3 导通，报警电路工作，发出报警信号。C1 是为防止短暂烟雾的干扰而设置的。

任务实施

在学习三极管的结构、功能及其型号的命名方法的基础上，对三极管的外形及型号进行识别练习，并使用一定的仪器设备对其进行检测。最后将三极管运用到实际电路中去，观察其工作情况。

一、三极管的直观识别

1. 识别三极管外壳上符号的意义。

2. 根据三极管的型号规格，识别其材料、类型。

将三极管直观识别的内容填入表 1—2—3 中。

表 1—2—3　　三极管的直观判别

序号	三极管	型号规格	类型	材料
1				
2				
3				
4				

二、三极管的检测

1. 确定基极和管型

如图 1—2—8 所示，万用表置于 R×100 或者 R×1 k 挡，黑表笔接三极管任一管脚，用红表笔分别接触其余两个管脚，如果测得的阻值均较小（或均较大），则黑表笔所接管脚为基极。两次测得阻值均较小的是 NPN 型管，两次测得阻值均较大的是 PNP 型管。如果两次测得的阻值相差很大，则应调换黑表笔所接管脚再测，直到找出基极为止。

2. 确定集电极和发射极

在确定基极后，如果是 NPN 型管，可以将红、黑表笔分别接在两个未知电极上，表针应指向无穷大处，再用手把基极和黑表笔所接管脚一起捏紧（注意两极不能相碰，即相当于接入一个人体表面电阻），如图 1—2—9 所示，记下此时万用表测得的阻值。然后对调表笔，用同样方法再测得一个阻值。比较两次结果，读数较小的一次黑表笔所接的管脚为集电极，红表笔所接为发射极。若两次测量表针均不动，则表明三极管已经损坏，失去了放大能力。

图 1—2—8 确定三极管的基极和管型

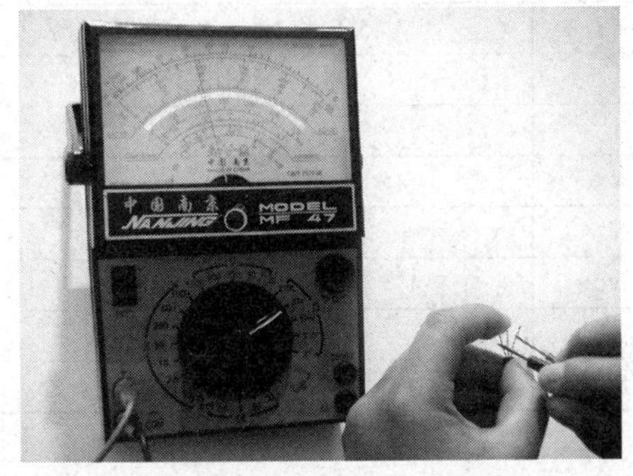

图 1—2—9 确定三极管的集电极和发射极

PNP 管测量方法相似，但在测量时，应当用手同时捏紧基极和红表笔所接管脚。按上述步骤测两次阻值，则读数较小的一次红表笔所接管脚为集电极，黑表笔所接管脚为发射极。

根据表 1—2—3 中给出的不同型号的三极管，选出 4 只依据上述对三极管的判别方法，将其材料、类型和各个管脚的名称，填入表 1—2—4 中。

表 1—2—4 三极管的判断结果

<table>
<tr><td>三极管</td><td colspan="3">1</td><td colspan="3">2</td><td colspan="3">3</td><td colspan="3">4</td></tr>
<tr><td>材料</td><td colspan="3"></td><td colspan="3"></td><td colspan="3"></td><td colspan="3"></td></tr>
<tr><td>类型</td><td colspan="3"></td><td colspan="3"></td><td colspan="3"></td><td colspan="3"></td></tr>
<tr><td rowspan="2">管脚名称</td><td>1</td><td>2</td><td>3</td><td>1</td><td>2</td><td>3</td><td>1</td><td>2</td><td>3</td><td>1</td><td>2</td><td>3</td></tr>
<tr><td></td><td></td><td></td><td></td><td></td><td></td><td></td><td></td><td></td><td></td><td></td><td></td></tr>
</table>

三、三极管驱动电路的安装与测量

如图 1—2—10 所示，V1 是一个 NPN 型的三极管。要求根据表 1—2—5 提供的元件清单按图 1—2—10 所示电路进行安装，并在不同输入电压的情况下，观察白炽灯 HL 的工作情况，并将结果填入表 1—2—6 中。

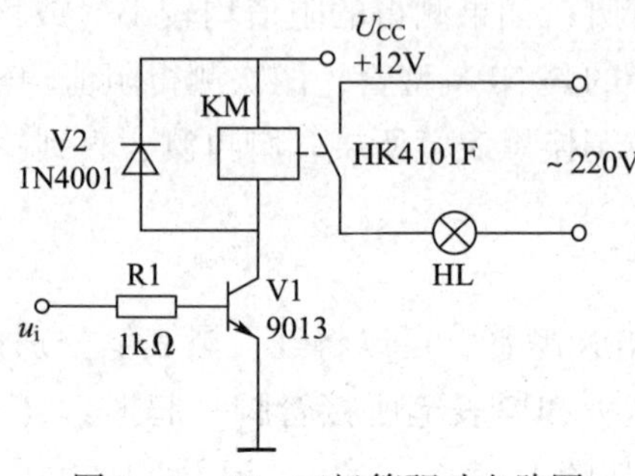

图 1—2—10　三极管驱动电路图

表 1—2—5　　三极管驱动电路实训器材明细表

电路名称	三极管驱动电路		
序号	名称	规格	数量
1	5 V 和 12 V 直流稳压电源	—	2 台
2	无线电工具	—	1 套
3	三极管 V1	9013	1 只
4	二极管 V2	1N4001	1 只
5	电阻器 R1	1 kΩ	1 只
6	继电器 KM	HK4101F - DC12V - SHG	1 只
7	白炽灯 HL	40 W	1 只
8	实验电路板	—	1 块

表 1—2—6　　三极管驱动电路中白炽灯泡工作情况

序号	操作	结果	
		三极管工作情况	白炽灯工作情况
1	正确接线：将电路的接地端与两台直流稳压电源的接地端同时相接，再将电路的 +12 V 电源端与 +12 V 直流稳压电源的电源端相接，然后将电路的输入端 u_i 与 +5 V 直流稳压电源的输出端相接		
2	开启 +12 V 直流稳压电源，观察白炽灯 HL 的状态是否为灭		
3	开启 +5 V 直流稳压电源，观察白炽灯 HL 的状态是否为亮		
4	再关闭 +5 V 直流稳压电源，观察白炽灯 HL 的状态又是否为灭		

三极管驱动电路如图 1—2—10 所示，继电器驱动电流一般需要 20 ~ 40 mA 或更大，线圈电阻为 100 ~ 200 Ω，因此要加驱动电路。三极管 V1 可视为控制开关，电阻器 R1 主要起限流作用，降低三极管 V1 功耗，阻值为 1 kΩ。二极管 V2 为续流二极管，能反向续流，抑制浪涌。V1 的集电极接继电器的线圈，继电器的常开触点与白炽灯 HL 串联后接电网 220 V 电压。当三极管 V1 基极被输入高电平时，三极管饱和导通，集电极变为低电平，因此继电器线圈通电，常开触点吸合。当三极管 V1 基极被输入低电平时，三极管截止，继电器线圈断电，常开触点断开。

为什么开关 +5 V 直流稳压电源能控制白炽灯 HL 的亮和灭？

拓展知识

一、YB1700 系列的直流稳压电源的操作

在对三极管电路的测试中，除了用到常用的检测工具外，直流稳压电源的使用也比较普遍，现介绍 YB1700 系列的直流稳压电源的各项操作。

1. YB1700 系列的直流稳压电源面板操作说明

YB1700 系列的直流稳压电源面板如图 1—2—11 所示，图中序号说明如下：

(1) 电源开关（POWER）

将电源开关按键弹出即为“关”位置，将电源线接入，按下电源开关，可接通电源。

(2) 电压调节旋钮（VOLTAGE）

此为主路电压调节旋钮，顺时针调节，电压由小变大，逆时针调节，电压由大变小。

(3) 恒压指示灯（CV）

当主路处于恒压状态时，CV 指示灯亮。

(4) 输出端口（CH1）

此为主路（CH1）输出端口。

(5) 电流调节旋钮（CURRENT）

此为主路电流调节旋钮，顺时针调节，电流由小变大，逆时针调节，电流由大变小。

(6) 恒流指示灯（CC）

此为主路恒流指示灯，当主路处于恒流状态时，此灯亮。

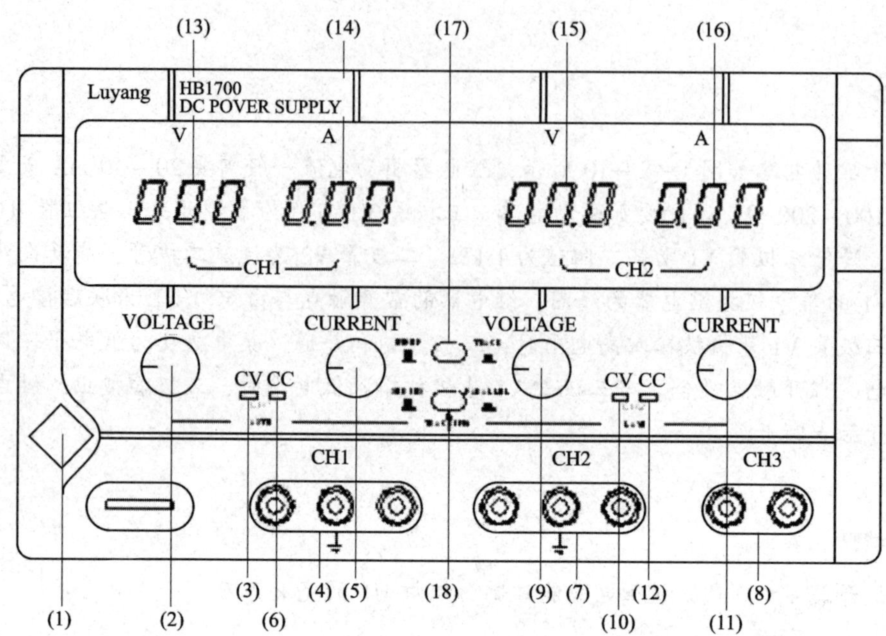

图 1—2—11　YB1700 系列的直流稳压电源面板

（7）输出端口（CH2）

此为从路（CH2）输出端口。

（8）输出端口（CH3）

此为固定 5V 输出端口。

（9）电压调节旋钮（VOLTAGE）

此为从路电压调节旋钮，顺时针调节，电压由小变大，逆时针调节，电压由大变小。

（10）恒压指示灯（CV）

此为从路恒压指示灯，当从路处于恒压状态时，此灯亮。

（11）电流调节旋钮（CURRENT）

此为从路电流调节旋钮，顺时针调节，电流由小变大，逆时针调节，电流由大变小。

（12）恒流指示灯（CC）

此为从路恒流指示灯，当从路处于恒流状态时，此灯亮。

（13）显示窗口

此为主路（CH1）电压显示窗口。

（14）显示窗口

此为主路（CH1）电流显示窗口。

（15）显示窗口

此为从路（CH2）电压显示窗口。

（16）显示窗口

此为从路（CH2）电流显示窗口。

（17）电源独立、组合控制开关

此开关弹出，两路分别可独立使用。开关按入，电源进入跟踪状态。

（18）电源串联、并联选择开关

开关 17 按入，开关 18 弹出，为串联跟踪，此时调节主电源电压调节旋钮 2，从路输出电压严格跟踪主路输出电压，使输出电压最高可达两路电压的额定值之和。开关 17、18 同时按入，为并联跟踪，此时调节主电源电压调节旋钮 2，从路输出电压严格跟踪主路输出电压；调节主电源电流调节旋钮 5，从路输出电流跟踪主路输出电流，使输出电流最高可达两路电流的额定值之和。

2. 使用方法

合上电源开关前，先检查输入的电压，将电源线插入后面板上的交流插孔，按表 1—2—7 所列设定各个控制键。

表 1—2—7　　各控制键操作

名称	状态
电源（POWER）	电源开关键弹出
电压调节旋钮（VOLTAGE）	调至中间位置
电流调节旋钮（CURRENT）	调至中间位置
跟踪开关（TRACK）	置弹出位置

所有控制键如上设定后，合上电源开关，并进行一般检查。

（1）调节电压调节旋钮，显示窗口显示的电压值应相应变化。顺时针调节电压调节旋钮，指示值由小变大；逆时针调节，指示值由大变小。

（2）双路（CH1、CH2）输出端口应有输出。

（3）固定 5 V 输出端口，应有 5 V 输出。

（4）双路（CH1、CH2）输出可调电源的独立使用

1）将开关 17 和 18 分别置于弹起位置（即■位置）

2）可调电源作为稳压源使用时，首先应将稳流调节旋钮 5 和 11 顺时针调节到最大，然后打开电源开关 1，并调节电压调节旋钮 2 和 9，使从路和主路输出直流电压至需要的电压值，此时稳压状态指示灯 3 和 10 发光。

3）可调电源作为稳流源使用时，在打开电源开关 1 后先将稳压调节旋钮 2 和 9 顺时针调节到最大，同时将稳流调节旋钮 5 和 11 逆时针调节到最小，然后接上所需负载，顺时针调节旋钮 5 和 11，使输出电流至所需要的稳定电流值。此时稳压状态指示灯 3 和 10 熄灭，稳流状态指示灯 6 和 12 发光。

4）在作为稳压源使用时，稳流电流调节旋钮 5 和 11 一般应该调至最大。但是，该电源也可以任意设定限流保护点。设定办法为：打开电源，逆时针将稳流调节旋钮 5 和 11 调到最小。然后短接正负端子，并顺时针调节稳流调节旋钮 5 和 11。使输出电流等于所要求的限流保护点的电流值，此时，限流保护点就被设定好了。

（5）双路（CH1、CH2）输出可调电源的串联使用

1）将开关17按下（即■位置），开关18置于弹起（即■位置）。此时，调节主电源电压调节旋钮2，从路的输出电压严格跟踪主路输出电压，使输出电压最高可达两路电压的额定值之和。

2）在两路电源处于串联状态时，两路的输出电压由主路控制，但是两路的电流调节仍然是独立的。因此，在两路串联时应注意电流调节旋钮11的位置，如旋钮11在逆时针到底的位置或从路输出电流超过限流保护点。此时，从路的输出电压将不再跟踪主路的输出电压。所以一般两路串联时应将旋钮11顺时针旋到最大。

（6）双路（CH1、CH2）输出可调电源的并联使用

1）开关17按下（即■位置），开关18也按下（即■位置），此时两路电源并联，调节主电源电压调节旋钮2，两路输出电压一样。同时，主路稳压指示灯3发光，从路指示灯10熄灭。

2）在电源处于并联状态时，从路电源的稳流调节旋钮11不起作用，当电源做稳流源使用时，只需调节主路的稳流调节旋钮5。此时主、从路的输出电流均受其控制并相同。其输出电流最大可达两路输出电流之和。

二、日本半导体器件命名法

日本半导体器件型号共有五部分组成，其表示方法如表1—2—8。

表1—2—8　　日本半导体器件命名法

第一部分		第二部分		第三部分		第四部分	第五部分
用数字表示器件的电极数目		用字母表示半导体器件		用拉丁字母表示器件的结构和类型		用2~3位数字表示器件登记顺序号	用拉丁字母表示同一种型号器件的改进型
符号	意　义	符号	意　义	符号	意　义		
0	光电器件	S	半导体器件	A	高频PNP型三极管、快速开关三极管		
1	二极管			B	低频大功率PNP管		
2	三极管			C	高频及快速开关NPN三极管		
3	有三个PN结的器件			D	低频大功率NPN管		
				F	P控制极晶闸管		
				G	N控制极晶闸管		
				H	N基极单结管		
				J	P沟道场效应管		
				K	N沟道场效应管		
				M	双向晶闸管		

例如，2SA53 表示高频 PNP 型三极管，1S92 表示半导体二极管。

三、欧洲半导体器件命名法

由于目前欧洲各国没有明确统一的标准半导体器件型号命名法，故而大都使用国际电子联合会的标准。半导体器件的型号一般由四部分组成，其基本含义见表 1—2—9。

表 1—2—9　　**欧洲半导体器件命名法**

<table>
<tr><td colspan="2">第一部分</td><td colspan="4">第二部分</td><td colspan="2">第三部分</td><td colspan="2">第四部分</td></tr>
<tr><td colspan="2">用字母表示器件使用的材料</td><td colspan="4">用字母表示器件的类型及主要特性</td><td colspan="2">用数字或字母加数字表示登记号</td><td colspan="2">用字母表示对同一型号器件的改进</td></tr>
<tr><td>符号</td><td>意义</td><td>符号</td><td>意义</td><td>符号</td><td>意义</td><td>符号</td><td>意义</td><td>符号</td><td>意义</td></tr>
<tr><td>A</td><td>锗材料</td><td>A</td><td>检波二极管、开关二极管、混频二极管</td><td>P</td><td>光敏器件</td><td rowspan="5">三位数字</td><td rowspan="5">代表半导体器件的登记序号（同一类型器件使用一个登记号）</td><td rowspan="10">A
B
C
D
E</td><td rowspan="10">表示同一型号的半导体器件在某一参数方面的分挡标志</td></tr>
<tr><td>B</td><td>硅材料</td><td>B</td><td>变容二极管</td><td>Q</td><td>发光器件</td></tr>
<tr><td>C</td><td>砷化镓</td><td>C</td><td>低频小功率三极管</td><td>R</td><td>小功率晶闸管</td></tr>
<tr><td>D</td><td>锑化铟</td><td>D</td><td>低频大功率三极管</td><td>S</td><td>小功率开关管</td></tr>
<tr><td>R</td><td>复合材料</td><td>E</td><td>隧道二极管</td><td>T</td><td>大功率晶闸管</td></tr>
<tr><td></td><td></td><td>F</td><td>高频小功率三极管</td><td>U</td><td>大功率开关管</td><td rowspan="5">一个字母二位数字</td><td rowspan="5">代表专用半导体器件的登记序号(同一类型器件使用一个登记号)</td></tr>
<tr><td></td><td></td><td>G</td><td>复合器件、其他器件</td><td>X</td><td>倍增二极管</td></tr>
<tr><td></td><td></td><td>H</td><td>磁敏二极管</td><td>Y</td><td>整流二极管</td></tr>
<tr><td></td><td></td><td>K</td><td>霍尔器件</td><td>Z</td><td>稳压二极管</td></tr>
<tr><td></td><td></td><td>L</td><td>高频大功率三极管</td><td></td><td></td></tr>
</table>

欧洲半导体器件型号除以上基本组成部分外，为进一步标明器件的特性，或对器件进一步分类，有时还加有后缀，后缀用破折号与基本部分分开。常见的后缀有以下几种。

1. 稳压二极管型号后缀的第一部分是一个字母，用来表示器件标称稳定电压值的允许误差范围。其代表的意义见表 1—2—10。

表 1—2—10　　**稳压二极管后缀字母的含义**

符号	A	B	C	D	E
允许误差%	±1	±2	±5	±10	±20

后缀的第二部分是数字，表示稳压二极管的标称稳定电压的整数值；后缀的第三部分是字母 V，代表小数点，字母 V 之后的数字为稳压管标称稳定电压的小数值。

2. 整流二极管和晶闸管型号的后缀是数字，表示其最大反向电压值，单位是伏。例如 BZY88－C9V1 表示标称稳压值是 9.1 V、精度为 ±5% 的硅稳压二极管；BTX64－200 表示反向耐压为 200 V 的大功率晶闸管；BU406D 表示大功率硅开关三极管。

知识巩固

一、填空题

1. 三极管有两个 PN 结，即________结和________结；有三个电极，即________极以及________极和________极，分别用________、________和________表示。

2. 某三极管的 U_{CE} 不变，基极电流 $I_B = 30\ \mu A$ 时，$I_C = 1.2\ mA$，则发射极电流 $I_E =$ ________ mA。如果基极电流 I_B 增大到 50 μA 时，I_C 增加到 2 mA，则发射极电流 $I_E =$ ________ mA，三极管的电流放大系数 $\beta =$ ________。

3. 当三极管的发射结________偏、集电结________偏时，工作在放大区；发射结________偏、集电结________偏时，工作在饱和区；发射结________偏、集电结________偏时，工作在截止区。

二、判断题

1. 三极管的发射极和集电极可以互换使用。（　）

2. 发射结正向偏置的三极管一定工作在放大状态。（　）

3. 常温下硅三极管的 U_{BE} 约为 0.7 V，且随着温度升高而减小。（　）

二、选择题

1. 用直流电压表测量 NPN 型三极管中各极电位是 $U_B = 4.7\ V$，$U_C = 4.3\ V$，$U_E = 4\ V$，则该管的工作状态是（　）。

A. 截止状态　　B. 饱和状态　　C. 放大状态

2. 满足 $I_C = \beta I_B$ 的关系时，三极管工作在（　）。

A. 截止区　　B. 饱和区　　C. 放大区

3. 三极管工作在饱和状态时，它的集电极电流将（　）。

A. 随着基极电流的增大而增大

B. 随着基极电流的增大而减小

C. 与基极电流无关，只取决于 U_{CC} 和 R_C

4. 用万用表 R×1 kΩ 挡测量一只正常的三极管，若用红表笔接触一只管脚，黑表笔分别接触另外两只管脚时测得的电阻均很大，则该三极管是（　）。

A. PNP 型　　B. NPN 型　　C. 无法确定

四、分析计算题

1. 测得工作在放大状态的某三极管，其电流如图 1—2—12 所示，试在图中标出各管的管脚，并且说明三极管是 NPN 型还是 PNP 型。

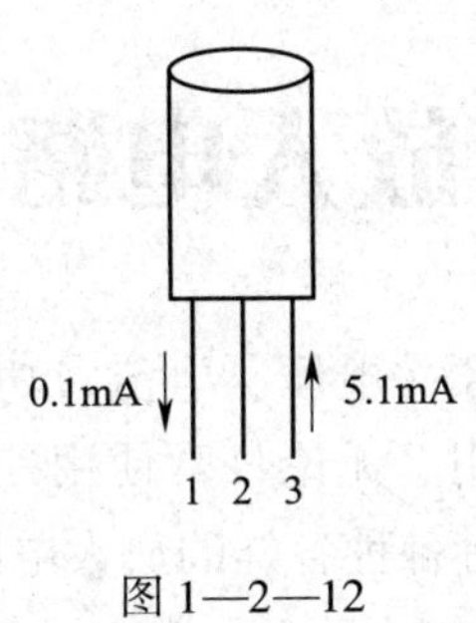

图 1—2—12

2. 根据图 1—2—13 所示的各三极管对地电位数据，分析各管的情况（说明是放大、截止、饱和或者哪个结已经开路或者短路）。

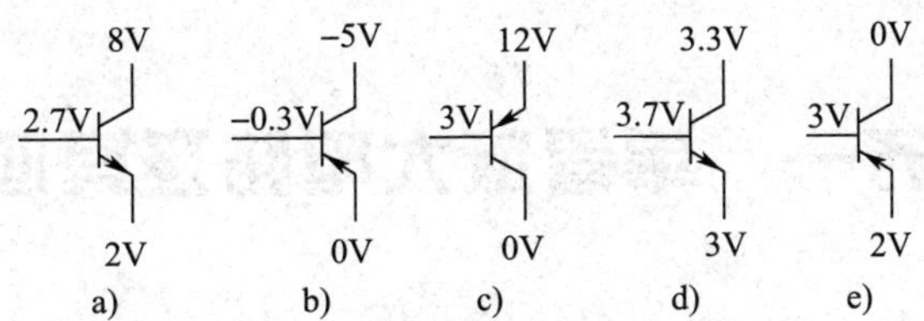

图 1—2—13　三极管的对地电位数据

3. 一个处于放大状态的三极管接在电路中，看不出型号和其他标记，用万用表测出三个电极的对地电位是 $U_1 = -9.5$ V，$U_2 = -5.9$ V，$U_3 = -6.2$ V，试分析该三极管的管脚与类型。

项目二　放大电路及其应用

利用电子元器件把微弱的电信号（电压、电流、功率）增强到所需值的电路称为放大电路，它在实践中有非常广泛的应用。无论日常使用的收音机、扩音器或者精密的测量仪器和复杂的自动控制系统，其中都有各种各样的放大电路。

所谓放大，表面看来是将信号的幅度由小增大，但是放大的本质是实现能量的控制。由于输入信号的能量过于微弱，不足以推动负载，因此需要另外提供一个能源，由能量较小的输入信号控制这个能源，使之输出较大的能量，然后推动负载。

任务一　单管放大电路及其应用

任务要求

1. 了解固定偏置放大电路的组成和工作原理以及图解分析的方法。
2. 掌握分压式射极偏置放大电路的组成和稳定静态工作点原理。
3. 掌握射极输出器的组成和工作特点。

在居家生活中，经常使用门铃，它类似敲门，可以发出声音而提醒主人有人来访。在中国古代的大户人家，是在大门上装有装饰性的门环，叫门的人可用门环拍击环下的门钉发出较大的响声。如今各式各样的“门铃”比比皆是，其中电子类的占多数，最常见的是“音乐门铃”，其外形如图 2—1—1 所示，它一般安放一节或两节 5 号电池在内，门外的触发按钮被来人按动后，门内的“门铃”就由音乐集成 IC 片播放一段电子音乐，音乐门铃的框图如图 2—1—2 所示。

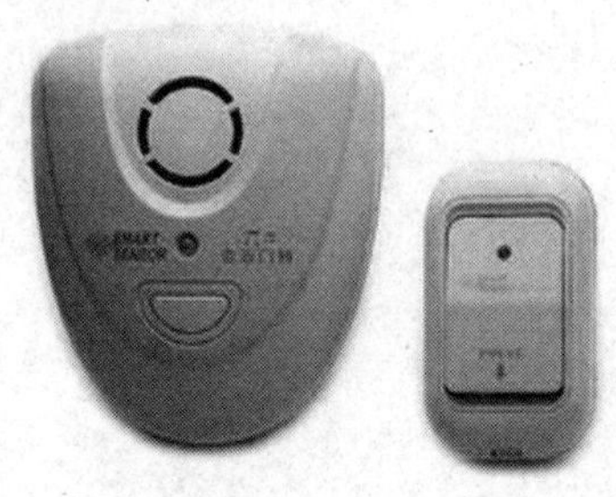

图 2—1—1　现代音乐门铃

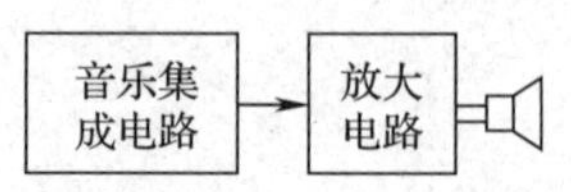

图 2—1—2　音乐门铃框图

在现代化建设的智能小区中，住户门铃的使用是必不可少的。通过音乐门铃的结构框图，可以看到其结构是比较简单的，而其中的主要组成就是由三极管构成的放大电路。本

任务的目标就是学会组装放大电路，理解放大电路在音乐门铃电路中的作用，熟悉放大电路的调试方法。

基础知识

一、固定偏置放大电路工作原理与分析

1. 电路的组成和工作原理

（1）电路组成

固定偏置放大电路如图 2—1—3 所示。

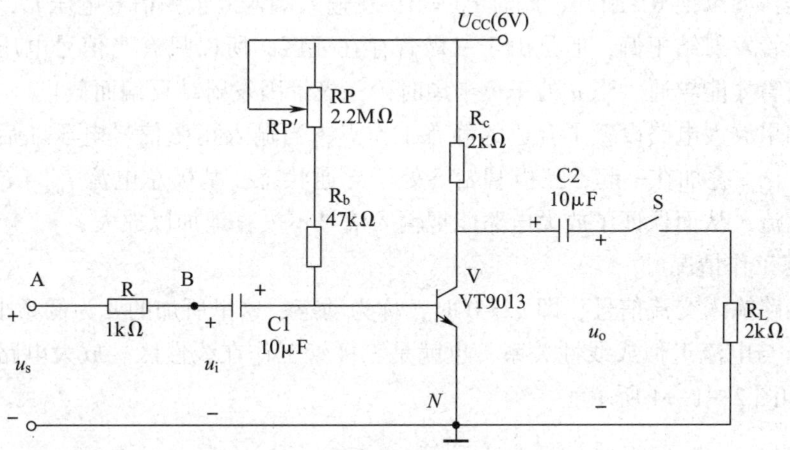

图 2—1—3　固定偏置放大电路图

固定偏置放大电路的元器件及其作用见表 2—1—1。

表 2—1—1　　固定偏置放大电路的元器件及其作用

元器件	作用
三极管 V	电流控制作用，可以将微小的基极电流变化量转换成较大的集电极电流变化量
基极偏置电阻 R_b 和 RP′	U_{CC} 经 R_b 和 RP′为三极管提供合适的基极电流 I_B（称为基极偏置电流）
集电极电阻 R_c	将集电极电流的变化量变换成集电极电压的变化量
耦合电容 C1 和 C2	一是隔直流，使三极管中的直流电流与输入端之前的以及输出端之后的直流电路隔开，不受它的影响；二是通交流，当 C1、C2 的电容量足够大时，它们对交流信号呈现的容抗很小，可以近似认为短路，这样就可以让交流信号顺利通过

u_s为信号源电压，R_L为负载电阻，信号源和负载不是放大电路的组成部分，但它们对放大电路有影响。必须注意，该电路图中的负载电阻 R_L 并不一定是一个实际的电阻器，还

可能表示某种用电设备，如仪表、扬声器或者下一级放大电路。另外，R 为放大电路的测量电阻，可用于辅助测试放大电路的参数，在不做测试时可以不接。

（2）静态工作点的设置

当放大电路未加信号，即 $u_i=0$ 时，称为静态。定义：这时的直流电流 I_B、I_C 和直流电压 U_{BE}、U_{CE}，称为静态工作点，或者简称为 Q 点。由于 U_{BE} 基本恒定，所以在讨论静态工作点时主要是考虑 I_B、I_C 和 U_{CE} 三个量，并且分别用 I_{BQ}、I_{CQ} 和 U_{CEQ} 表示。

放大电路为什么要设置静态工作点呢？

分析过程：如果把 RP 断开，此时 $I_{BQ}=0$，在输入端输入正弦信号电压 u_i，当 u_i 处于正半周时，三极管发射结正偏，但是由于三极管存在死区，所以只有当信号电压超过开启电压以后，三极管才能导通。当 u_i 处于负半周时，三极管因发射结反偏而截止。

结论：如果放大电路设置了合适的静态工作点，当输入正弦信号电压 u_i 后，信号电压 u_i 与静态电压 U_{BEQ} 叠加在一起，三极管始终处于导通状态，基极总电流 $I_{BQ}+i_b$ 就始终是单极性的脉动电流，从而保证了放大电路能把输入信号不失真地加以放大。

（3）动态工作情况

当放大电路输入交流信号，即 $u_i\neq0$ 时，称为动态。这里所加的 u_i 为低频小信号，在此段范围内电压与电流近似成线性关系，也就是三极管工作在线性区。放大电路 u_{BE} 和 u_{CE} 以及 u_o 的波形如图 2—1—4 所示。

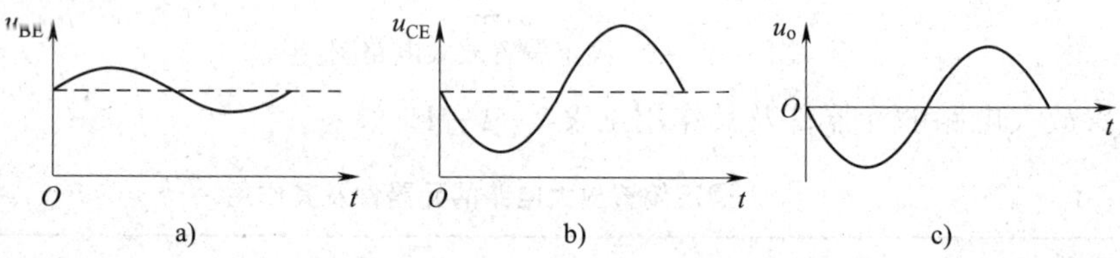

图 2—1—4　放大电路电压波形图

a）$u_{BE}-t$ 曲线　b）$u_{CE}-t$ 曲线　c）u_o-t 曲线

三极管基极与发射极电压瞬时值 $u_{BE}=U_{BEQ}+u_i$，其中 U_{BEQ} 为直流分量（也就是静态工作点的数值），u_i 为交流分量。

基极电流也包括直流分量和交流分量两部分，即：

$$i_B=I_{BQ}+i_b$$

这将引起集电极电流相应的变化，即：

$$i_C=I_{CQ}+i_c$$

为了便于分析，假设放大电路为空载，则三极管集电极与发射极间总电压为：

$$\begin{aligned}u_{CE}&=U_{CC}-i_CR_c\\&=U_{CC}-(I_{CQ}+i_c)R_c\\&=U_{CC}-I_{CQ}R_c-i_cR_c\end{aligned}$$

$$= U_{CEQ} - i_c R_c$$

同样，它也是直流分量和交流分量两部分合成。由于耦合电容 C2 起隔直流通交流作用，在放大电路的输出端，直流分量 U_{CEQ} 被隔断，放大电路只输出交流分量，即：

$$u_o = -i_c R_c$$

只要 R_c 足够大，输出信号电压 u_o 幅度就可以大于输入信号 u_i 的幅度，实现放大的功能。式中负号表明 u_o 与 i_c 反相，由于 i_b、i_c 都与 u_i 同相，所以 u_o 与 u_i 是反相关系。

结论：在单级共发射极放大电路中，输出电压 u_o 与输入电压 u_i 频率相同，波形相似，幅度得到放大，而它们的相位相反。

电压放大作用是一种能量转换作用，即在很小的输入信号功率控制下，将电源的直流功率转变成了较大的输出信号功率。放大电路的输出功率必须比输入功率要大，否则不能算是放大电路。

2. 直流通路和交流通路

当放大电路输入交流信号后，放大电路中总是同时存在着直流分量和交流分量两种成分。由于放大电路中通常都存在电抗性元件，所以直流分量和交流分量的通路是不一样的。

定义：通常把放大电路中只允许直流电流通过的路径称为直流通路，把交流信号流通的路径称为交流通路。

画法原则：

直流通路：放大电路中的电容可以视为开路，电感可以视为短路。

交流通路：小容抗的电容以及内阻很小的电源，忽略其交流压降，都可以视为短路。

按照图 2—1—5 所示的放大电路，分别画出的直流通路和交流通路，如图 2—1—5 所示。

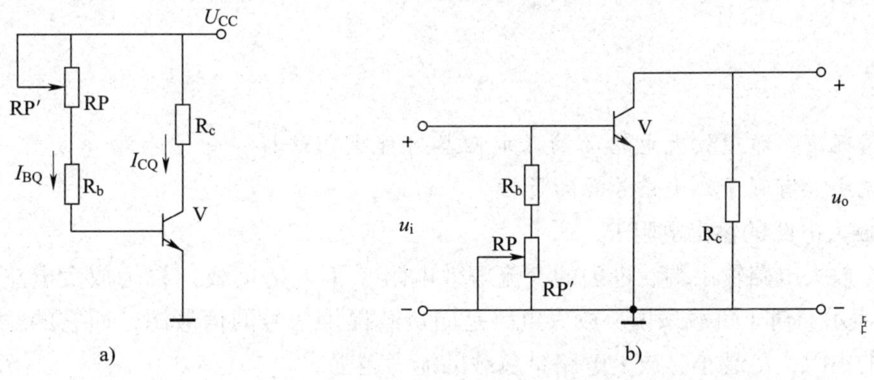

图 2—1—5　固定偏置放大电路的直流通路和交流通路

a）直流通路　b）交流通路

求静态工作点时只需考虑直流分量的关系，所以可按照直流通路计算。

如图 2—1—3 所示，已知 $U_{CC}=6$ V，$R_b=47$ kΩ，$RP'=253$ kΩ，$R_c=2$ kΩ，$\beta=35$。求静态工作点。

解：由图 2—1—5a 可得

$$I_{BQ}=\frac{U_{CC}-U_{BEQ}}{R_b+RP'}=\frac{6-0.7}{47\times10^3+253\times10^3}\approx0.018\text{ mA}$$

$$I_{CQ}=\beta I_{BQ}=35\times0.018=0.63\text{ mA}$$

$$U_{CEQ}=U_{CC}-I_{CQ}R_c=6-0.63\times2=4.7\text{ V}$$

3. 输入电阻、输出电阻和电压放大倍数

放大电路的输入电阻、输出电阻和电压放大倍数所反映的是交流分量的关系。

（1）放大电路的输入电阻 R_i

定义：从放大电路输入端 B、N 两点看进去的交流等效电阻（不包括信号源的等效内阻），称为放大电路的输入电阻，用 R_i 表示。

图 2—1—3 所示放大电路的输入电阻可以通过测量的方法得到，其等效电路如图 2—1—6 所示。用示波器测量出信号源电压 u_s（A 点与 N 点之间）和放大电路输入电压 u_i（B 点与 N 点之间）的不失真最大值 U_{sm} 和 U_{im}，那么电路的输入电阻为：

$$R_i=\frac{U_{im}}{U_{sm}-U_{im}}\times R。$$

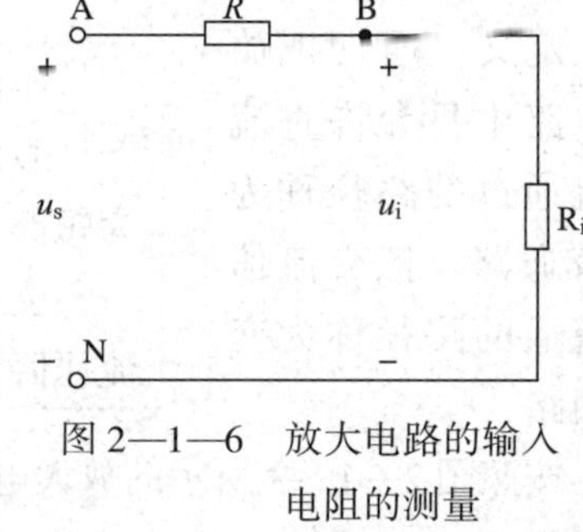

图 2—1—6 放大电路的输入电阻的测量

一般情况下，希望放大电路的输入电阻尽可能大。这样，向信号源（或前一级电路）汲取的电流小，有利于减小信号源的负担。

（2）放大电路的输出电阻 R_o

定义：放大电路输出端看进去的交流等效电阻（不包括负载）称为放大电路的输出电阻，用 R_o 表示。对于负载来说，放大电路是向负载提供信号的信号源，而它的输出电阻就是信号源的内阻，R_o 越小，放大电路带负载的能力越强。

放大电路的输出电阻可以通过测量的方法得到，其等效电路如图 2—1—7 所示，其中 u_s' 表示放大电路在输出端的等效电压。放大电路输入端接信号源 u_s，用示波器观察输出波

形 u_o，先将开关 S 断开，读出输出电压的不失真最大值 U_{om}，而后将开关 S 合上，再读出输出电压的不失真最大值 U'_{om}，那么电路的输出电阻为：

$$R_o = \left(\frac{U_{om}}{U'_{om}} - 1\right) \times R_L。$$

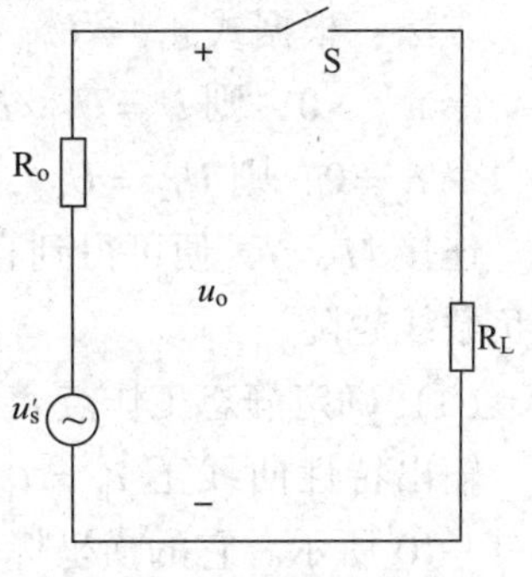

图 2—1—7　放大电路的输出电阻的测量

（3）放大电路电压放大倍数 A_u

如图 2—1—5 所示，由放大电路的交流通路可知，输入信号电压为 u_i，输出信号电压为 u_o，那么电压放大倍数 $A_u = \frac{u_o}{u_i}$。测量时将开关 S 合上，用示波器测量有载时放大电路输入电压 u_i（B 点与 N 点之间）和输出电压 u_o的波形，读出它们的不失真最大值 U_{im}和 U_{om}，则电压放大倍数为 $A_u = \frac{U_{om}}{U_{im}}$。

二、放大电路的图解分析方法

在三极管的输入和输出特性曲线上，可直接用作图的方法求解放大电路的工作情况，这种通过作图分析放大电路性能的方法称为图解分析法。

1. 图解法分析静态

（1）先用估算的方法计算输入回路 I_{BQ}、U_{BEQ}

这可以在输出特性曲线上找到 $I_B = I_{BQ}$那条曲线。

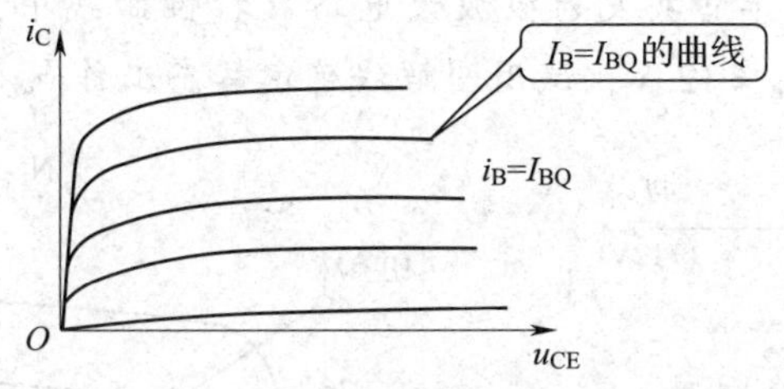

图 2—1—8　三极管的输出特性曲线

（2）作直流负载线

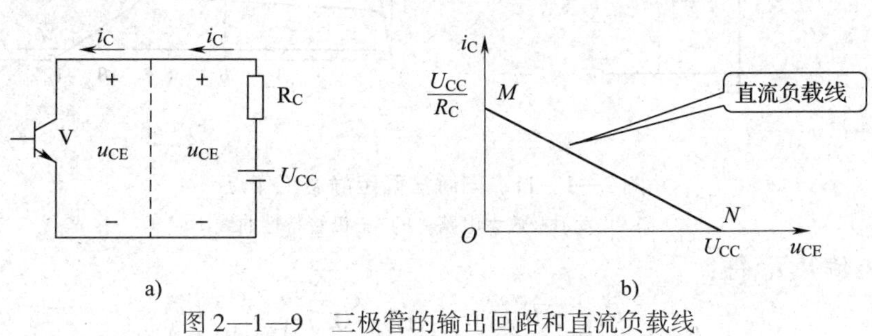

图 2—1—9　三极管的输出回路和直流负载线

a）输出回路　b）直流负载线

方法：根据式 $u_{CE}=U_{CC}-i_C R_C$ 确定两个特殊点

令 $u_{CE}=0$，则 $i_C=U_{CC}/R_C$，在输出特性曲线纵轴（i_C轴）可得 M 点。

令 $i_C=0$，则 $U_{CE}=U_{CC}$，在输出特性曲线横轴（u_{CE}轴）可得 N 点。

连接 M、N，便可得到直流负载线 MN，显然直流负载线的斜率 $k=1/R_C$，R_C 越小，直流负载线越陡。

（3）确定静态工作点

输出特性曲线上 $i_B=I_{BQ}$ 的曲线与直流负载线 MN 的交点 Q 即为静态工作点，如图 2—1—10 所示。它的横坐标是 U_{CEQ}，纵坐标是 I_{CQ}。

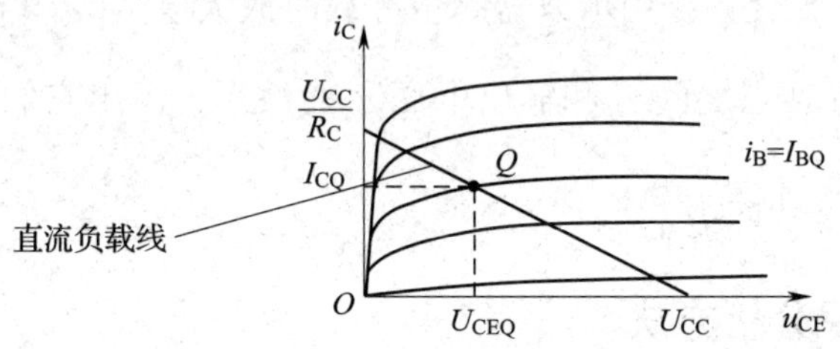

图 2—1—10 静态工作点的确定

在图 2—1—11 所示的单管共发射极放大电路及特性曲线中，已知 $R_b=280\ \text{k}\Omega$，$R_c=3\ \text{k}\Omega$，集电极直流电源 $U_{CC}=12\ \text{V}$，试用图解法确定静态工作点。

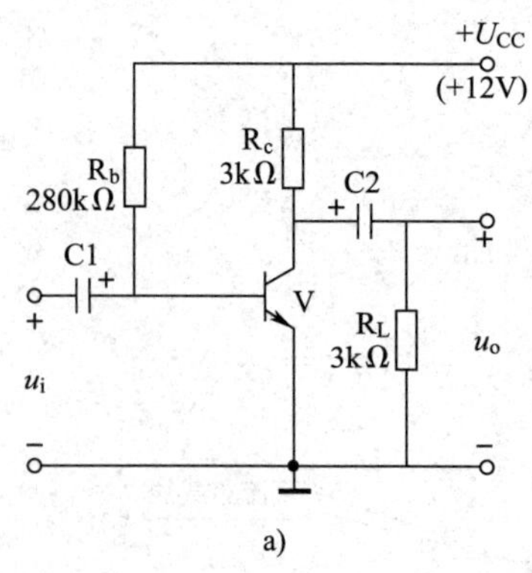

a)

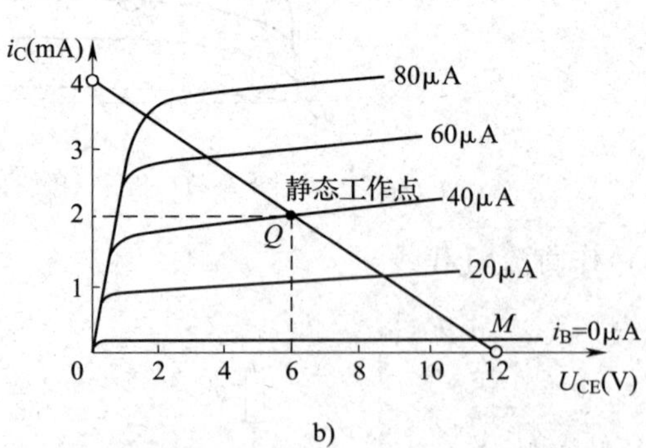

b)

图 2—1—11 图解法确定静态工作点

a）共发射极放大电路 b）三极管特性曲线

解：首先估算 I_{BQ} 得：

$$I_{BQ}=\frac{U_{CC}-U_{BEQ}}{R_b}=\left(\frac{12-0.7}{280\times10^3}\right)\approx 40\ \mu\text{A}$$

作直流负载线，确定 Q 点。

根据 $U_{CEQ}=U_{CC}-I_{CQ}R_c$ 可得

$$i_C=0,\ u_{CE}=12\ \text{V};$$
$$u_{CE}=0,\ i_C=4\ \text{mA}。$$

由 Q 点确定静态值为：

$$I_{BQ}=40\ \mu\text{A}$$
$$I_{CQ}=2\ \text{mA}$$
$$U_{CEQ}=6\ \text{V}$$

2. 图解法分析动态

(1) 交流通路的输出回路

输出回路的外电路是 R_C 和 R_L 的并联，如图 2—1—12 所示。

(2) 交流负载线

交流负载线如图 2—1—13 所示，其两个特征如下：

1) 由于输入电压 $u_i=0$ 时，$i_C=I_{CQ}$，管压降为 U_{CEQ}，所以它必然会过 Q 点。

2) 交流负载线斜率为：

$$k=-\frac{1}{R'_L},\ 其中\ R'_L=R_C\ /\!/\ R_L$$

交流负载线方程为：

$$i_C-I_{CQ}=-\frac{1}{R'_L}(u_{CE}-U_{CEQ})$$

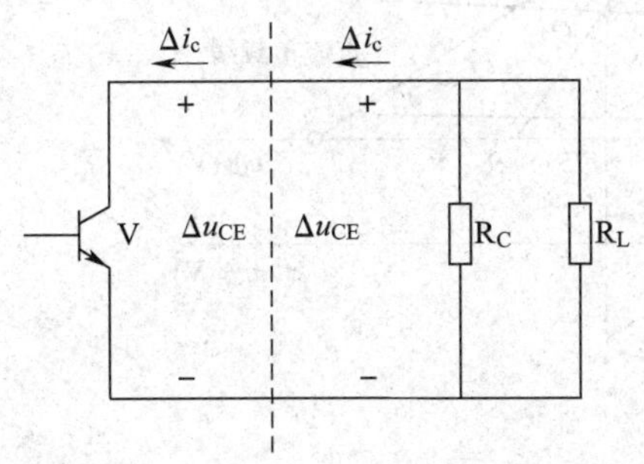

图 2—1—12　交流通路的输出回路

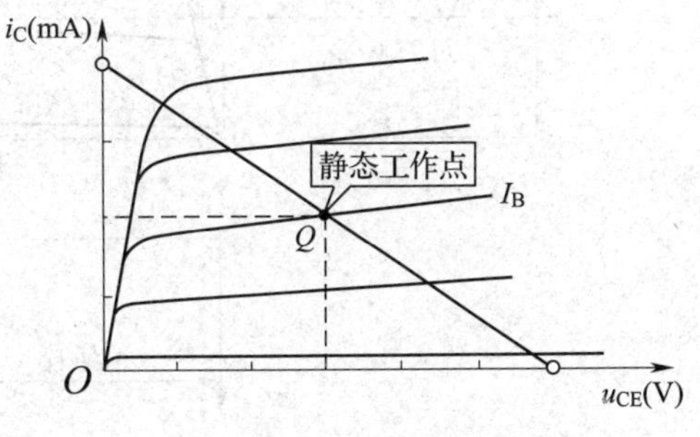

图 2—1—13　交流负载线

(3) 动态工作情况图解分析

输入回路动态工作情况如图 2—1—14 所示，$R_L=3\ \text{k}\Omega$，假设输入信号电压 u_{BE} 幅度为 0.02 V，信号电流 i_B 的幅度为 20 μA。

计算 $R'_L=R_C/\!/R_L=1.5\ \text{k}\Omega$，即可确定交流负载线。

由图 2—1—15 可见，放大电路的动态工作范围在 Q_1 和 Q_2 之间输出电压的幅度为 1.5 V。

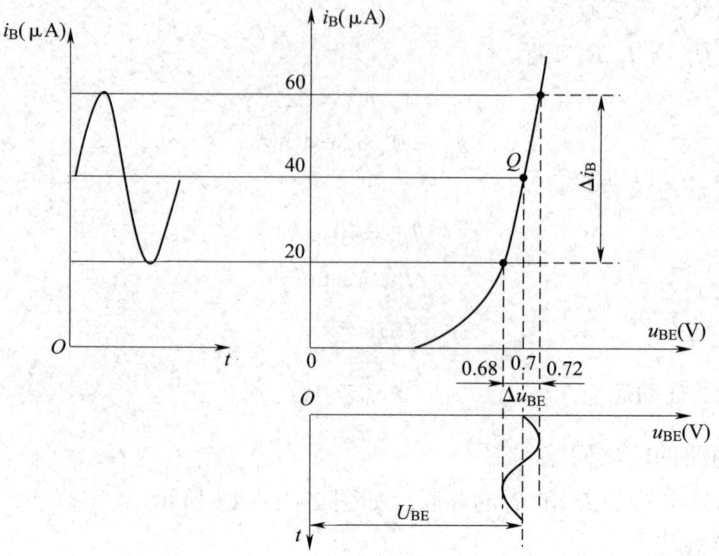

图 2—1—14　输入回路动态工作情况

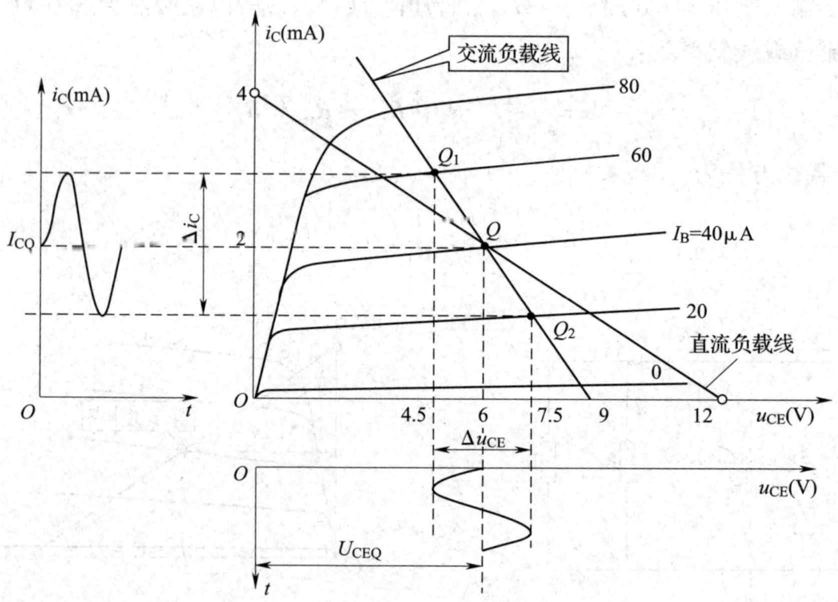

图 2—1—15　输出回路工作情况分析

所以 $A_u = \frac{U_{om}}{U_{im}} = -\frac{1.5}{0.02} = -75$

3. 图解法的应用

（1）用图解法分析非线性失真

1）静态工作点过低，引起 i_B、i_C、u_{CE} 的波形失真，称为截止失真，如图 2—1—16 所示。

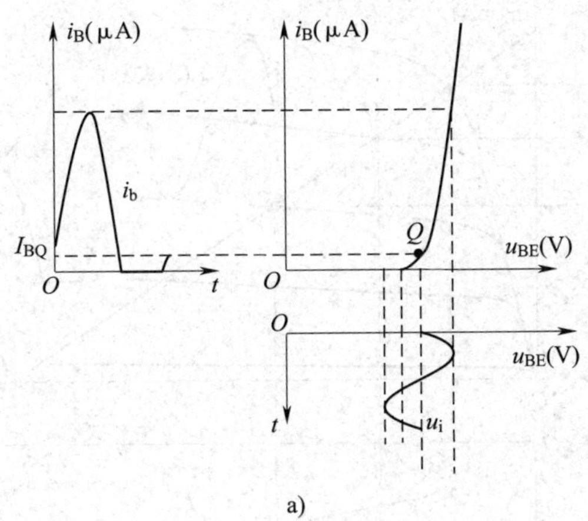

a)

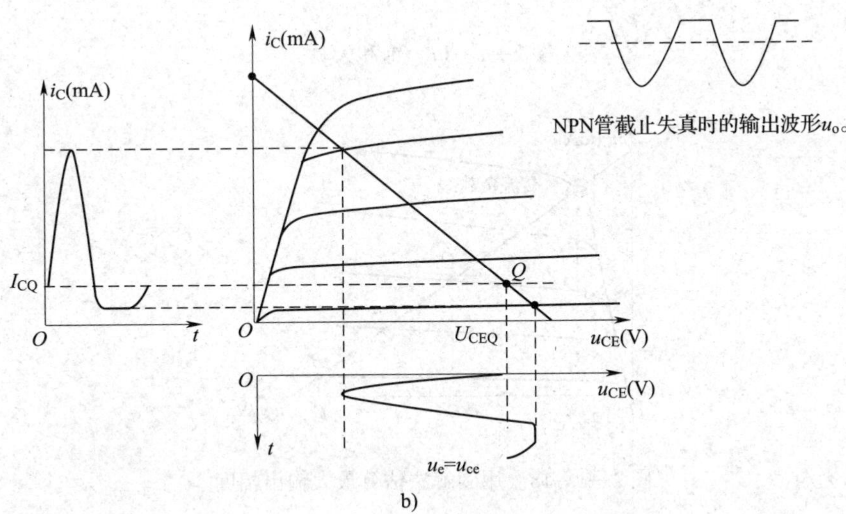

b)

图 2—1—16　截止失真

a）i_B 波形失真　b）i_C、u_{CE}（u_o）波形失真

2）Q 点过高，引起 i_C、u_{CE}的波形失真，称为饱和失真，如图 2—1—17 所示。

（2）用图解法估算最大输出幅度

输出波形没有明显失真时能够输出最大电压，即输出特性的 A、B 所限定的范围，如图 2—1—18 所示。

Q 应尽量设在线段 AB 的中点，则 $AQ=QB$，$CD=DE$，因此可得：

$$U_{om}=\frac{CD}{\sqrt{2}}=\frac{DE}{\sqrt{2}}$$

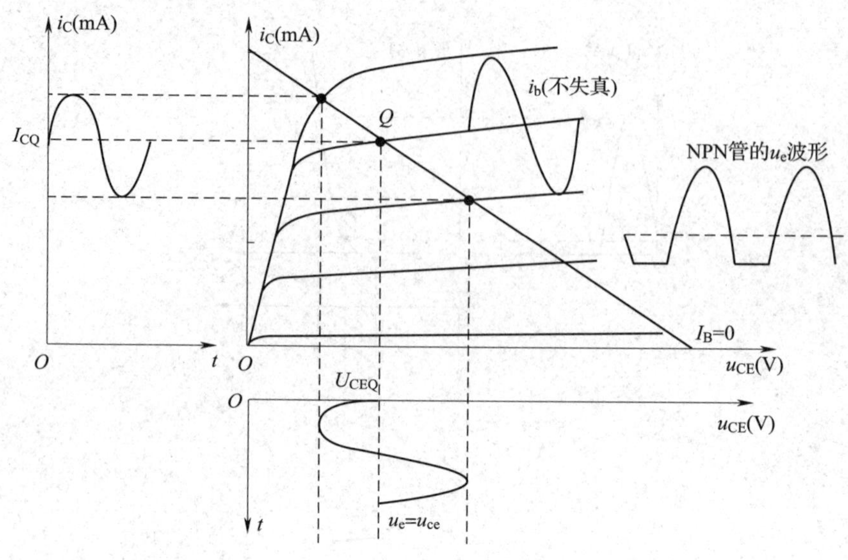

图 2—1—17　饱和失真

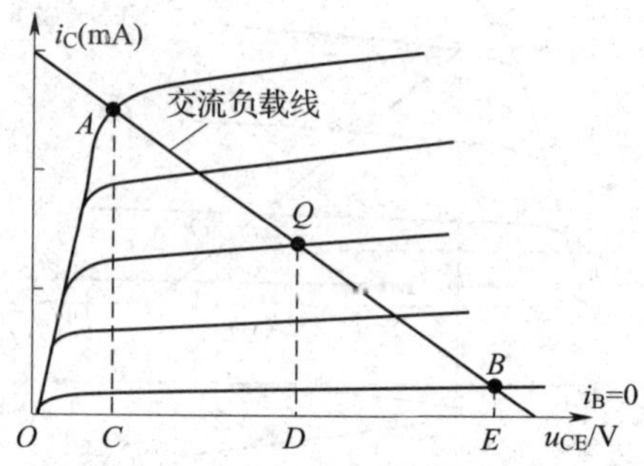

图 2—1—18　用图解法估算最大输出幅度

三、分压式射极偏置放大电路原理与分析

静态工作点在放大电路中是十分重要的，不仅关系到波形失真，而且对电压放大倍数也有重要影响，必须选择合适的静态工作点。

1. 温度对静态工作点的影响

（1）温度对 I_{CBO} 的影响

温度每升高 10℃，I_{CBO} 约增加 1 倍。

结果：特性曲线上移，Q 点上移，I_C 增加。

（2）温度对 β 的影响

温度每升高 1℃，β 值约增大 0.5% ~1% 。

结果：输出特性间距加宽，Q 点上移，I_C 增加。

（3）温度对输入、输出特性的影响

输入特性曲线随温度的增加而左移，输出特性曲线随温度的增加而上移，如图 2—1—19 所示。

结果：I_C增加。

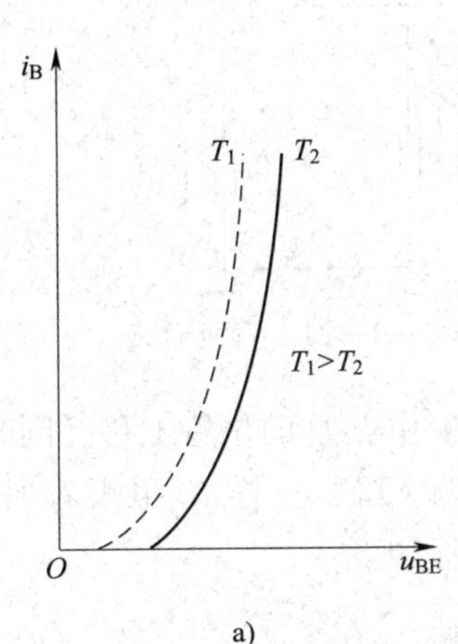

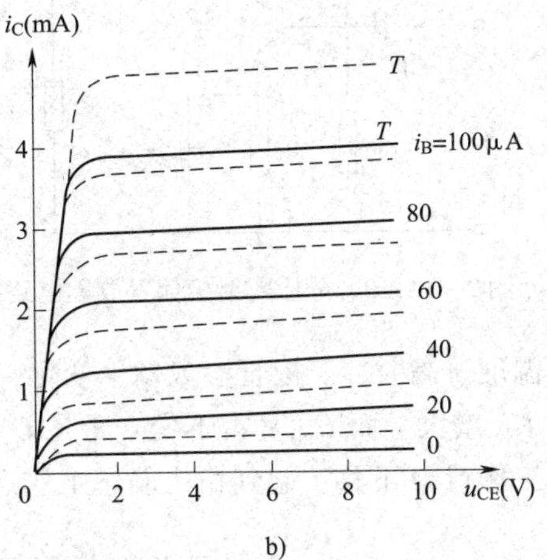

图 2—1—19　温度对输入、输出特性曲线的影响

a）输入特性　b）输出特性

可见，当温度上升时，参数的变化都会使放大电路中的集电极静态电流 I_{CQ} 随温度升高而增加，从而使 Q' 点随温度变化。要想使 I_{CQ} 基本稳定不变，就要求在温度升高时，电路能自动地适当减小基极电流 I_{BQ}。

2. 分压式射极偏置放大电路分析

（1）组成

分压式射极偏置放大电路如图 2—1—20 所示，图中 R_{b1} 和 R_{b2} 分别称为上、下基极偏置电阻，组成分压电路，提供基极电压。R_e 为射极电阻，起到稳定 I_{CQ} 的作用，电容 C_e 与 R_e 并联，一般是几十微法的电解电容器，对于交流电流而言，在 R_e 旁边开出了一条交流通路，以保证 R_e 只有直流电流通过，所以称为旁路电容。

（2）稳定静态工作点原理

直流通路如图 2—1—21 所示。适当选择，满足：

$$I_1 \approx I_2 \gg I_{BQ}，U_{BQ} \gg U_{BEQ}$$

那么 R_{b1} 和 R_{b2} 可视为串联，对电源 U_{CC} 的分压为：

$$U_{BQ} \approx \frac{R_{b2}}{R_{b1}+R_{b2}} \cdot U_{CC}$$

此时，U_{BQ} 与温度无关。

一般取 I_1 =（5～10）I_{BQ}，U_{BQ} = 3～5 V。

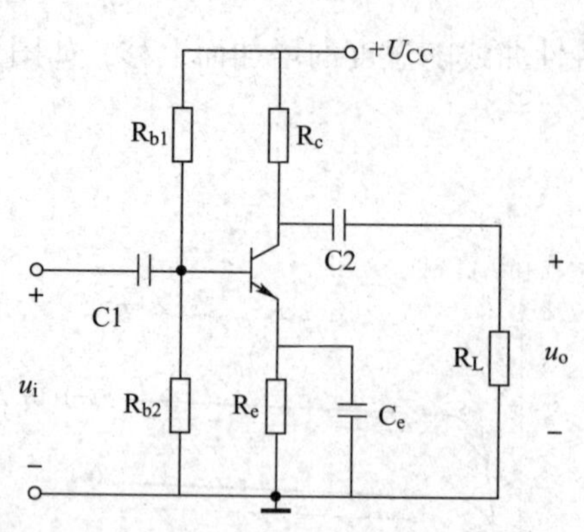

图 2—1—20　分压式射极偏置放大电路图

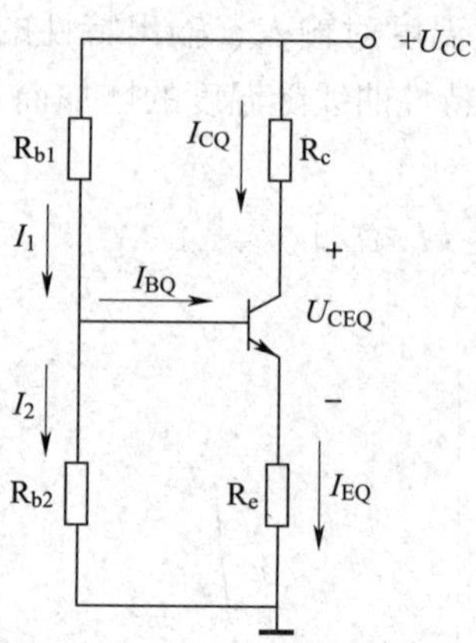

图 2—1—21　直流通路

当温度升高时，三极管参数发生变化，I_{CQ}增大，静态工作点 Q 的位置上移，同时 I_{CQ}的增大使 U_{EQ}增大，而 U_{BQ}基本不变。于是 U_{BEQ}减小，导致 I_{BQ}下降，这样 I_{CQ}也跟着下降，迫使静态工作点 Q 下移，起到稳定静态工作点的作用。其过程如下：

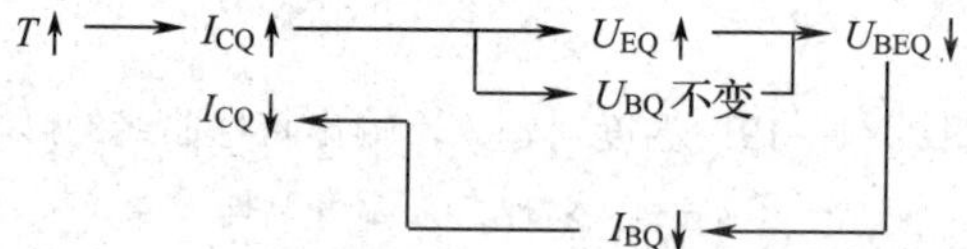

分压式射极偏置放大电路如图 2—1—20 所示，已知 $U_{CC}=18$ V，$R_{b1}=39$ kΩ，$R_{b2}=10$ kΩ，$R_c=3$ kΩ，$R_e=1.7$ kΩ，$R_L=6$ kΩ，$\beta=50$，求静态工作点。

解：$U_{BQ}\approx\dfrac{R_{b2}}{R_{b1}+R_{b2}}\cdot U_{CC}=\dfrac{10}{39+10}\times18=3.67\text{ V}$

$$I_{CQ}\approx I_{EQ}=\frac{U_{BQ}-U_{BEQ}}{R_e}=\frac{3.67-0.7}{1.7\times10^3}=1.75\text{ mA}$$

$$U_{CEQ}=U_{CC}-I_{CQ}R_c-I_{EQ}R_e\approx U_{CC}-I_{CQ}(R_c+R_e)$$
$$=18-1.75\times10^{-3}\times(3\times10^3+1.7\times10^3)=9.8\text{ V}$$

$$I_{BQ}\approx\frac{I_{CQ}}{\beta}=\frac{1.75}{50}=0.035\text{ mA}=35\ \mu\text{A}$$

四、射极输出器工作原理与分析

1. 电路的组成

射极输出器电路如图 2—1—22 所示。

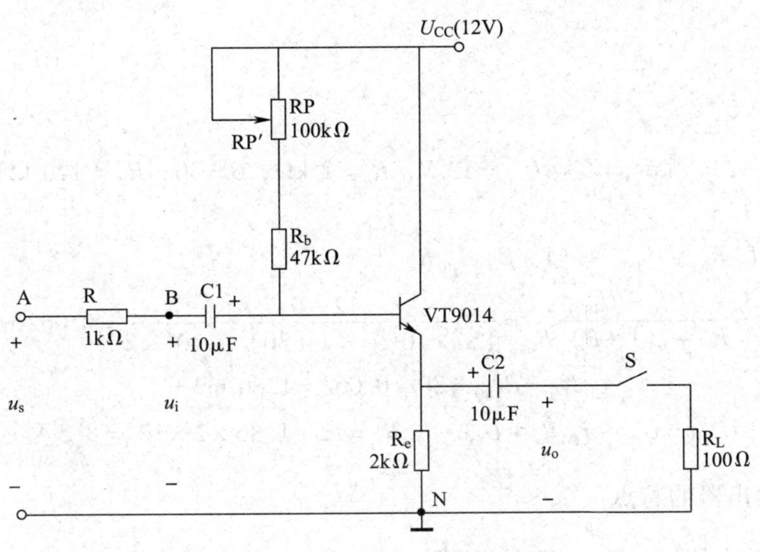

图 2—1—22　射极输出器

由图 2—1—22 可以得到图 2—1—23 所示的直流通路和合上开关 S 时的交流通路。设基极电阻 R_b 与电位器 RP′串联后的等效电阻为 R_b'。由图 2—1—23 可知，输入信号是从三极管的基极与集电极之间输入，从发射极与集电极之间输出。集电极为输入与输出电路的公共端，故称共集放大电路。由于信号从发射极输出，所以又称为射极输出器。

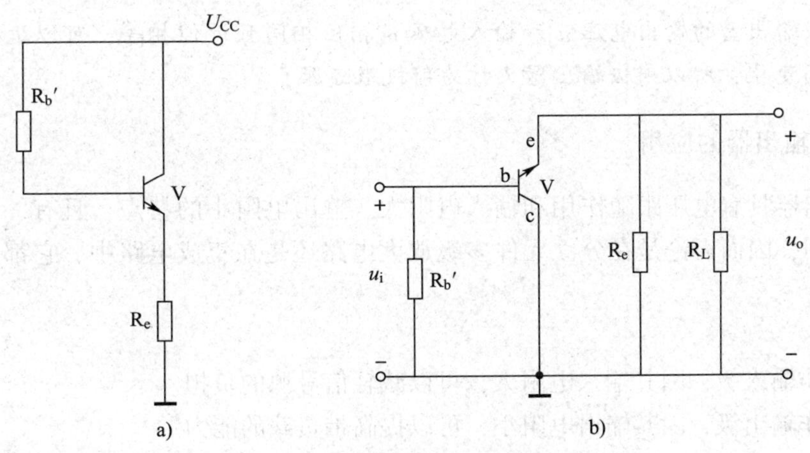

图 2—1—23　射极输出器的直流通路和交流通路

a）直流通路　b）交流通路

2. 静态工作点的估算

静态工作点的估算示例如下：

如图 2—1—23a 所示，已知 $U_{CC}=12$ V，$R_e=2$ kΩ，$\beta=30$，$R_{b'}=120$ kΩ，求静态工作点。

解：$U_{CC}=I_{BQ}R_{b'}+U_{BEQ}+(1+\beta)I_{BQ}R_e$

$$I_{BQ}=\frac{U_{CC}-U_{BEQ}}{R'_b+(1+\beta)R_e}=\frac{12-0.7}{120\times10^3+(1+30)\times10^3\times2}=0.062\ \text{mA}$$

$$I_{CQ}=\beta I_{BQ}=30\times0.062=1.86\ \text{mA}$$

$$U_{CEQ}=U_{CC}-I_{EQ}R_e\approx U_{CC}-I_{CQ}R_e=12-1.86\times2\times10^3=8.3\ \text{V}$$

3. 射极输出器的特点

（1）电压放大倍数小于 1，且接近于 1。

（2）输出电压与输入电压相位相同。

（3）输入电阻大。

（4）输出电阻小。

由于射极输出器的输出电压 u_o 和输入电压 u_i 相位相同且近似相等，可以近似看作 u_o 随着 u_i 的变化而变化，所以射极输出器又称为射极跟随器。

4. 射极输出器的应用

射极输出器具有电压跟随作用和输入电阻大、输出电阻小的特点，且有一定的电流和功率放大作用，因而无论是在分立元件多级放大电路还是在集成电路中，它都有十分广泛的作用。

例如：

（1）用作输入级，因其输入电阻大，可以减轻信号源的负担。

（2）用作输出级，因其输出电阻小，可以提高带负载的能力。

（3）用在两级共射放大电路之间作为隔离级（或简称为缓冲级），因其输入电阻大，对前级影响小；且输出电阻小，对后级的影响也小，所以可以有效地提高总的电压放大倍数。

五、单管放大电路在智能楼宇设备中的应用

单管放大电路主要用来组成智能小区用户音乐门铃以及室内可视门铃。其实物如图 2—1—24 所示。

图 2—1—24　室内可视门铃

在我国，可视门铃作为便捷的实用产品，从 20 世纪 90 年代末至今，主要应用在商品住宅楼，规模迅速发展，目前已经普遍进入城市小区中高层住宅。使用时，住户听到铃声，像接听可视电话一样，接收来访者通过楼下门口主机的呼叫，进行对话；同时住户家中的可视分机可通过楼下主机摄像头接收视频影像，住户观察分机显示屏幕上的监控图像确认来访者的身份，最后决定是否按下室内分机的开锁按钮，打开连接门口主机的电控门锁，允许来访客人开门进入。

运用在一栋或多栋住宅楼中，多个住户共同使用一个门口主机的可视门铃，通常被称为可视对讲系统、楼宇可视对讲系统；而运用在单个住户中，如别墅，通常被称为独户可视门铃或别墅可视门铃。

任务实施

对于单管放大电路的工作情况，可以通过对实际电路的安装与测量来了解。

一、电路的安装

单管放大电路图如图 2—1—25 所示，根据表 2—1—2 的元件清单安装好电路后，进行测量和观察。

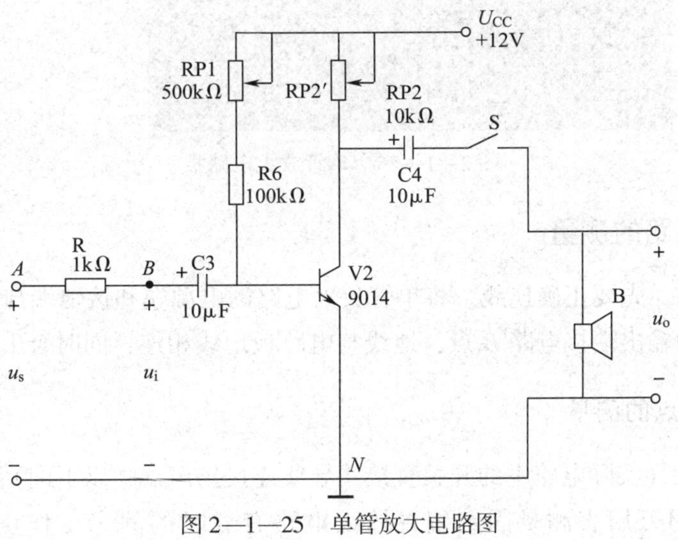

图 2—1—25　单管放大电路图

表 2—1—2　　　　单管放大电路元件明细表

电路名称		单管放大电路		
序号	名称		型号规格	数量
1	示波器		通用	1 台
2	低频信号发生器		—	1 台
3	无线电工具		—	1 套
4	电位器	RP1	500 kΩ	1 只
5		RP2	10 kΩ	1 只
6	电阻器	R	1 kΩ	1 只
7		R6	100 kΩ	1 只
8	电解电容器 C3、C4		10 μF/25 V	2 只
9	三极管 V2		9014	1 只
10	扬声器 B		8 Ω	1 只
11	实验电路板		—	1 块

先准备好常用的无线电工具，将元器件插装在实验电路板后再焊接固定，然后用镀银线根据电路图的电气连接关系进行布线并焊接固定，组装好的电路板如图 2—1—26 所示。

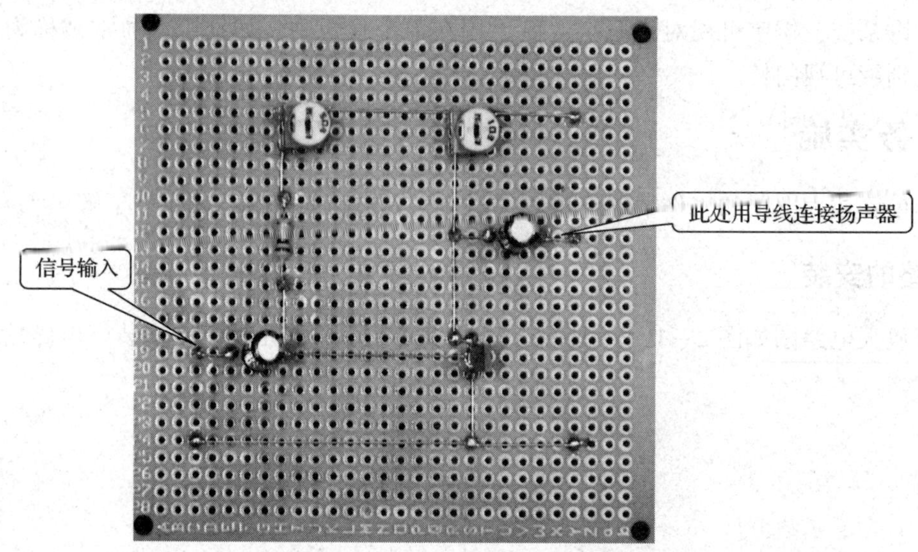

图 2—1—26　单管放大电路板

二、单管放大电路的测量

在进行测量前，先要正确连线。将单管放大电路的电源端和接地端与 +12 V 电源相连，低频信号发生器的输出端接电路 B 点，地线与电路板地线相连，同时合上开关 S。

1. 静态工作点的测量

将开关 S 合上（实际电路中的开关直接用导线连接扬声器，以下同），断开信号源，输入端 A 点接地，用万用表测量固定偏置放大电路有载时的静态工作点，将结果填入表

2—1—3 中。

表 2—1—3 静态工作点的测量

U_{BE}	U_{CE}	R6 两端电压	I_B = R6 两端电压/R_6	RP2′两端电压	I_C = RP2′两端电压/$R_{P'2}$

2. 电压放大倍数 A_u 的测量

将开关 S 合上，放大电路输入端接信号源 u_s，用示波器测量有载时放大电路输入电压 u_i（B 点与 N 点之间）和输出电压 u_o 的波形，读出其不失真最大值 U_{im} 和 U_{om}，则电压放大倍数 $A_u = \frac{U_{om}}{U_{im}}$，同时将结果填入表 2—1—4 中。

表 2—1—4 电压放大倍数 A_u 的测量

U_{im}	U_{om}	A_u

3. 放大电路输入电阻 R_i 的测量

将开关 S 合上，放大电路输入端接信号源 u_s，用示波器观察 u_s（A 点与 N 点之间）和 u_i（B 点与 N 点之间）的波形，调节信号源 u_s 的幅度，读出 u_s 和 u_i 的不失真最大值 U_{sm} 和 U_{im}，那么电路的输入电阻 $R_i = \frac{U_{im}}{U_{sm} - U_{im}} \times R$，将结果填入表 2—1—5 中。

表 2—1—5 放大电路输入电阻 R_i 的测量

U_{sm}	U_{im}	R_i

4. 放大电路输出电阻 R_o 的测量

放大电路输入端（A 点）接信号源 u_s，用示波器观察输出波形，先将开关 S 断开，读出输出电压的不失真最大值 U_{om}；而后将开关 S 合上，再读出输出电压的不失真最大值 U'_{om}，那么电路的输出电阻 $R_o = \left(\frac{U_{om}}{U'_{om}} - 1\right) \times R_L$，将结果填入表 2—1—6 中。

表 2—1—6 放大电路输出电阻 R_o 的测量

U_{om}	U'_{om}	R_o

5. 观察静态工作点对输出波形的影响

调节电位器 RP1（减小其电阻值），用示波器观察输出波形，当调节到一定的程度时，注意波形的底部会被削平，电路出现饱和失真现象。记录输出波形的正常形状和饱和失真时输出波形的形状，填入表 2—1—7 中。

表 2—1—7　　输出波形图

输出波形的正常形状	失真时输出波形的形状
u_o　O　t	u_o　O　t

拓展知识

在实际的单管放大电路的工作过程中，其输入信号源可以以各种各样的形式出现，但在学习和测量实验的过程中，这个信号源一般都是被专门的信号发生器所代替的。

YB1600 系列函数信号发生器是一种新型高精度信号源，仪器外形美观、新颖，操作直观方便，具有数字频率计、计数器及电压显示功能，功能齐全且各端口具有保护功能，有效地防止了输出短路和外电路电流的返流对仪器的损坏，大大提高了整机的可靠性，它广泛适用于教学、电子实验、科研开发、邮电通信、电子仪器测量等领域。

1. 主要特点

（1）频率计和计数器功能（6 位 LED 显示）。

（2）输出电压指示（3 位 LED 显示）。

（3）轻触开关、面板功能指示，直观方便。

（4）采用金属外壳，具有优良的电磁兼容性，外形美观坚固。

（5）内置线性/对数扫频功能。

（6）数字频率微调功能，使测量更精确。

（7）50 Hz 正弦波输出，方便于教学实验。

（8）外接调频功能。

（9）压控调频（VCF）压控输入。

（10）所有端口具有短路和抗输入电压保护功能。

2. 技术指标

（1）电压输出（VOLTAGE OUT）

函数信号发生器的电压输出指标见表 2—1—8。

表 2—1—8　　电压输出的相关技术指标

型号	YB1601	YB1602	YB1603	YB1605	YB1610	YB1615	YB1620
频率范围	0.1 Hz ~ 1 MHz	0.2 Hz ~ 2 MHz	0.3 Hz ~ 3 MHz	0.5 Hz ~ 5 MHz	0.1 Hz ~ 10 MHz	0.15 Hz ~ 15 MHz	0.2 Hz ~ 20 MHz
频率分挡	七挡 10 进制				八挡 10 进制		
频率调整率	0.1 ~ 1						
输出波形	正弦波、方波、三角波、脉冲波、斜波、50 Hz 正弦波						
输出阻抗	50 Ω						
输出信号类型	单频、调频、扫频						
扫频类型	线性、对数						
扫频速率	10 ms ~ 5 s						
VCF 电压范围	0 ~ 5 V，压控比≥100:1						
外调频电压	0 ~ 3 $V_{峰-峰}$						
外调频频率	10 Hz ~ 20 kHz						
输出电压幅度	20 $V_{峰-峰}$（1 MΩ）　10 $V_{峰-峰}$（50 Ω）						
输出保护	短路，抗输入电压：±35 V（1 min）						
正弦波失真度	≤100 kHz，2%；>100 kHz，30 dB						
频率响应	±0.5 dB				≤5 MHz ± 0.5 dB >5 MHz ± 1 dB	≤5 MHz ± 0.5 dB >5 MHz ± 1.5 dB	≤10 MHz ± 1 dB >10 MHz ±2 dB
三角波线性	≤100 kHz：98%；>100 kHz：95%						
对称度调节	20% ~ 80%						
直流偏置	±10 V（1 MΩ），±5 V（50 Ω）						
方波上升时间	100 ns 5 $V_{峰-峰}$ 1 MHz		80 ns 5 $V_{峰-峰}$ 1 MHz	50 ns 5 $V_{峰-峰}$ 1 MHz	25 ns 5 $V_{峰-峰}$ 1 MHz	20 ns 5 $V_{峰-峰}$ 1 MHz	17 ns 5 $V_{峰-峰}$ 1 MHz
衰减精度	≤ ±3%						
对称度对频率影响	±10%						
50 Hz 正弦输出	约 2 $V_{峰-峰}$						

（2）TTL/CMOS 输出

函数发生器所有端口保护的相关技术指标见表 2—1—9。

表 2—1—9　端口保护相关技术指标

型　号	YB1601	YB1602	YB1603	YB1605	YB1610	YB1615	YB1620
输出幅度	“0”：≤0.6 V；“1”：≥2.8 V						
输出阻抗	600 Ω						
输出保护	短路，抗输入电压 ±35 V（1 min）						

(3) 频率计数

函数发生器的测量精度见表 2—1—10。

表 2—1—10　频率测量精度

型号	YB1601	YB1602	YB1603	YB1605	YB1610	YB1615	YB1620
测量精度	6 位，±1%，±1 个字						
分辨率	0.1 Hz						
闸门时间	10 s、1 s、0.1 s						
外测频范围	1 Hz ~ 10 MHz				1 Hz ~ 30 MHz		
外测频灵敏度	100 mV				200 mV		
计数范围	六位（999999）						

(4) 幅度显示

1）显示位数：三位；

2）显示单位：$V_{峰-峰}$或 $mV_{峰-峰}$；

3）显示误差：±15% ±1 个字；

4）负载电阻为 1 MΩ 时：直读；

5）负载电阻为 50 Ω 时：读数 ÷2；

6）分辨率：1 $mV_{峰-峰}$（40 dB）。

(5) 电源

1）电压：220 ±10% V；

2）频率：50 ±5% Hz；

3）视在功率：约 10 V · A；

4）电源熔丝：BGXP −1 −0.5 A。

(6) 物理特性

1）质量：约 3 kg；

2）外形尺寸：225 mm（W）×105 mm（H）×285 mm（D）。

(7) 环境条件

1）工作温度：0 ~40℃；

2）储存温度：−40 ~60℃；

3）工作湿度上限：相对湿度 90%（40℃）；

4）储存湿度上限：相对湿度 90%（50℃）；

5）其他要求：避免频繁振动和冲击，周围空气无酸、碱、盐等腐蚀性气体。

3．使用注意事项

（1）工作环境和电源应满足技术指标中给定的要求。

（2）初次使用或久贮后再用，建议放置通风和干燥处数小时后再通电 1 ~2 h 后再使用。

（3）为了获得高质量的小信号（mV 级），可暂将“外测开关”置“外”以降低数字信号的波形干扰。

（4）外测频时，请先选择高量程挡，然后根据测量值选择合适的量程，确保测量精度。

（5）电压幅度输出、TTL/CMOS 输出要尽可能避免长时间短路或电流返流。

（6）各输入端口，输入电压请不要高于 ±35 V。

（7）为了观察准确的函数波形，建议示波器带宽应高于该仪器上限频率的 2 倍。

（8）如果仪器不能正常工作，应重新开机检查操作步骤。如果仪器确已出现故障，需请专业人员修理后方可使用。

4．面板操作键作用说明

YB1600 系列函数信号发生器前后面板图如图 2—1—27 和图 2—1—28 所示，其操作键作用说明如下：

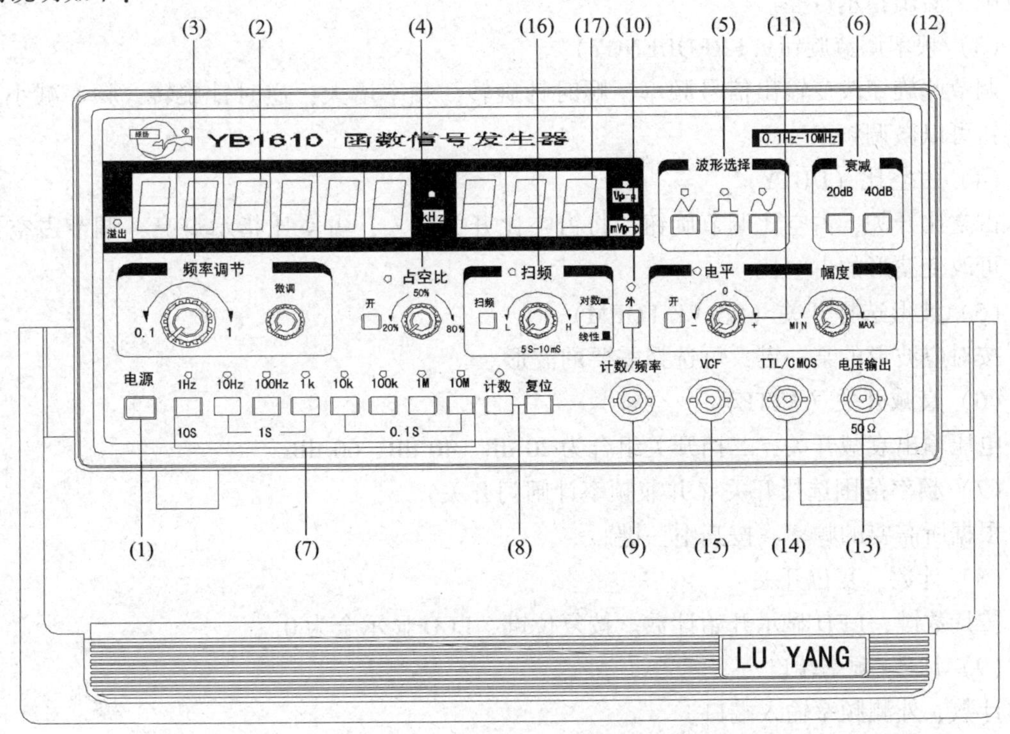

图 2—1—27　YB1600 系列函数发生器的前面板图

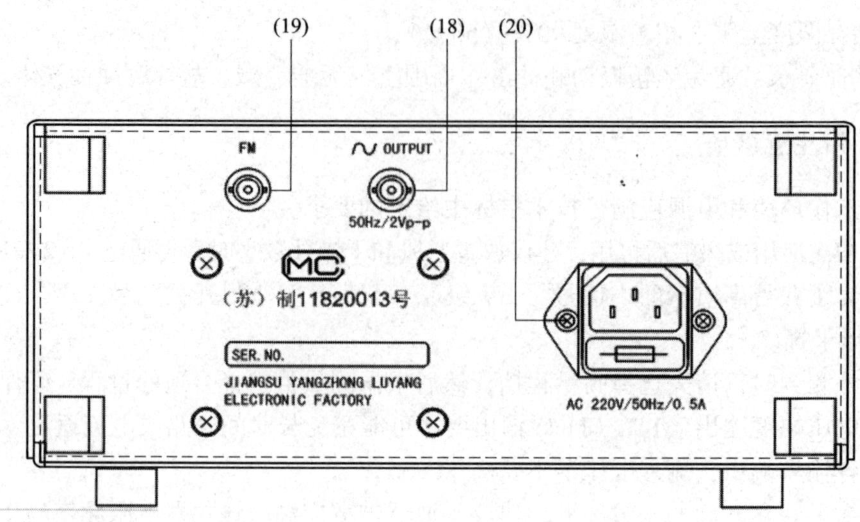

图 2—1—28　YB1600 系列函数发生器的后面板图

（1）电源开关（POWER）

电源开关按键弹出即置为“关”位置，将电源线接入，按下电源开关，以接通电源。

（2）LED 显示窗口

此窗口指示输出信号的频率，当“外测”开关按入，显示外测信号的频率。如超出测量范围，溢出指示灯亮。

（3）频率调节旋钮（FREQUENCY）

调节此旋钮改变输出信号频率，顺时针旋转，频率增大；逆时针旋转，频率减小。微调旋钮可以微调频率。

（4）占空比（DUTY）

占空比开关，占空比调节旋钮，将占空比开关按入，占空比指示灯亮，调节占空比旋钮，可改变波形的占空比。

（5）波形选择开关（WAVE FORM）

按对应波形的某一键，可选择需要的波形。

（6）衰减开关（ATTE）

电压输出衰减开关，二挡开关组合为 20 dB、40 dB、60 dB。

（7）频率范围选择开关（并兼频率计闸门开关）

根据所需要的频率，按其中一键。

（8）计数、复位开关

按计数键，LED 显示开始计数。按复位键，LED 显示全为 0。

（9）计数/频率端口

计数、外测频率输入端口。

（10）外测频开关

此开关按入时，LED 显示窗口显示外测信号频率或计数值。

(11) 电平调节

按入电平调节开关，电平指示灯亮，此时调节电平调节旋钮，可改变直流偏置电平。

(12) 幅度调节旋钮（AMPLITUDE）

顺时针调节此旋钮，增大电压输出幅度。逆时针调节此旋钮可减小电压输出幅度。

(13) 电压输出端口（VOLTAGE OUT）

电压输出由此端口输出。

(14) TTL/CMOS 输出端口

由此端口输出 TTL/CMOS 信号。

(15) VCF

由此端口输入电压控制频率变化。

(16) 扫频

按入扫频开关，电压输出端口输出信号为扫频信号，调节速率旋钮，可改变扫频速率，改变线性/对数开关可产生线性扫频和对数扫频。

(17) 电压输出指示

3 位 LED 显示输出电压值，输出接 50 Ω 负载时应将读数除以 2。

(18) 50 Hz 正弦波输出端口

50 Hz 峰 - 峰值约 2 V 正弦波由此端口输出。

(19) 调频（FM）输入端口

外调频波由此端口输入。

(20) 交流电源 220 V 输入插座

5. 基本操作方法

合上电源开关之前，首先检查输入的电压，将电源线插入后面板上的电源插孔，并按表 2—1—11 所列设定各个控制键。

表 2—1—11　　各控制键操作

名称	状态
电源（POWER）开关	弹出
衰减开关（ATTE）	弹出
外测频（COUNTER）开关	弹出
电平开关	弹出
扫频开关	弹出
占空比开关	弹出

所有的控制键如上设定后，打开电源。函数信号发生器默认 10 kHz 挡正弦波，LED 显示窗口显示本机输出信号频率。

(1) 将电压输出信号由电压输出（VOLTAGE OUT）端口通过连接线送入示波器 Y 输入

端口

（2）三角波、方波、正弦波产生

1）分别按下波形选择开关（WAVE FORM）正弦波、方波、三角波，此时示波器屏幕上将分别显示正弦波、方波、三角波。

2）改变频率选择开关，示波器显示的波形以及 LED 窗口显示的频率将发生明显变化。

3）幅度旋钮（AMPLITUDE）顺时针旋转至最大，示波器显示的波形幅度峰 - 峰值 ≥20 V。

4）将电平开关按入，顺时针旋转电平旋钮至最大，示波器波形向上移动；逆时针旋转，示波器波形向下移动，最大变化量 ±10 V 以上。注意：信号超过 ±10 V 或 ±5 V（50 Ω）时被限幅。

5）按下衰减开关，输出波形将被衰减。

（3）计数、复位

1）按复位键、LED 显示全为 0。

2）按计数键、计数/频率输入端输入信号时，LED 显示开始计数。

（4）斜波产生

1）波形开关置三角波。

2）占空比开关按入指示灯亮。

3）调节占空比旋钮，三角波变成斜波。

（5）外测频率

1）按入外测开关，外测频指示灯亮。

2）外测信号由计数/频率输入端输入。

3）选择适当的频率范围，由高量程向低量程选择合适的有效数，确保测量精度（注意：当有溢出指示时，应提高一挡量程）。

（6）TTL 输出

1）TTL/CMOS 端口接示波器 Y 轴输入端（DC 输入）。

2）示波器将显示方波或脉冲波，该输出端可作 TTL/CMOS 数字电路实验时钟信号源。

（7）扫频（SCAN）

1）按入扫频开关，此时幅度输出端口输出的信号为扫频信号。

2）线性/对数开关，在扫频状态下弹出时为线性扫频，按入时为对数扫频。

3）调节扫频旋钮，可改变扫频速率，顺时针调节，增大扫频速率，逆时针调节，减慢扫频速率。

（8）VCF

由 VCF 输入端口输入 0 ~ 5 V 的调制信号，此时幅度输出端口输出为压控信号。

（9）调频（FM）

由 FM 输入端口输入电压为 10 Hz ~ 20 kHz 的调制信号，此时幅度端口输出为调频信号。

（10）50 Hz 正弦波

由交流 OUTPUT 输出端口输出 50 Hz 峰－峰值约 2 V 的正弦波。

知识巩固

一、填空题

1. 放大电路中三极管的静态工作点是指________、______和________。

2. 放大电路在动态时，u_{CE}、i_B、i_C都是由______分量和______分量组成。在共发射极放大电路中，输出电压u_o和输入电压u_i相位________。

3. 影响静态工作点稳定的主要因素是________，此外________和________也会影响静态工作点的稳定。

4. 在固定偏置放大电路中（NPN 管），若静态工作点设置过高，容易产生______失真，减小失真的方法是使R_b__________，Q点________；静态工作点过低，容易引起______失真，此时i_c的________半周出现平顶，u_{ce}的________半周出现平顶。

5. 温度变化使放大电路的静态工作点不稳定，温度升高使U_{BE}__________、I_{CBO}________、β________，最终导致I_C________，Q点________，最常用的稳定静态工作点的放大电路是____________。

6. 射极输出器也叫__________，它的电压放大倍数__________，输出电压与输入电压相位__________。

7. 射极输出器具有______放大作用。

二、判断题

1. 在三极管放大电路中，其发射结加正向电压，集电结加反向电压。（　　）

2. 共发射极放大电路输出电压和输入电压相位相反，所以该电路有时被称为反相器。（　　）

3. 放大电路的静态工作点确定后，就不会受到外界因素的影响。（　　）

4. 固定偏置放大电路产生截止失真的原因是它的静态工作点设置偏低。（　　）

5. 分压式射极偏置放大电路中，β增大时，电压放大倍数基本不变。（　　）

6. 采用分压式射极偏置放大电路的主要目的是为了提高输入电阻。（　　）

7. 分压式射极偏置放大电路中，若旁路电容 C_e 不慎断开，那么放大电路的放大倍数减小，输入电阻增大。（　　）

8. 分压式射极偏置放大电路中，若出现了饱和失真，应当将上基极偏置电阻R_{b1}调大。（　　）

9. 射极输出器输入电压小，输出电压大，没有放大作用。（　　）

10. 射极输出器的输入电阻大，输出电阻小。（　　）

三、选择题

1. 低频放大电路放大的对象是电压、电流的（　　）。

A. 稳定值　　　　B. 变化量　　　　C. 平均值

2. 放大电路在动态时，为避免失真，发射结电压直流分量和交流分量的大小关系通常为（　　）。

A．直流分量大　　B．交流分量大　　C．相等

3．在放大电路中，为了使工作于饱和状态的三极管进入放大状态，可以采用（　　）。

A．减小 I_B　　B．提高 U_{CC} 的绝对值　　C．减小 R_c

4．如图 2—1—29 所示放大电路，当输入正弦电压时，输出电压波形的负半周出现了平顶失真，则这种失真是（　　）。

A．截止失真　　B．饱和失真　　C．频率失真

5．为了消除如图 2—1—29 所示放大电路的失真，应当（　　）。

A．减小 R_c　　B．改换 β 小的管子

C．增大 R_b　　D．减小 R_b

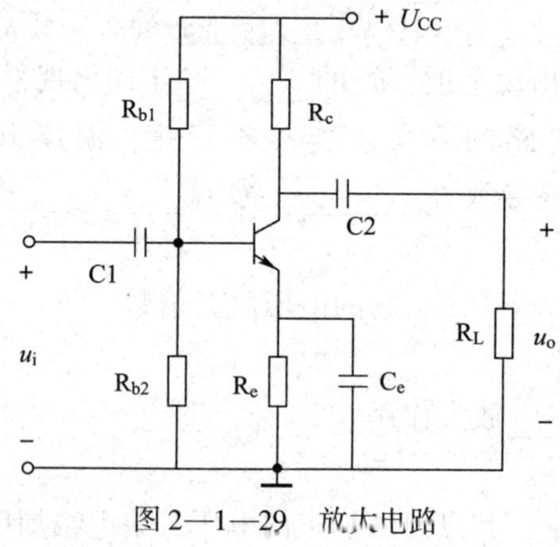

图 2—1—29　放大电路

四、分析计算题

1．一个固定偏置放大电路由哪些元器件组成？各个元器件的作用是什么？

2．什么是放大电路的直流通路和交流通路？

3．发现放大电路输出波形失真是否说明静态工作点一定不合适？为什么？

4．图 2—1—30 所示为固定偏置放大电路，若三极管的 $\beta = 50$，$U_{CC} = 12\ \text{V}$，$R_b = 250\ \text{k}\Omega$，$R_c = 4\ \text{k}\Omega$，$R_L = 1\ \text{k}\Omega$，试求其静态工作点。

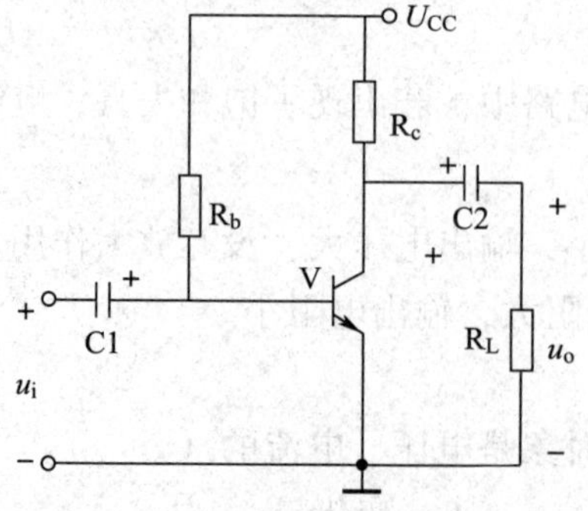

图 2—1—30　固定偏置放大电路

5. 判断图 2—1—31 所示电路有无正常的电压放大作用？为什么？

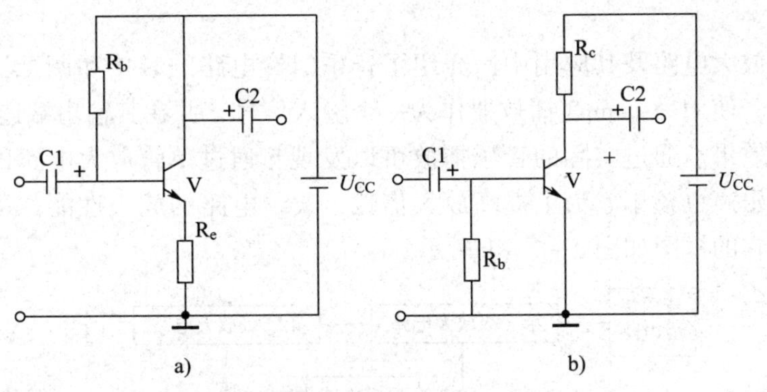

图 2—1—31

6. 在图 2—1—29 所示放大电路中，已知 $U_{BEQ}=0.7$ V，$\beta=50$，$R_{b1}=8$ kΩ，$R_{b2}=2$ kΩ，$R_c=2$ kΩ，$R_e=850$ Ω，$R_L=3$ kΩ，求：

（1）计算静态工作点。

（2）电压放大倍数和输入电阻、输出电阻。

7. 图 2—1—32 所示为射极输出器，已知 $U_{CC}=12$ V，$R_b=200$ kΩ，$R_e=3$ kΩ，$R_L=6$ kΩ，$\beta=50$，画出直流通路并且求静态工作点。

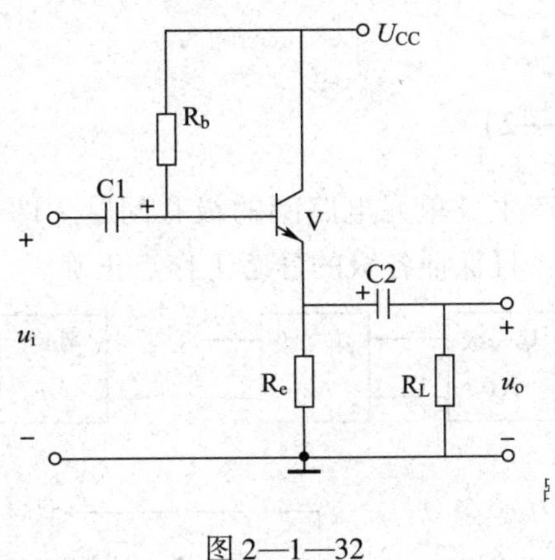

图 2—1—32

任务二　负反馈多级放大电路及其应用

任务要求

1. 了解多级放大电路的概念、耦合方式的分类，掌握电压放大倍数和输入输出电阻的计算方法。

2. 了解负反馈的概念、作用和分类。

3. 了解实用负反馈多级放大电路的组成和工作原理。

在任务单管放大电路及其应用中，介绍了音乐门铃电路的装接和调试，它利用单管放大电路进行放大，使用一个 mp3 播放器作为一个输入信号，并在其输出端连接一个扬声器，听取音乐的输出效果。通过实际的音乐播放可以发现，通过单管放大电路的音乐播放，效果不是很好，音乐声也较小。为了提高放大倍数，改善电路的放大性能，可以采用负反馈多级放大电路，它的框图如图 2—2—1 所示。

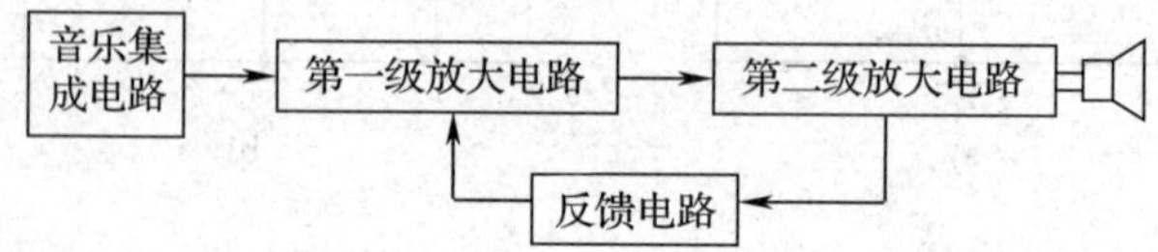

图 2—2—1　采用负反馈多级放大电路的音乐门铃电路框图

多级放大电路与单管放大电路有什么区别？负反馈在放大电路中能起到什么作用？本任务的目标就是学会组装负反馈多级放大电路，理解负反馈多级放大电路在音乐门铃电路中的作用，熟悉负反馈多级放大电路的调试方法。

基础知识

一、多级放大电路

1. 耦合形式（图 2—2—2）

多级放大电路的连接，产生了单元电路间的级联问题，即耦合问题。放大电路的级间耦合必须要保证信号的传输，且保证各级的静态工作点正确。

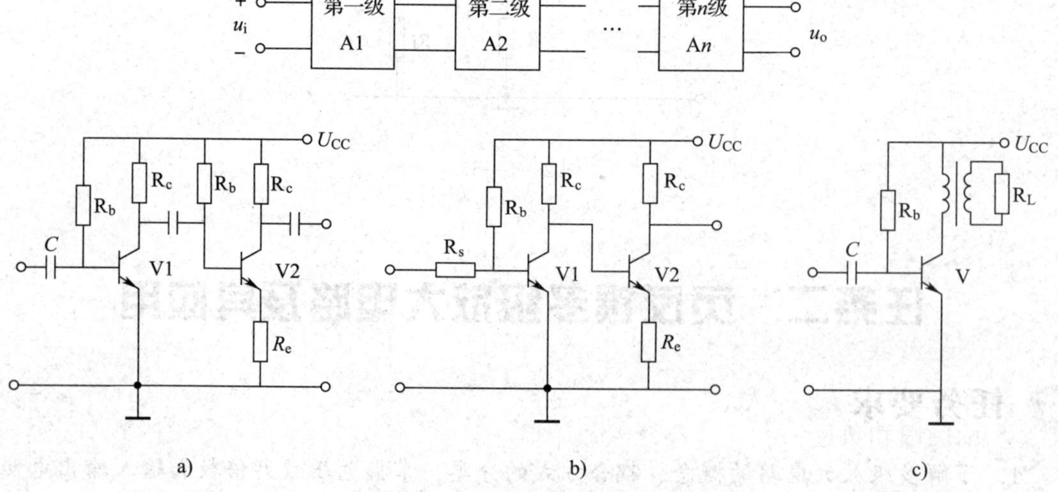

图 2—2—2　多级放大电路的框图和耦合电路形式

a）阻容耦合　b）直接耦合　c）变压器耦合

直接耦合——耦合电路采用直接连接或电阻连接，不采用电抗性元件。直接耦合电路可传输低频甚至直流信号，因而缓慢变化的漂移信号也可以通过直接耦合放大电路。

优点：无电容，便于集成化；可放大缓慢变化的信号。

缺点：各级放大电路静态工作点相互影响；输出温度漂移严重。

电抗性元件耦合——级间采用电容或变压器耦合。电抗性元件耦合，只能传输交流信号，漂移信号和低频信号不能通过。

优点：各级放大电路静态工作点独立。

缺点：不适合放大缓慢变化的信号；不便于做成集成电路。

2. 多级放大电路的电压放大倍数和输入输出电阻

从多级放大电路的方框图可知，前级放大电路就是后级的信号源，它的输出电阻就是信号源的内阻，而后级放大电路就是前级的负载，它的输入电阻就是信号源的负载电阻。

若多级放大电路一共有 n 级，各级的电压放大倍数分别为 A_{V1}、A_{V2}、…、A_{Vn}，那么它的总电压放大倍数应当是 $A_V = A_{V1} \times A_{V2} \times \cdots \times A_{Vn}$

多级放大电路的输入电阻就是第一级放大电路的输入电阻，即 $R_i = R_{i1}$

多级放大电路的输出电阻就是最后一级放大电路的输出电阻，即 $R_o = R_{on}$

二、反馈的概念

1. 定义

将电路的输出量（电压或电流）的部分或全部，通过一定的元件，以一定的方式回送到输入回路并影响输入量（电压或电流）和输出量的过程称为反馈。

2. 信号的两种流向

正向传输：输入⇒输出—开环 ⎫
　　　　　　　　　　　　　⎬闭环
反向传输：输出⇒输入　　　⎭

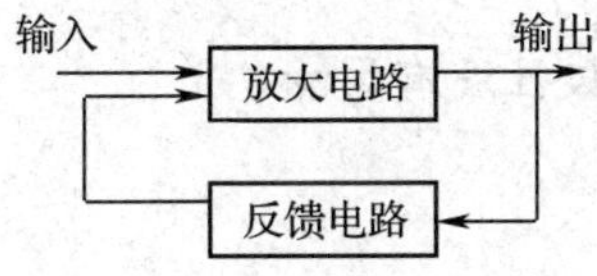

三、反馈的分类

1. 正反馈和负反馈

正反馈：增强放大电路净输入量变化趋势的反馈。

负反馈：削弱放大电路净输入量变化趋势的反馈。

放大电路中采用负反馈，正反馈多用于振荡电路中。

判断法：瞬时极性法

（1）先假设输入信号在某一瞬间对地极性为“+”。

（2）从输入端到输出端，依次标出放大电路各点的瞬时极性。

（3）根据反馈信号的极性，再与输入信号进行比较，最后确定反馈极性。

假设加到三极管基极的输入信号瞬时极性为“+”，若送回基极的反馈信号瞬时极性为“-”，为负反馈；反之，则为正反馈。若送到发射极的反馈信号瞬时极性为“+”，为负反馈；反之，则为正反馈，如图 2—2—3 所示。

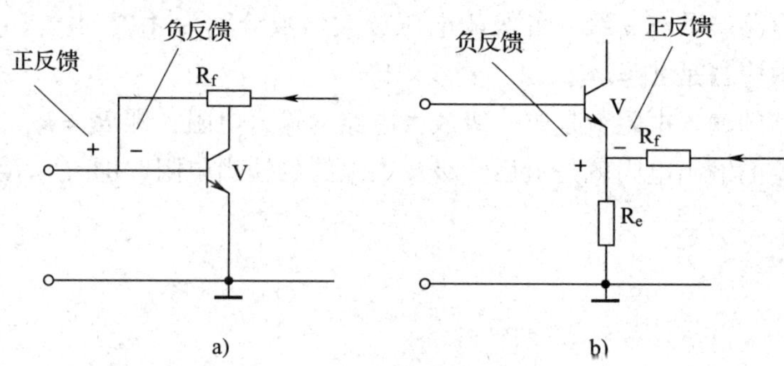

图 2—2—3　判别反馈极性示意图

a）反馈加到基极　b）反馈加到发射极

1. 发射极输出信号与基极输入信号的瞬时极性相同，集电极输出信号与基极输入信号的瞬时极性相反。

2. 电阻、电容等元件对瞬时极性没有影响。

2. 电压反馈和电流反馈

电压反馈：反馈信号取自放大电路的输出电压。

电流反馈：反馈信号取自放大电路的输出电流。

判断法：输出短路法

将负载短路，使输出电压为零，若反馈信号也为零，则为电压反馈，否则便是电流反馈。

电压反馈的取样环节与放大电路的输出端并联，电流反馈的取样环节与放大电路的输出端串联，如图 2—2—4 所示。

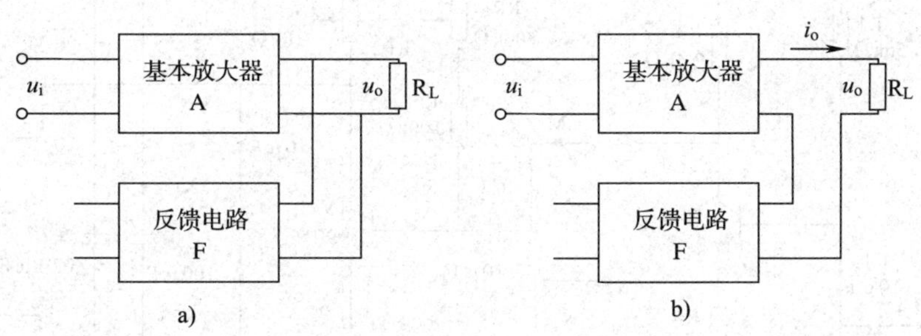

图 2—2—4　反馈信号在输出端的取样方式

a）电压反馈　b）电流反馈

3. 串联反馈与并联反馈

串联反馈：反馈信号在输入端是与信号源串联。

并联反馈：反馈信号在输入端是与信号源并联。

判断法：输入端短路法

将输入端短路，如反馈信号同时被短路，即净输入信号为零，则为并联反馈；否则为串联反馈。也可以从反馈电路在输入端的连接方式来判别，若输入信号和反馈信号分别从不同端引入，为串联反馈；若二者从同一端引入则为并联反馈。

如图 2—2—5 所示，在串联反馈中，反馈信号以电压形式出现，净输入电压 $u_i' = u_i - u_f$；在并联反馈中，反馈信号以电流形式出现，净输入电流 $i_i' = i_i - i_f$。

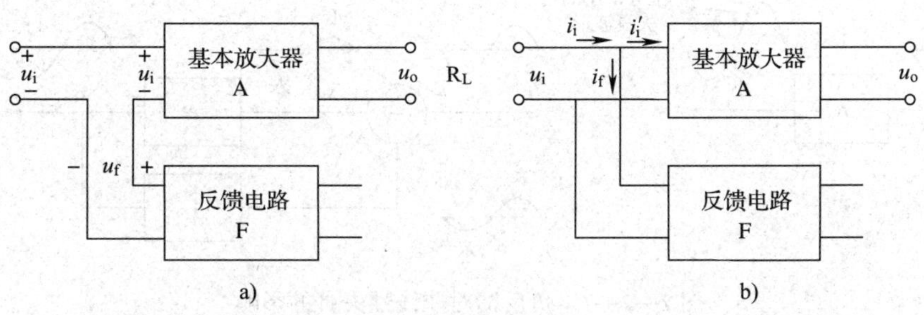

图 2—2—5　反馈信号与输入信号的连接

a）串联反馈　b）并联反馈

4. 直流反馈与交流反馈

直流反馈：反馈量中只含有直流量。

交流反馈：反馈量中只含有交流量。

如图 2—2—6 所示的负反馈多级放大电路中，第一级放大电路 V1 管的发射极电阻 R5 接有交流旁路电容 C2，则 R5 只对直流量有反馈作用，而对交流量没有反馈作用，即 R5 所引入的是直流反馈。如果去掉交流旁路电容 C2，则 R5 所引入的就是交、直流反馈了。

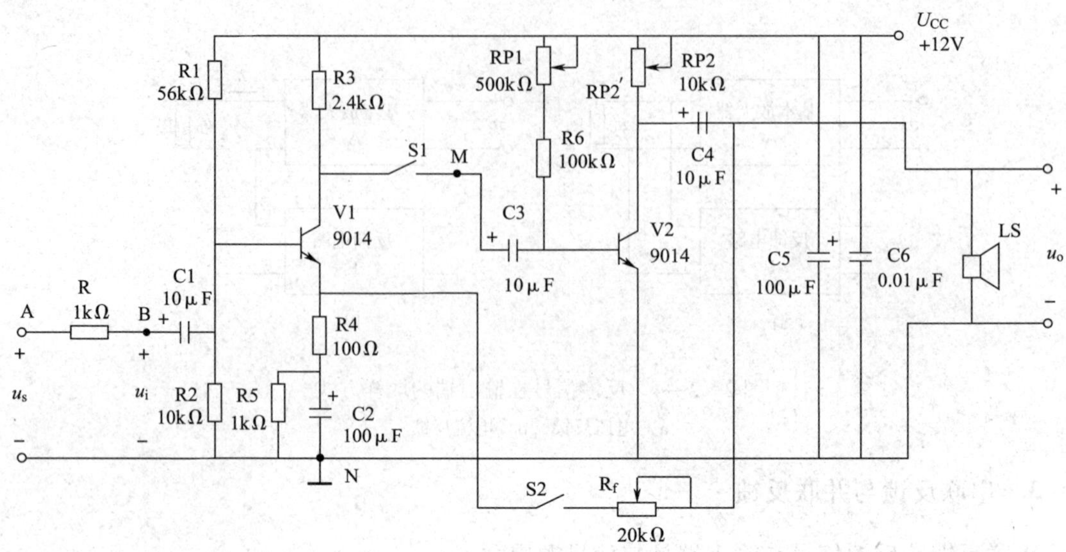

图 2—2—6　负反馈多级放大电路

四、负反馈对放大电路性能的影响

直流负反馈的作用主要是稳定静态工作点，交流负反馈可以改善放大电路的动态特性。

1. 放大倍数下降， 稳定性提高

2. 减小了非线性失真（图 2—2—7）

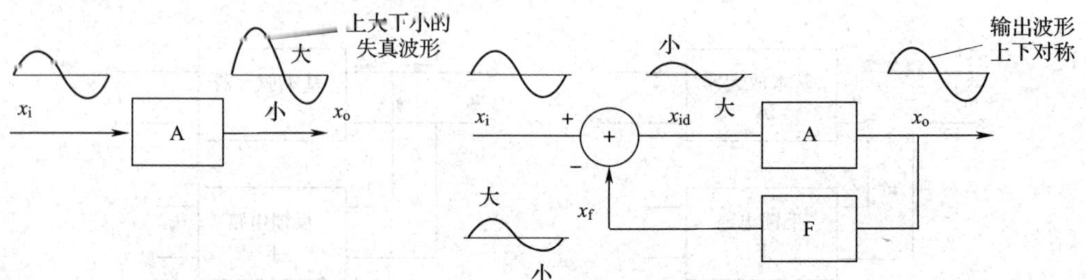

图 2—2—7　负反馈对非线性失真的影响

3. 展宽了通频带（图 2—2—8）

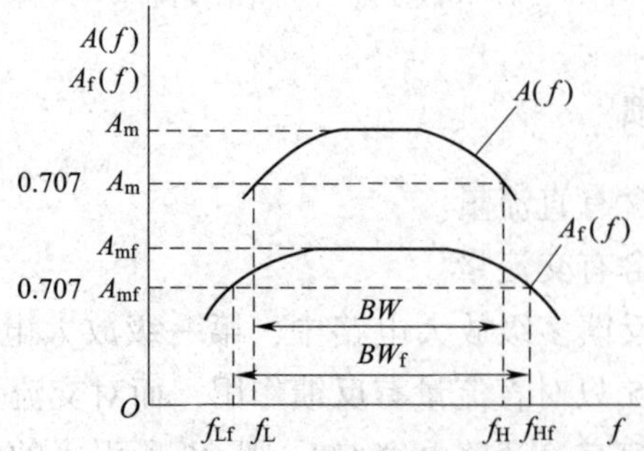

图 2—2—8　负反馈对通频带的影响

4. 改变了放大电路的输入、输出电阻

（1）串联反馈使输入电阻增大，并联反馈使输入电阻减小。

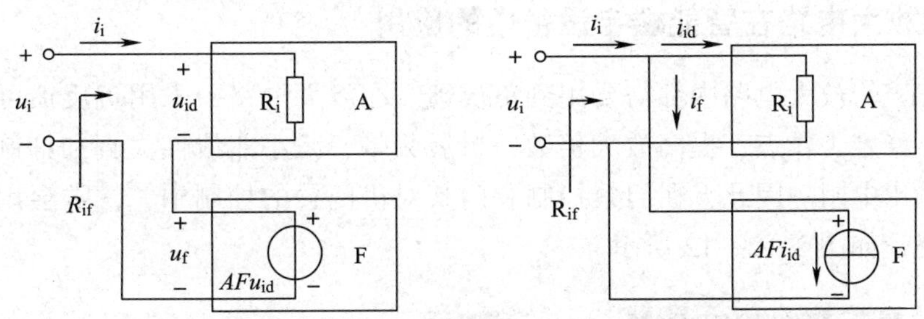

图 2—2—9　负反馈对输入电阻的影响

（2）电压负反馈使输出电阻减小，电流负反馈使输出电阻增大。

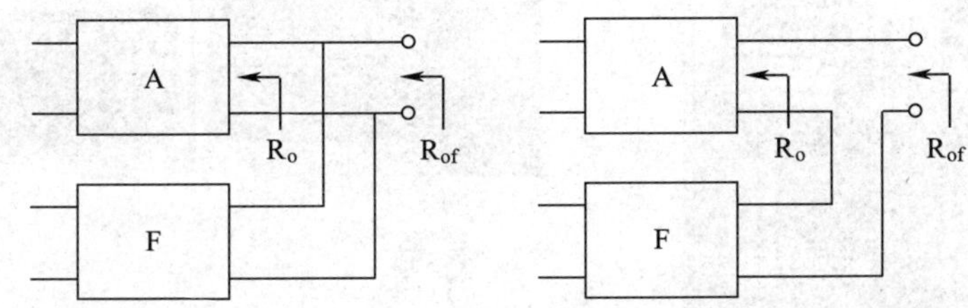

图 2—2—10　负反馈对输出电阻的影响

电压负反馈具有稳定输出电压的作用，即当负载变化时，输出电压的变化很小，这相当于输出端等效电源的内阻减小了，也就是输出电阻减小了。电流负反馈具有稳定输出电流的作用，即当负载变化时，输出电流的变化很小，这相当于输出端等效电源的内阻增大了，也就是输出电阻增大了。

五、负反馈多级放大电路的工作原理

图 2—2—6 所示的负反馈多级放大电路的框图如图 2—2—11 所示，第一级放大电路为分压式射极偏置放大电路，第二级放大电路为固定偏置放大电路，当开关 S2 接通时，第

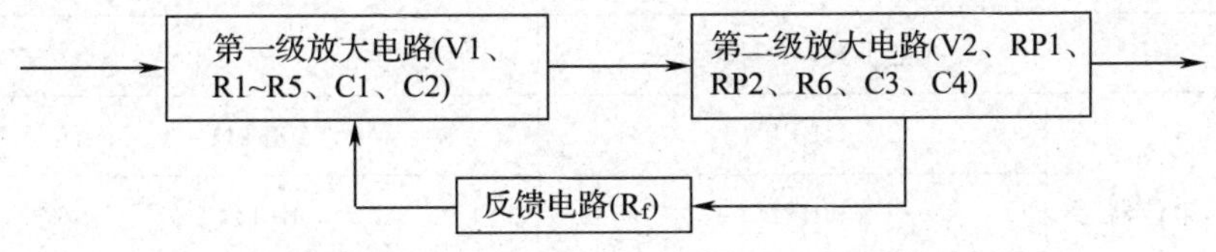

图 2—2—11　负反馈多级放大电路的框图

二级放大电路的输出信号通过 R_f 接到了第一级放大电路 V1 管的发射极上，对 V1 管的净输入信号产生了影响，所以 R_f 是反馈元件，且为电压串联型交流负反馈。当开关 S2 断开时，则将断开负反馈。

六、负反馈放大电路在智能楼宇设备中的应用

通常在三极管放大电路中都需要用到负反馈。在放大电路中采用负反馈可以改善放大电路的性能，稳定工作点，提高放大倍数，扩展频带，减小非线性失真和抑制干扰，改变输入电阻和输出电阻。因此，在门禁控制和门禁对讲门铃的控制中，常常会用到带有负反馈的放大电路，如图 2—2—12 所示。

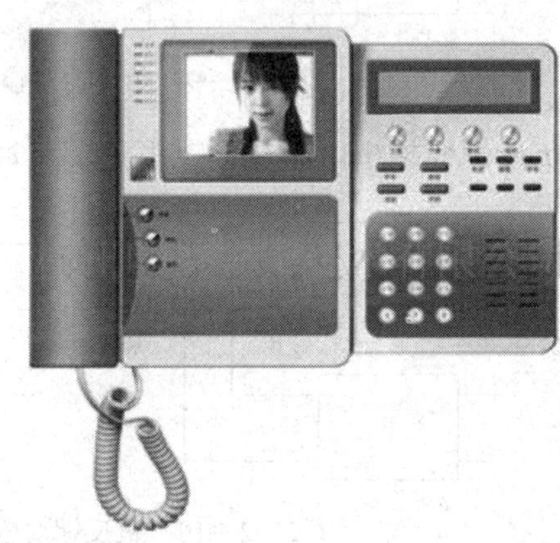

图 2—2—12　门禁对讲门铃

任务实施

为了更好地实验带有负反馈环节的放大电路，与单管放大电路做一个实际性的效果比较，按照表 2—2—1 中所列写的元件清单，安装一个实际电路，并通过演示和测量来对比与单管放大电路之间的区别。

表 2—2—1　　负反馈放大电路元件清单

电路名称		负反馈放大电路（图 2—2—6）		
序号	名称		规格	数量
1	示波器		通用	1 台
2	低频信号发生器		—	1 台
3	无线电工具		—	1 套
4	电位器	RP1	500 kΩ	1 只
5		RP2	10 kΩ	1 只
6		R_f	20 kΩ	1 只

续表

电路名称	负反馈放大电路（图 2—2—6）			
序号	名称		规格	数量
7	电阻器	R1	56 kΩ	1 只
8		R2	10 kΩ	1 只
9		R3	2.4 kΩ	1 只
10		R4	100 Ω	1 只
11		R、R5	1 kΩ	2 只
12		R6	100 kΩ	1 只
13	电容器	电解 C1、C3、C4	10 μF/25 V	3 只
14		电解 C2、C5	100 μF/25 V	2 只
15		C6	0.01 μF	1 只
16	三极管 V1、V2		9014	2 只
17	开关 S2		单刀单掷	1 个
18	扬声器 LS		8 Ω	1 只
19	实验电路板		—	1 块

1. 电路组装过程

负反馈多级放大电路的原理图如图 2—2—6 所示，将元器件插装后再焊接固定，然后用镀银线根据电路的电气连接关系进行布线并焊接固定，组装好的电路板如图 2—2—13 所示。

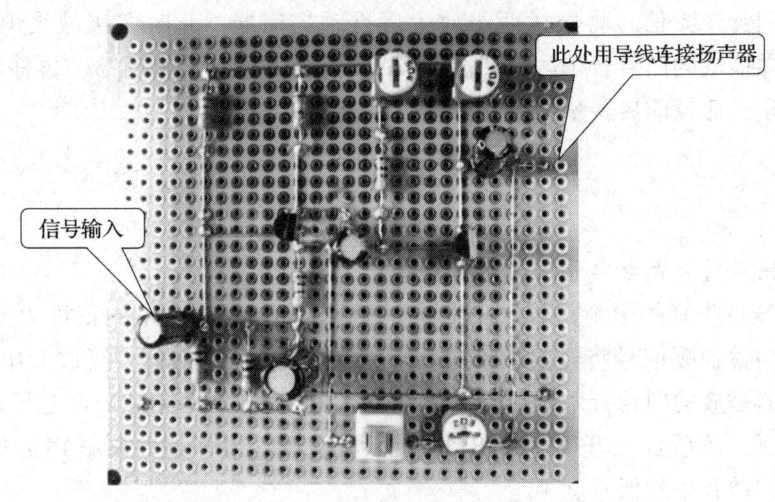

图 2—2—13 负反馈多级放大电路的实物图

2. 单级与多级放大电路放大功能比较的体验

始终断开开关 S2，mp3 音乐播放器提供的门铃音频信号由输入端 *B* 点与“地”之间输入，调节 mp3 门铃音乐播放器的音量，同时调节电位器 RP1 和 RP2，仔细聆听扬声器播放的门铃音乐，直到声音清晰、音量适中且无失真为止，那么门铃音频信号将经过两级放大后推动扬声器，仔细聆听扬声器播放的门铃音乐，比较与之前单管放大电路的声音区别。

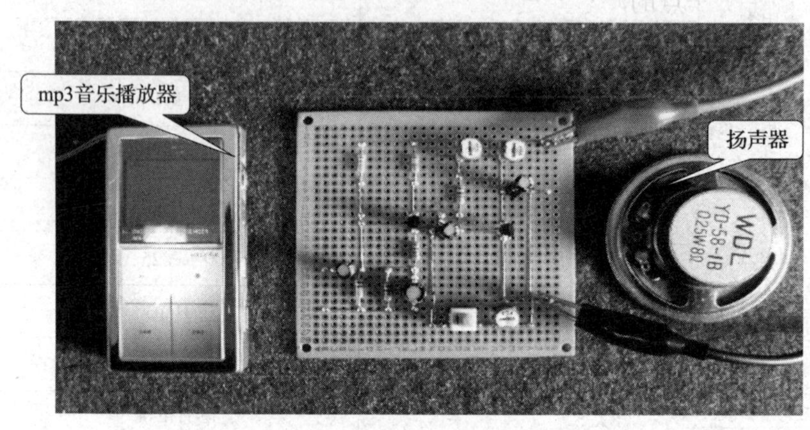

图 2—2—14　mp3 音乐经多级放大电路放大实物图

多级放大器与单级放大器在放大性能上有什么不同？

3. 体验负反馈对放大电路性能的影响

（1）对放大倍数 A_u 的影响。断开开关 S2，门铃音频信号由 C1 的正极 *B* 点与“地”之间输入，那么门铃音频信号将经过两级放大后推动扬声器，此时多级放大电路无负反馈，仔细聆听扬声器播放的门铃音乐，然后合上开关 S2，R_f 引入了负反馈，再仔细聆听扬声器播放的门铃音乐，比较前后音量的变化。

引入负反馈后对放大电路电压放大倍数有什么影响？

（2）对非线性失真的影响。断开开关 S2，门铃音频信号由 C1 的正极 *B* 点与“地”之间输入，那么门铃音频信号将经过两级放大后推动扬声器，此时多级放大电路无负反馈，仔细聆听扬声器播放的门铃音乐，逐渐调大 mp3 音乐播放器的音量，直至扬声器播放的门铃音乐出现失真，然后合上开关 S2，R_f 引入了负反馈，再仔细聆听扬声器播放的门铃音乐，比较前后门铃音乐的保真度。

引入负反馈后对放大电路的非线性失真有什么影响？

4. 电路的测试内容和操作方法（合上开关 S2）

（1）各级静态工作点的测量　断开信号源，将输入端 A 点接地，用万用表测量两级放大电路有载时的静态工作点。

表 2—2—2　　分压式射极偏置放大电路

U_{BE1}	U_{CE1}	$I_{E1}=U_{R4}/R4$	$I_{C1}=U_{R3}/R3$	$I_{B1}=I_{E1}-I_{C1}$

表 2—2—3　　固定偏置放大电路

U_{BE2}	U_{CE2}	$I_{B2}=U_{R6}/R6$	$I_{C2}=U_{RP2}/RP2'$

（2）多级放大电路电压放大倍数 A_u 的测量　将放大电路输入端（A 点与“地”之间）接信号源 u_s，用示波器测量有载时放大电路输入电压 u_i（B 点与 N 点之间）和输出电压 u_o 的波形，读出它们的不失真最大值 U_{im} 和 U_{om}，则电压放大倍数 $A_u=\dfrac{U_{om}}{U_{im}}$。

表 2—2—4　　电压放大倍数

U_{im}	U_{om}	A_u

（3）多级放大电路输入电阻 R_i 的测量　将放大电路输入端（A 点与“地”之间）接信号源 u_s，用示波器观察 u_s（A 点与 N 点之间）和 u_i（B 点与 N 点之间）的波形，调节信号源 u_s 的幅度，读出 u_s 和 u_i 的不失真最大值 U_{sm} 和 U_{im}，那么电路的输入电阻 $R_i=\dfrac{U_{im}}{U_{sm}-U_{im}}\times R$。

表 2—2—5　　输入电阻

U_{sm}	U_{im}	R_i

（4）多级放大电路输出电阻 R_o 的测量　放大电路输入端（A 点与“地”之间）接信号源 u_s，用示波器观察输出波形，先将扬声器 LS 断开，读出输出电压的不失真最大值 U_{om}，

而后将扬声器 LS 接上，再读出输出电压的不失真最大值 U'_{om}，那么电路的输出电阻 $R_o = \left(\frac{U_{om}}{U'_{om}} - 1\right) \times R_L$，其中 R_L 为扬声器 LS 的等效电阻。

表 2—2—6　　输出电阻

U_{om}	U'_{om}	R_o

（5）观察静态工作点对输出波形的影响　调节电位器 RP1（减小其电阻值），用示波器观察输出波形，当调节到一定的程度时，注意波形的底部会被削平，电路出现饱和失真现象。记录输出波形的正常形状和饱和失真时输出波形的形状。

表 2—2—7　　输出电压波形

输出波形的正常形状	失真时输出波形的形状
u_o（坐标轴，O，t）	u_o（坐标轴，O，t）

知识巩固

一、填空题

1．多级放大电路的耦合方式有________、________和________。

2．在多级放大电路中，前级是后级的__________，它的输出电阻就是信号源的____；而后级是前级的__________，它的输入电阻就是前级的__________。

3．多级阻容耦合放大电路的输入电阻，就是______放大电路的输入电阻，而输出电阻，就是______放大电路的输出电阻。

4．多级放大电路与单级放大电路相比，电压增益较____，通频带较______。

5．所谓反馈，就是将电路的________的部分或全部，通过一定的元件，以一定的方式回送到________回路并影响输入量（电压或电流）和输出量的过程。

6．反馈放大电路是由________电路和________电路组成。

7．反馈信号在输入端是以电压形式出现，且与输入电压串联起来加到放大电路的输入

端的反馈称为________反馈，反馈信号是以电流形式出现且与输入电流并联作用于放大电路的输入端时称为________反馈。

8. 电压负反馈的作用是________，电流负反馈的作用是__________。

9. 放大电路引入负反馈后将会________放大电路的放大倍数，_______放大倍数的稳定性，_______非线性失真，_______通频带，_______放大电路的输入输出电阻。

二、判断题

1. 直流放大电路的级间耦合，可以采用变压器耦合。（　　）
2. 两级阻容耦合放大电路的通频带，比组成它的单级放大电路通频带宽。（　　）
3. 阻容耦合放大电路中耦合电容对交流信号相当于短路，因此电容两端电压为零。（　　）
4. 反馈到放大电路输入端的信号极性和原来假设的输入端信号极性相同为正反馈，相反为负反馈。（　　）
5. 电压串联负反馈可以提高放大电路的输入电阻和电压放大倍数。（　　）
6. 负反馈可以消除放大电路的非线性失真。（　　）
7. 负反馈对放大电路的输入电阻和输出电阻都有影响。（　　）
8. 串联负反馈都是电流反馈，而并联负反馈总是电压反馈。（　　）
9. 在负反馈放大电路中，放大电路的放大倍数越大，反馈放大倍数就越稳定。（　　）
10. 凡是串联负反馈都能增大输入电阻，并联负反馈都能减小输入电阻。（　　）
11. 只要引入负反馈就能扩展放大电路的通频带，完全消除非线性失真。（　　）
12. 放大电路只要引入负反馈，其输出电压的稳定性就能得到改善。（　　）

三、选择题

1. 放大电路和负载之间要做到阻抗匹配，应当采用（　　）耦合。

A. 直接　　B. 阻容　　C. 变压器

2. 阻容耦合放大电路（　　）。

A. 只能传递直流信号　　B. 只能传递交流信号　　C. 交直流信号都能传递

3. 直接耦合放大电路（　　）。

A. 只能传递直流信号　　B. 只能传递交流信号　　C. 交直流信号都能传递

4. 已知两级阻容耦合放大电路，它们的电压放大倍数分别为 40 和 50，两级的相位差分别为 100°和 80°，则两级放大电路的电压放大倍数和相位差为（　　）。

A. 90 和 180°　　B. 2 000 和 180°

C. 90 和 20°　　D. 2 000 和 20°

5. 已知某三级放大电路，各级的增益为 20 dB、30 dB、40 dB，则总的增益为(　　)。

A. 90 dB　　B. 24 000 dB　　C. 8 000 dB

四、分析计算题

1. 根据图 2—2—15 中所示的电路，回答下列问题：

（1）V2 管射极电阻 R6、R7、R8 构成何种反馈？

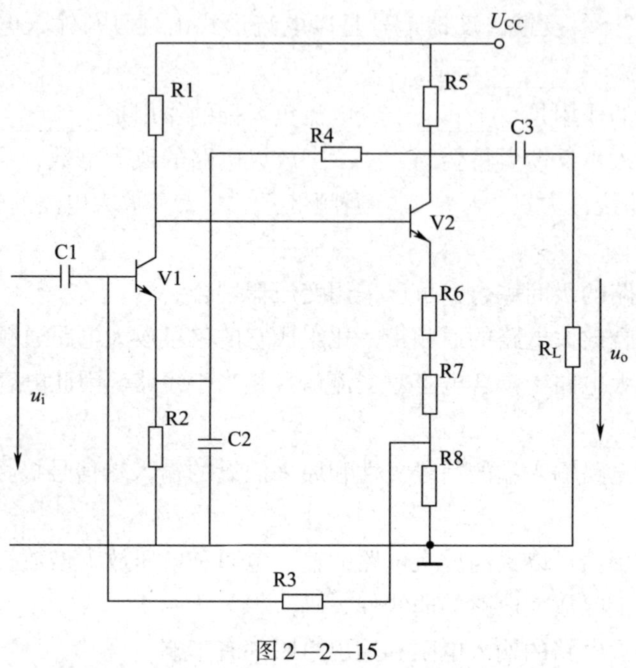

图 2—2—15

（2）V1 管与 V2 管级间电阻 R3 与 R4 引入的各是什么反馈？对放大电路的输入电阻和输出电阻有何影响？

2．指出图 2—2—16 所示电路中的反馈元件和反馈的极性，确定反馈类型，并且分析这些反馈元件对电路性能的影响。

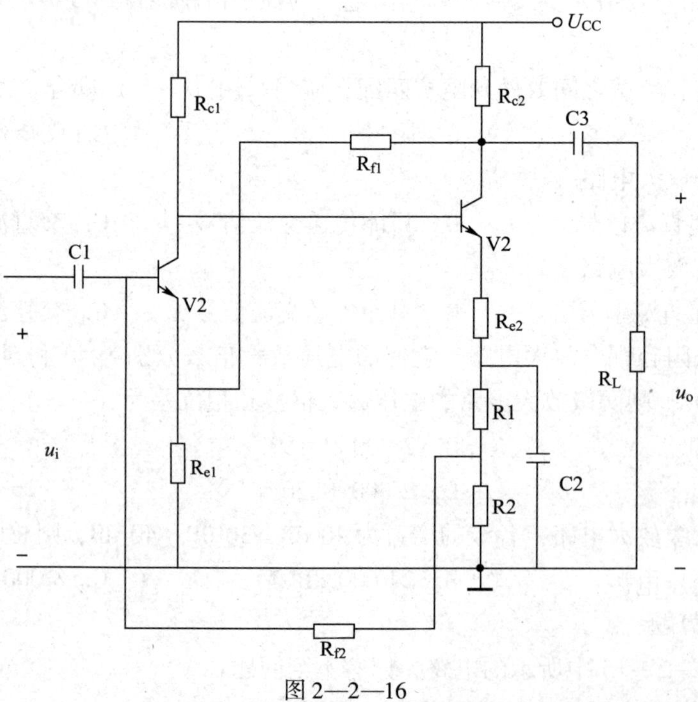

图 2—2—16

项目三　直流稳压电源

各种电器设备都需要电源供电，电源又可分为交流电源和直流电源。日常生活中的照明、工作中机器的电源供电都是采用交流电供电。但是，随着科技的不断发展，一方面人们对电气设备的需求也越来越多，直接与其接触的机会也越来越多；另一方面也是因为电气设备的增加，使得人们在操作设备的过程中带来了一些事故和伤害。为了尽可能地避免交流电源对设备和人员的伤害，直流电源作为一种较为安全的替代产品，大面积地在家庭和计算机通信行业中被使用。以目前大多数直流电源产品来讲，通常是将电网提供的 50 Hz 正弦交流电经变换来获得所需的直流电，如图 3—0 所示。

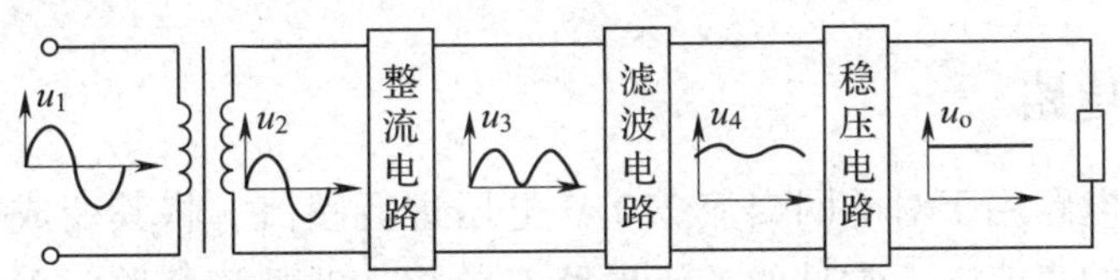

图 3—0　小功率直流稳压电源原理框图

电源变压器：将交流电网电压 u_1 变为合适的交流电压 u_2。

整流电路：将交流电压 u_2 变为脉动的直流电压 u_3。

滤波电路：将脉动直流电压 u_3 转变为平滑的直流电压 u_4。

稳压电路：清除电网波动及负载变化的影响，保持输出电压 u_o 的稳定。

任务一　串并联型稳压电源

任务要求

1. 掌握整流电路和滤波电路的组成和工作原理。
2. 掌握并联型稳压电源的组成和工作原理。
3. 掌握串联型稳压电源的组成和工作原理。

在现代的智能楼宇和智能小区建设中，大多数楼宇设施设备的电源为直流稳压电源，特别是门禁管理系统、闭路电视监控系统、楼宇对讲系统、防盗报警系统及其他弱电系统，都是采用直流稳压电源作为其供电电源的。如图 3—1—1 所示，a 图是在实验室里面经常能够看见的直流稳压电源，而 b 图则就是在门禁管理等系统中所使用的直流稳压电源。它们能直接输出稳定的直流电压，为直流电设备进行供电。

a)

b)

图 3—1—1　直流稳压电源

基础知识

一、整流和滤波电路

单相整流滤波电路用于对电网交流 220 V 电压进行整流，将其变成脉动直流电压后滤波，输出较为平滑的直流电。常见的整流电路有单相半波整流电路、单相全波整流电路和单相桥式整流电路等几种。

1. 单相半波整流电路

单相半波整流电路的电路原理图如图 3—1—2 所示，电路波形图如图 3—1—3 所示。

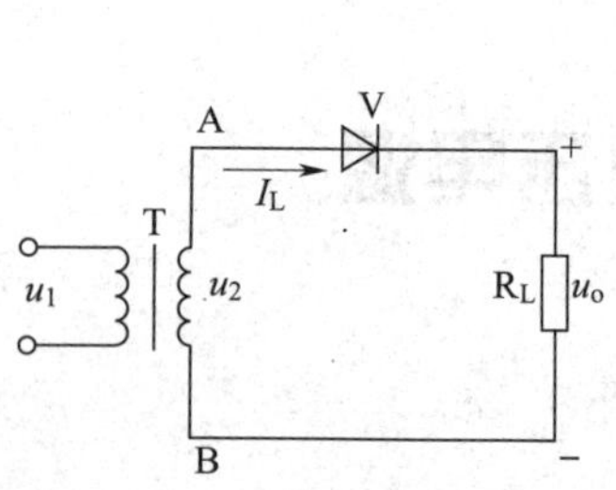

图 3—1—2　单相半波整流电路

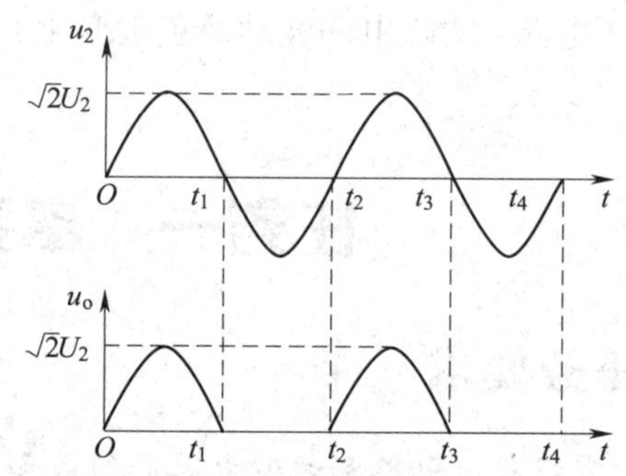

图 3—1—3　单相半波整流电路波形图

单相半波整流电路的输出波形有什么特点，与输入波形比较为何会发生变化呢？

电路分析：

忽略二极管的正向压降

$u_2>0 \longrightarrow$ V 导通 $\longrightarrow u_o=u_2$

$u_2<0 \longrightarrow$ V 截止 $\longrightarrow u_o=0$

结论：二极管 V 只允许正半周期的信号通过，负半周期截止。

定义：电路在输入电压为单相正弦波时，负载 R_L 上得到只有正弦波的半个波，称为单相半波整流电路。

$$U_o = 0.45U_2$$

$$I_L = \frac{U_o}{R_L}$$

U_o 和 U_2 为电压的有效值，I_L 为负载电流的平均值。

2．单相半波整流电容滤波电路

单相半波整流电容滤波电路的电路原理图如图 3—1—4 所示，电路波形图如图 3—1—5 所示。

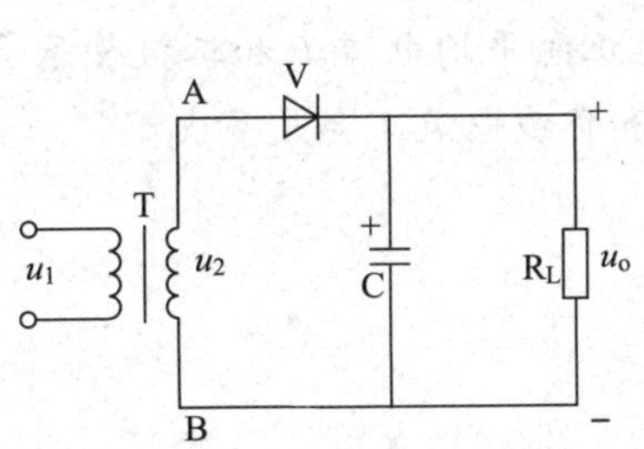

图 3—1—4　单相半波整流电容滤波电路

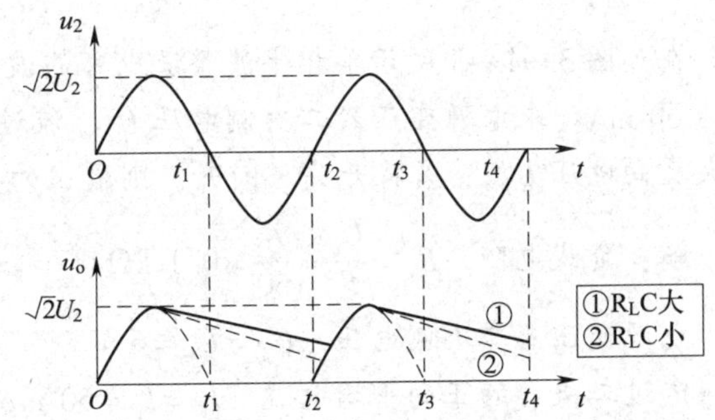

图 3—1—5　单相半波整流电容滤波电路波形图

引入了电容 C 后，输出波形为何会发生变化？

电路分析：

V 导通时给 C 充电，V 截止时 C 向 R_L 放电。

滤波后 u_o 的波形变得平缓，平均值提高。

结论：滤波电容与负载并联，由于滤波电容的充放电作用，输出电压的脉动程度大为减弱，波形相对平滑，输出电压平均值也得到提高。

定义：把脉动直流电中的交流成分滤除掉，这一过程称为滤波。

$$0.45U_2 < U_o < \sqrt{2}U_2$$

RC 越大，U_o 越大。

电容滤波适用于负载电流较小且变化不大的场合。

单相半波整流电路经过电容滤波后，有关电压和电流的估算可以参考表 3—1—1。

表 3—1—1　　单相半波整流电容滤波电路电压和电流的估算

整流电路形式	输入交流电压（有效值）	整流电路输出电压		整流器件上电压和电流	
		负载开路时的电压	带负载时的电压（估计值）	最大反向电压 U_{RM}	通过的电流 I_F
半波整流	U_2	$\sqrt{2}U_2$	U_2	$2\sqrt{2}U_2$	I_L

在如图 3—1—3 所示单相半波整流电容滤波电路中，要求输出直流电压为 6 V，负载电流为 60 mA。求电源变压器二次侧电压 U_2、流过二极管的正向平均电流 I_F 和二极管承受的最大反向电压 U_{RM}。若将开关 S 断开，则输出的直流电压和负载电流又会是多少？

解： 负载电阻　$R_L=\frac{U_o}{I_L}=\frac{6}{60}=0.1\ k\Omega$

电源变压器二次侧电压　$U_2=U_o=6\ V$

流过二极管的正向平均电流　$I_F=I_L=60\ mA$

二极管承受的最大反向电压　$U_{RM}=2\sqrt{2}U_2=2\sqrt{2}\times 6=17\ V$

若将开关 S 断开，则为单相半波整流电路。

输出的直流电压　$U_o=0.45U_2=0.45\times 6=2.7\ V$

负载电流　$I_L=\frac{U_o}{R_L}=\frac{2.7}{0.1}=27\ mA$

3. 单相桥式整流电路

单相桥式整流电路的电路原理图如图 3—1—6 所示，电路波形图如图 3—1—7 所示。

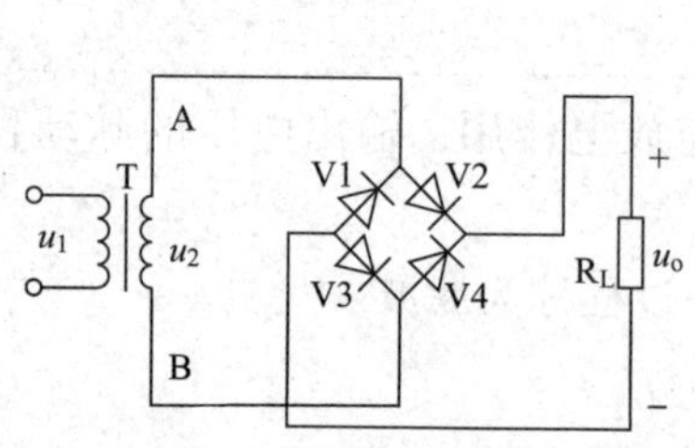

图 3—1—6　单相桥式整流电路

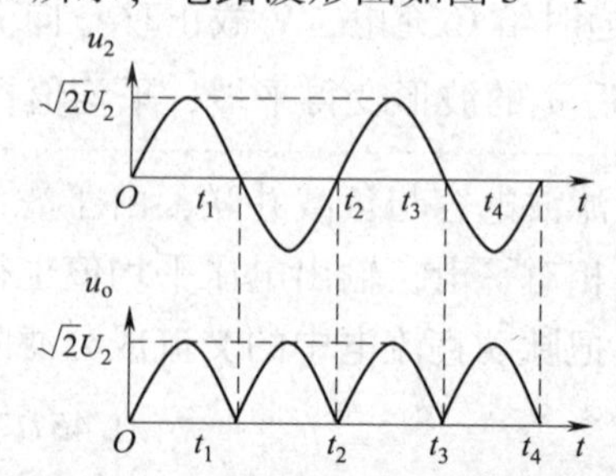

图 3—1—7　单相桥式整流电路波形图

电路分析：

忽略二极管的正向压降

$u_2 > 0 \longrightarrow \begin{cases} \text{V2、V3 导通} \longrightarrow u_o = u_2 \\ \text{V1、V4 截止} \end{cases}$

$u_2 > 0 \longrightarrow \begin{cases} \text{V2、V3 截止} \\ \text{V1、V4 导通} \longrightarrow u_o = -u_2 \end{cases}$

结论：二极管 V2、V3 和 V1、V4 两组轮流导通，V2、V3 在正半周导通，V1、V4 在负半周导通，在负载上可得到全波脉动的直流电压和电流。

$$U_o = 0.9U_2$$

$$I_L = \frac{U_o}{R_L}$$

U_o和 U_2为电压的有效值，I_L为负载电流的平均值。

4. 单相桥式整流电容滤波电路

单相桥式整流电容滤波电路的电路原理图如图 3—1—8 所示，电路波形图如图 3—1—9 所示。

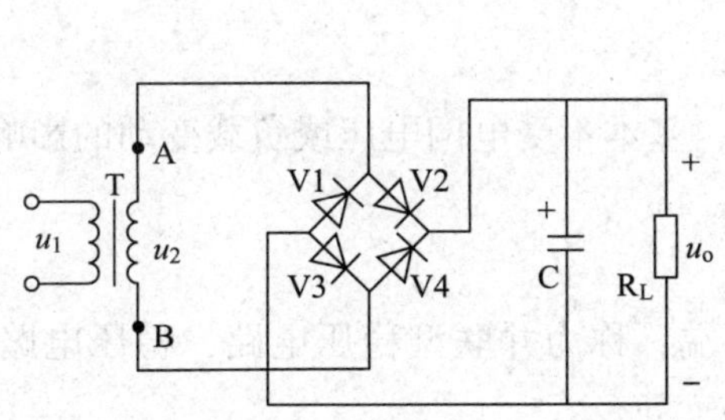

图 3—1—8　单相桥式整流滤波电路

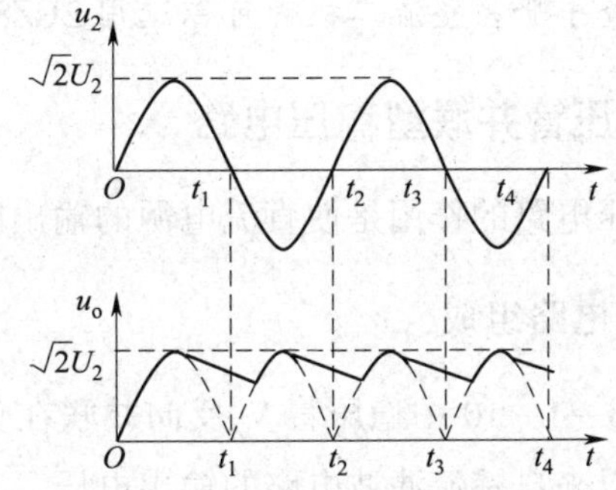

图 3—1—9　单相桥式整流滤波电路波形图

引入了电容 C 后，输出波形为何会发生变化？

电路分析：

V2、V3 或者 V1、V4 导通时给 C 充电，它们都截止时 C 向 R_L放电。

滤波后 u_o的波形变得平缓，平均值提高。

结论：滤波电容与负载并联，由于滤波电容的充放电作用，输出电压的脉动程度大为减弱，波形相对平滑，输出电压平均值也得到提高。

$$0.9U_2 < U_o < \sqrt{2}U_2$$

RC 越大，U_o越大。

单相桥式整流电路经过电容滤波后，有关电压和电流的估算可以参考表 3—1—2。

表 3—1—2　　单相桥式整流电容滤波电路电压和电流的估算

整流电路形式	输入交流电压（有效值）	整流电路输出电压		整流器件上电压和电流	
		负载开路时的电压	带负载时的电压（估计值）	最大反向电压 U_{RM}	通过的电流 I_F
桥式整流	U_2	$\sqrt{2}U_2$	$1.2U_2$	$\sqrt{2}U_2$	$0.5I_L$

在桥式整流电容滤波电路中，要求输出直流电压为 6 V，负载电流为 60 mA。试选择合适的整流二极管。

解： 电源变压器二次侧电压　$U_2 = U_o/1.2 = 6/1.2 = 5$ V

流过每只二极管的电流　$I_F = 0.5I_L = 0.5\times60 = 30$ mA

每只二极管承受的最大反向电压　$U_{RM} = \sqrt{2}U_2 = \sqrt{2}\times5 \approx 7$ V

经查手册，整流二极管可以选用 2CZ82A（$I_{FM} = 100$ mA，$U_{RM} = 25$ V）。

二、稳压管并联型稳压电路

稳压电路的作用是使直流电源的输出电压稳定，基本不受电网电压或负载变动的影响。

1. 电路组成

图 3—1—10 中稳压管 V_Z反向并联在负载 R_L 两端，称为并联型稳压电路，稳压电路的输出可以来自整流滤波电路的输出电压。

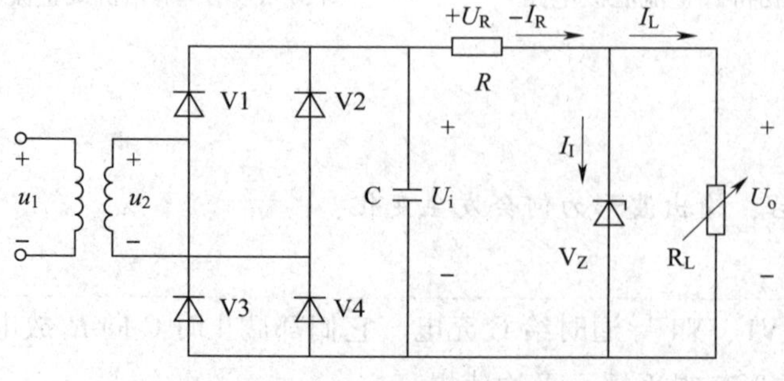

图 3—1—10　稳压管并联型稳压电路

2. 稳压原理

它是利用稳压二极管的反向击穿特性稳压的，由于反向特性陡直，较大的电流变化，只会引起较小的电压变化。

(1) 当输入电压变化时的稳压过程

根据电路图可知 $$U_o = V_Z = U_1 - U_R = U_1 - I_R R$$

$$I_R = I_L + I_Z$$

输入电压 U_i的增加，必然引起 U_o的增加，即 V_Z增加，从而使 I_Z增加，I_R增加，使 U_R增加，从而使输出电压 U_o减小。这一稳压过程可概括如下：

$$U_i\uparrow \rightarrow U_o\uparrow \rightarrow V_Z\uparrow \rightarrow I_Z\uparrow \rightarrow I_R\uparrow \rightarrow U_R\uparrow \rightarrow U_o\downarrow$$

这里 U_o减小应理解为由于输入电压 U_i的增加，在稳压二极管的调节下，使 U_o 的增加没有那么大而已。

(2) 当负载电流变化时的稳压过程

负载电流 I_L的增加，必然引起 I_R的增加，即 U_R增加，从而使 $V_Z = U_o$减小，I_Z减小。I_Z的减小必然使 I_R减小，U_R减小，从而使输出电压 U_o增加。这一稳压过程可概括如下：

$$I_L\uparrow \rightarrow I_R\uparrow \rightarrow U_R\uparrow \rightarrow U_o\downarrow \rightarrow V_Z\downarrow \rightarrow I_Z\downarrow \rightarrow I_R\downarrow \rightarrow U_R\downarrow \rightarrow U_o\uparrow$$

电阻 R 起着限流和调压的双重作用，如果 $R = 0$，则 $U_o = U_i$，电路根本没有稳压作用，同时可能引起稳压管过大的反向电流而使稳压管烧坏。

稳压管并联型稳压电路结构简单，设计制作容易，但是输出电流较小，输出电压不可以调节，因此只适用于电压固定的小功率负载且电流变化范围不大的场合，当负载电流较大且要求稳压性能好时，可采用串联型直流稳压电路。

三、串联型稳压电路

1. 电路组成

图 3—1—11 所示为串联型直流稳压电路，其方框图如图 3—1—12 所示。它由基准电压电路、取样电路、比较放大电路和调整管组成。三极管 V5 和 V6 组成复合调整管，接成射极输出形式，因为它与负载 R_L相串联，所以称为串联型直流稳压电路。稳压管 V8 和限流电阻 R3 构成基准电压电路。电阻 R4、RP 和 R5 为取样电路，当输出电压变化时，取样电路电阻将其变化量的一部分送到比较放大电路。三极管 V7 组成比较放大电路。取样电压和基准电压 U_Z分别送至三极管 V7 的基极和发射极，进行比较放大，V7 的集电极与调整管的基极相连，以控制调整管的基极电位。

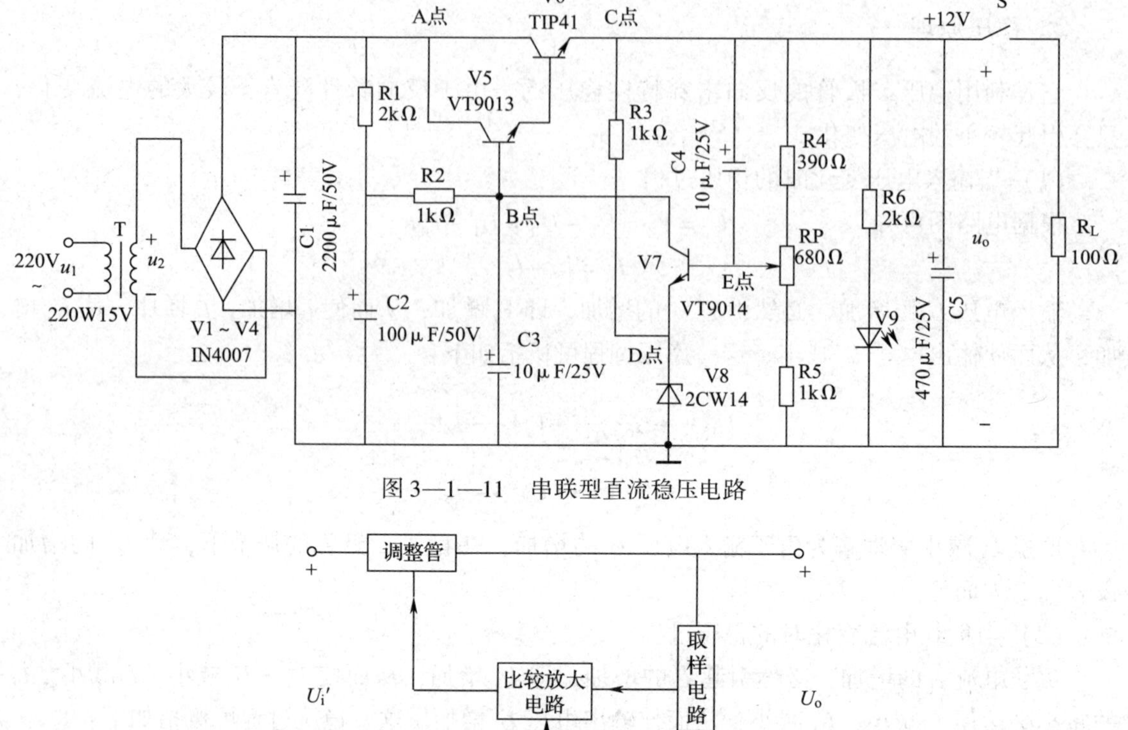

图 3—1—11 串联型直流稳压电路

图 3—1—12 串联型稳压电路的组成框图

2. 稳压过程

假设由于某种原因（如电网电压波动或者负载电阻变化等）使输出电压 U_o上升，取样电路将这一变化趋势送到比较放大管 V7 的基极与发射极基准电位 U_Z进行比较，并且将二者的差值进行放大，V7 管集电极电位 U_{c7}（即调整管的基极电位 U_{B5}）降低。由于调整管采用射极输出形式，所以输出电压 U_o必然降低，从而保证 U_o基本稳定。其稳定过程可以表示如下：

$U_o\uparrow\rightarrow U_{B7}\uparrow\rightarrow U_{BE7}\uparrow\rightarrow I_{C7}\uparrow\rightarrow U_{C7}$（$U_{B5}$）$\downarrow\rightarrow U_o\downarrow$

若输出电压降低，则有如下稳压过程：

$U_o\downarrow\rightarrow U_{B7}\downarrow\rightarrow U_{BE7}\downarrow\rightarrow I_{C7}\downarrow\rightarrow U_{C7}$（$U_{B5}$）$\uparrow\rightarrow U_o\uparrow$

所以电路实质上是靠引入深度负反馈来稳定输出电压的。

3. 输出电压的调节

调节 RP 可以调节输出电压 U_o的大小，使其在一定的范围内变化。忽略三极管 V7 的基极电流，当 RP 滑动触点移至最上端时

$$U_{BE7}+U_Z=\frac{RP+R5}{R4+RP+R5}U_o$$

这时输出电压最小，$U_{omin}=\dfrac{R4+RP+R5}{RP+R5}\left(U_{BE7}+U_Z\right)$

当 RP 滑动触点移至最下端时，输出电压最大，$U_{omax}=\dfrac{R4+RP+R5}{R5}\left(U_{BE7}+U_Z\right)$

输出电压 U_o 的调节范围是有限的，其最大值不可能调到输入电压 U_i'，最小值不可能调到零。

四、直流电源在智能楼宇设备中的应用

在整个智能楼宇系统中被使用的直流电源有很多种，比如监控设备上所使用的 12 V 直流电源以及楼宇对讲门禁专用的 12 V 直流电源等，如图 3—1—13 所示。

针对不同的楼宇设备和系统采用不同的直流电源，包括在计算机网络控制中心，消防广播系统中，直流电源也被广泛地使用。

图 3—1—13　楼宇对讲门禁专用直流电源

任务实施

为了对直流稳压电源的性能和特点有一个更好地了解，可以根据表 3—1—3 中的元件规格和型号安装制作一个串联型直流稳压电源来实际观察一下。

表 3—1—3　　串联型稳压电源电路元件清单

电路名称		串联型稳压电源（图 3—1—11）		
序号	名称		规格	数量
1	示波器		通用	1 台
2	无线电工具		—	1 套
3	电源变压器 T		220 V/15 V	1 只
4	整流二极管 V1 ~ V4		1N4007	4 只
5	稳压二极管 V8		2CW14	1 只
6	发光二极管 V9		ϕ5 mm 红色	1 只
7	三极管	V5	VT9013	1 只
8		V6	TIP41	1 只
9		V7	VT9014	1 只
10	电位器 RP		680Ω	1 只
11	电阻器	R1、R6	2 kΩ	2 只
12		R2、R3、R5	1 kΩ	3 只
13		R4	390 Ω	1 只
14		R_L	100 Ω/2 W	1 只
15	开关	S	单刀单掷	1 只

续表

序号	名称		规格	数量
16	电解电容器	C1	2 200 μF/50 V	1 只
17		C2	100 μF/50 V	1 只
18		C3、C4	10 μF/25 V	2 只
19		C5	470 μF/25 V	1 只
20	铝型散热片		—	1 片
21	实验电路板		—	1 块

1．电路组装过程

串联型稳压电源原理图如图 3—1—11 所示，先准备好常用的无线电常用工具，将元器件插装后再焊接固定，然后用硬铜导线根据电路的电气连接关系进行布线并焊接固定，组装好的电路板如图 3—1—14 所示。

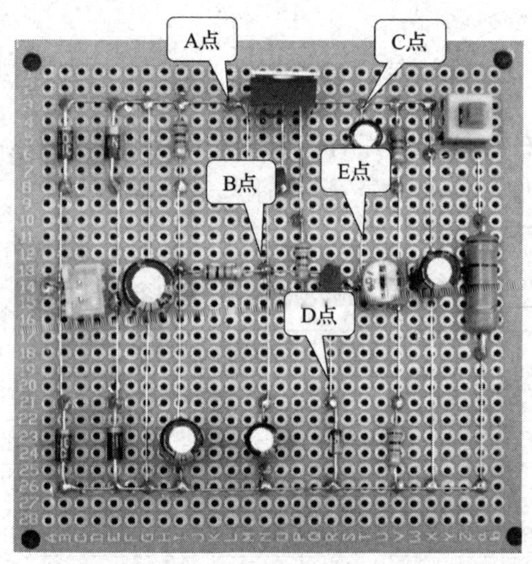

图 3—1—14　串联型直流稳压电源

2．电路的测试内容和操作方法

1）空载时工作电压的测量。将开关 S 断开，调节电位器 RP，使得输出电压 u_o为 12 V。测量电路中各点的电压，并将其结果填入表 3—1—4 中。

表 3—1—4　　各点测量电压

U_A	U_B	U_C	U_D	U_E

2）稳压电源内阻的测量。将开关 S 合上，电源接负载电阻 $R_L = 100\ \Omega$，用万用表测量电源的输出电压 u_o'，那么电源的内阻 $r = \left(\frac{u_o}{u_o'} - 1\right) \times R_L$。将其结果填入表 3—1—5 中。

表 3—1—5　　　　稳压电源内阻测量

u_o	R_L	u'_o	r

3）用示波器观察输出电压的波形，断开电容 C2 和 C3 再观察输出电压的波形。仔细观察比较哪种情况下输出电压波形的脉动程度相对较低，将其输出波形画在表 3—1—6 中。

表 3—1—6　　　　输出电压波形

输出电压波形	
接电容 C2 和 C3 时	不接电容 C2 和 C3 时
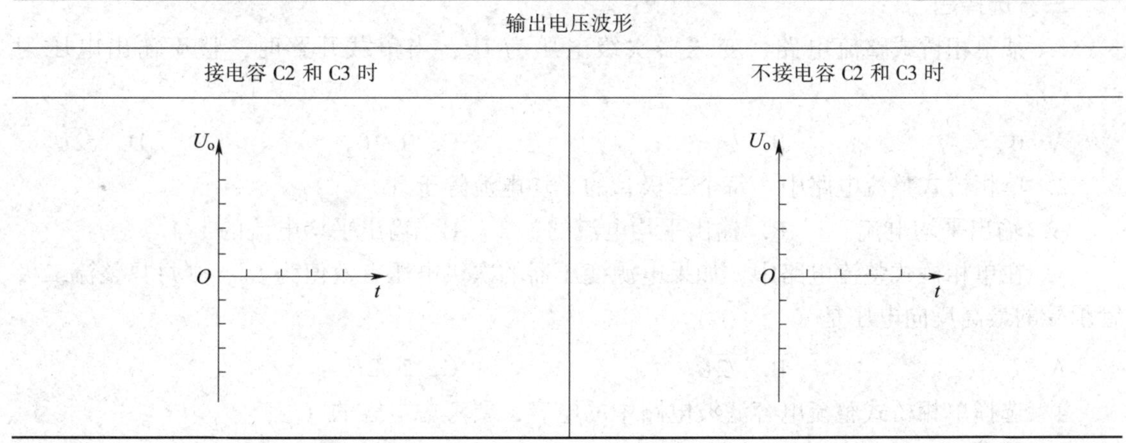	

其中用示波器测量波形时：

①垂直输入灵敏度选择开关（V/div）每格________V 挡。

②扫描时间转换开关（s/div）每格________ms 挡。

知识巩固

一、填空题

1．小功率直流稳压电源由________、________、________和________等四部分组成。

2．利用二极管的________性，将交流电变成________的过程称为整流；把直流电中的____________滤除，获得较为平滑的直流电压，这种电路称为____电路，常用的滤波电路有________、________和________电路。

3．________和________串联的稳压电路叫串联型稳压电路，它包括________、________、________和________等几部分。

二、判断题

1．单相桥式整流电路在输入交流电压的每个半周内都有两只二极管导通。（　　）

2．单相桥式整流电路输出的直流电压平均值是半波整流电路输出的直流电压平均值的 2 倍。（　　）

3. 在单相桥式整流电路中，如有一只二极管接反将有可能使二极管和变压器的次级绕组烧毁。（ ）

4. 单相桥式整流电路有电容滤波和无电容滤波，二极管承受的反向电压不一样。（ ）

5. 稳压管 2CW18 的稳压值是 10 ~ 12 V，这表明将 2CW18 反接在电路中，它可以将电压稳定在 10 ~ 12 V 这个范围内。（ ）

6. 串联型稳压电路中的调整管的作用相当于一只可变电阻。（ ）

7. 直流稳压电源只能在市电变化时使输出电压基本不变，而当负载电阻变化时它不能起稳压作用。（ ）

三、选择题

1. 某单相桥式整流电路，变压器次级电压为 U_2，当负载开路时，整流输出电压为（ ）。

A. 0　　B. U_2　　C. $0.9U_2$　　D. $\sqrt{2}U_2$

2. 单相桥式整流电路中，每个二极管的平均电流等于（ ）。

A. 输出平均电流　　B. 输出平均电流的 1/2　　C. 输出平均电流的 1/4

3. 在单相桥式整流电路中，如果电源变压器的次级电压有效值为 U_2，则每只整流二极管承受的最高反向电压是（ ）。

A. U_2　　B. $\sqrt{2}U_2$　　C. $2\sqrt{2}U_2$

4. 选择单相桥式整流电容滤波电路中的电容，要考虑电容的（ ）。

A. 容量　　B. 额定电压　　C. 容量和额定电压

5. 串联型稳压电路的调整管工作在（ ）。

A. 截止区　　B. 饱和区　　C. 放大区

6. 直流稳压电源中，采取稳压措施是为了（ ）。

A. 消除整流电路输出电压的交流分量

B. 将电网提供的交流电转化为直流电

C. 保持输出直流电压不受电网电压波动和负载变化的影响

7. 有两个 2CW15 稳压二极管，一个稳压值是 8 V，另一个稳压值是 7.5 V，若把它们用不同的方式组合起来，可组成（ ）种不同的稳压值。

A. 3　　B. 2　　C. 5

8. 串联型稳压电路实际上是一种（ ）电路。

A. 电压串联型负反馈　　B. 电压并联型负反馈

C. 电流并联型负反馈

四、分析计算题

1. 图 3—1—15 所示为单相半波整流滤波电路，已知变压器一次侧电压 $U_1 = 220$ V，变压比 $n = 10$，负载电阻 $R_L = 5$ kΩ，在开关 S 断开和合上两种情况下分别计算（1）输出电压 U_o；（2）负载流过的电流 I_L。

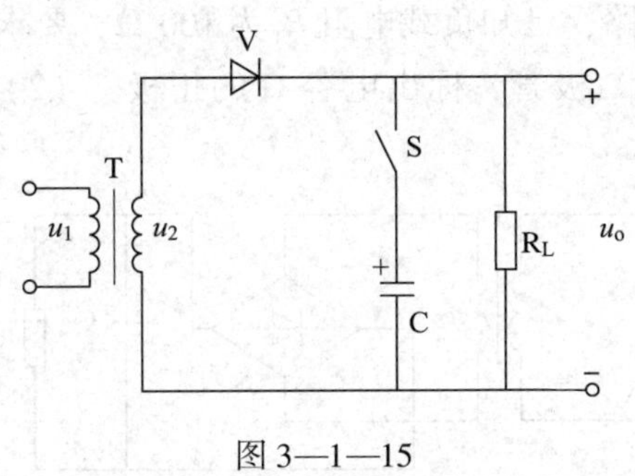

图 3—1—15

2. 在图 3—1—15 中，若已知变压器一次侧电压 $U_1=220$ V，负载电阻 $R_L=5$ kΩ，当开关 S 断开时输出电压 $U_o=4.5$ V，求（1）此时负载流过的电流 I_L；（2）变压器二次侧电压 U_2；（3）变压比 n；（4）合上开关 S 时的输出电压 U_o 和负载流过的电流 I_L。

3. 图 3—1—16 所示为单相桥式整流电路，开关 S1 断开、S2 合上，若四只二极管全部反接，对输出电压有何影响？若其中一只二极管断开、短路、接反时对输出有何影响？

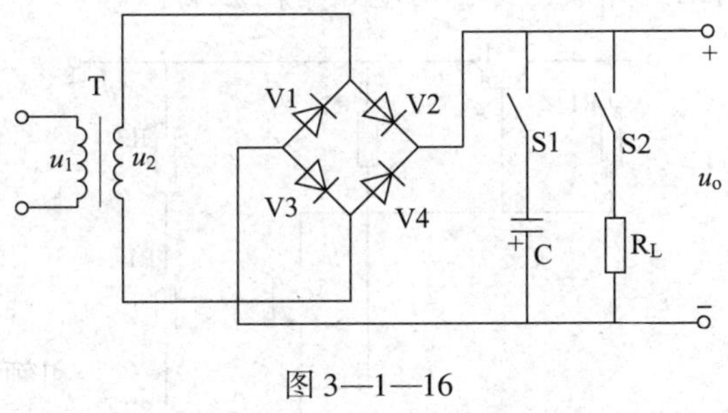

图 3—1—16

4. 图 3—1—16 所示为单相桥式整流电路，已知电源变压器初级 $U_1=220$ V，变压比 $n=22$，负载电路 $R_L=1$ kΩ，在下列各种情况下求输出电压 U_o 和负载电流 I_L。

（1）开关 S1 断开，S2 合上。

（2）开关 S1 和 S2 都合上。

（3）开关 S1 合上，S2 断开。

5. 线路板上，电源变压器、四只二极管和负载电阻排列如图 3—1—17 所示，如何在四只二极管各个端点接入交流电源和负载电阻实现桥式整流，要求完成的电路简明整齐。

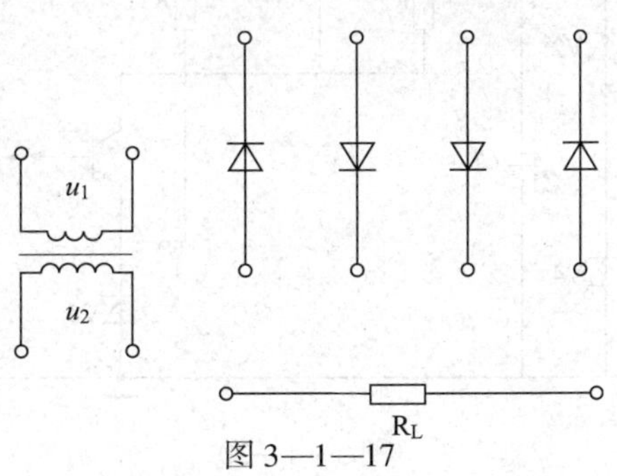

图 3—1—17

6. 图 3—1—18 所示电路，已知负载电阻 R_L 为 100 Ω，要求直流电压 U_L =30 V，试求：(1) 在桥臂上画出四只整流二极管，标出电容 C 的正极；(2) 流过每只二极管的平均电流 I_F。

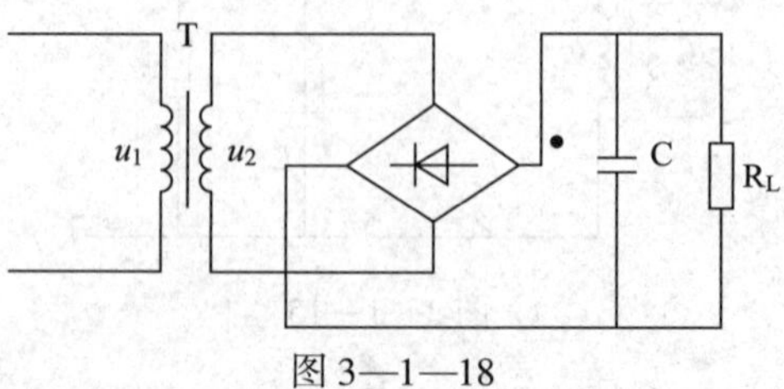

图 3—1—18

7. 图 3—1—19 所示电路中，已知 $R3$ =680 Ω，$R4$ =470 Ω，RP =470 Ω，U_Z =5.3 V，U_{BE} =0.7 V。试求输出电压的可调范围，并且分析：

(1) 若 R1 开路对电路的输出有何影响?

(2) 若稳压管 V3 不慎接反，对电路有何影响?

(3) 若 V1 管的发射结开路或击穿，对电路有何影响?

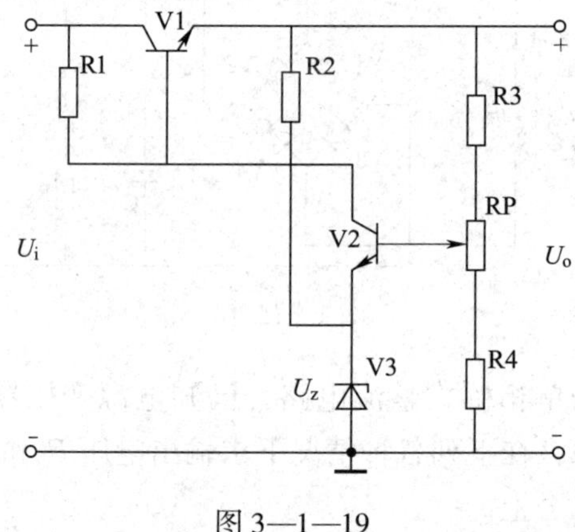

图 3—1—19

8. 图 3—1—20 所示直流电源，已知 U_i =24 V，稳压管稳压值 U_Z =5.3 V，三极管的 U_{BE} =0.7 V。

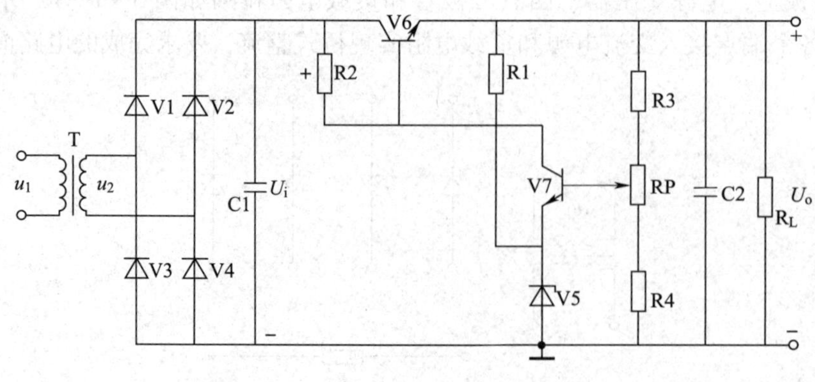

图 3—1—20

（1）试估算变压器次级电压的有效值。

（2）若 $R3=R4=RP=300\ \Omega$，试计算 U_o 的可调范围。

9. 图 3—1—19 所示电路如果出现以下现象，则可能是什么电路故障（是什么元件开路或者短路）？

（1）U_i 由正常值 24 V 降到 18 V，脉动变大，输出电压虽然能够随着 RP 变化可调，但是稳定性差。

（2）U_i 由正常值上升到 28 V，$U_o\approx 0$，调节 RP 不起作用。

（3）$U_o=4.6$ V，输出电压不可调。

（4）$U_o=22$ V，调节 RP，输出电压不变。

任务二　集成稳压电源

任务要求

1. 熟悉 CW78××和 CW79××系列三端集成稳压器的特点，掌握固定输出集成稳压电源的组成和工作原理。

2. 熟悉 LM317T 稳压器的特点，掌握可调输出集成稳压电源的组成和工作原理。

随着半导体集成电路工艺的发展，稳压电源现已制成了集成器件，称为集成稳压电源。它是把稳压电路中的大部分元件或全部元件制造在一片硅片上形成管路一体。集成稳压电源又称三端集成稳压器，它是指将功率调整管、取样电阻、基准电压、误差放大、启动及保护电路等全部集成在一块芯片上，具有特定输出电压的稳压集成电路。它的优点是体积小、重量轻、性能稳定可靠、使用方便、价格低廉。集成稳压电源的种类有多端式和三端式，输出电压有固定式和可调式，正电压、负电压输出稳压电源等。

分立元件制作的稳压电源有串联型和并联型两种，目前利用集成稳压器还能制作集成稳压电源，与前者相比，元器件少、可靠性更高。那么，对于由集成稳压器构成的直流稳压电源和分立元件构成的直流稳压电源具体有什么不同呢？通过对集成稳压器的学习，一起来感受一下。

基础知识

一、集成稳压器

集成稳压器有多种类型，按照稳压原理不同，可以分为串联调整式、并联调整式、开关调整式。按照封装形式不同，可以分为金属封装和塑料封装。

1. 固定式三端稳压器

固定式三端稳压器有输入端、输出端和公共端三个引出端。此类稳压器属于串联调整式，除了基准、取样、比较放大和调整等环节外，还有较完整的保护电路。常用的CW78××系列是正电压输出，CW79××系列是负电压输出。根据国家标准，其型号意义如图3—2—1所示。

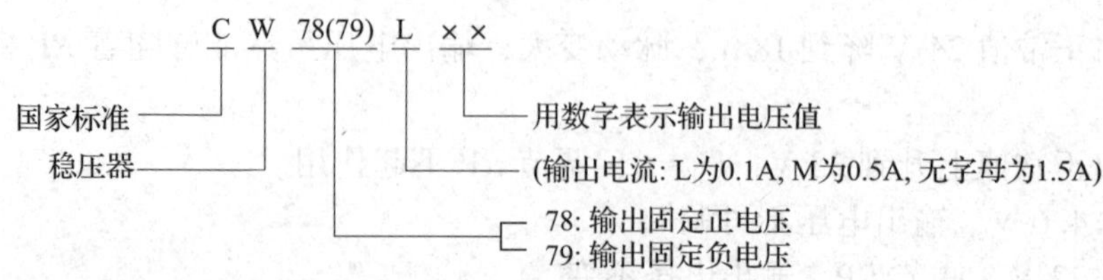

图3—2—1　三端集成稳压器的型号意义

CW78××系列和CW79××系列稳压器的管脚功能有较大的差异，使用时必须注意。常见的固定式三端集成稳压器外形如图3—2—2所示。

图3—2—2　常见的固定式三端集成稳压器外形图

2. 固定式三端稳压器的基本应用电路

图3—2—3所示为固定式集成稳压器的基本应用电路。图中，输入端电容C1用于减小输入电压的脉动和防止过电压；输出端电容C2用于削弱电路的高频干扰，并具有消振作用。为保证稳压器正常工作，输入电压至少大于输出电压2～3 V。

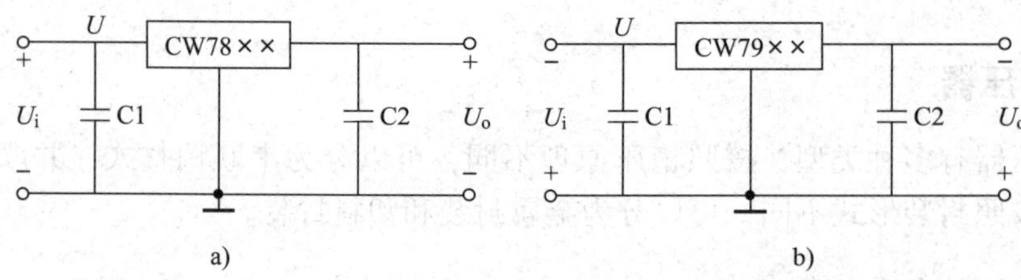

图3—2—3　固定式三端稳压器的基本应用电路

a）正电压输出　b）负电压输出

3. 可调式三端稳压器

可调式三端稳压器不仅输出电压可调，且稳压性能优于固定式，三个引出端为输入端、输出端和调整端，产品序号为三位数。前一位的含义是：1 军工；2 工业和半军工；3 民用。后两位的含义是：17 为输出正电压，37 为输出负电压。如图 3—2—4 所示为 LM317T 的外形图。LM317T 为三端集成稳压器，3 个脚分别为输入端、调整端、输出端。它的输出端与调整端的电压为 1.25 V 的基准电压。

a)

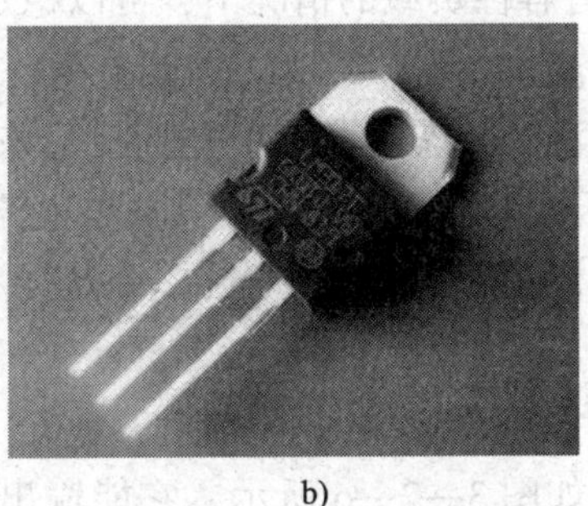
b)

图 3—2—4 LM317T

4. 可调稳压电路

如图 3—2—5 所示为可调稳压电路，为了使输出电压能在 1.25 ~ 37 V 之间连续可调。在 LM317T 的调整端（又称为 ADJ 端）与地之间需接一个电位器 RP，此时的输出电压为 R_1 和 RP 两端的电压之和，即

$$U_o = U_{R1} + U_{RP}$$

其中：$U_{R1} = 1.25\ \text{V}$ 而 $U_{RP} = (U_{R1}/R_1 + I_{ADJ}) \cdot RP$

I_{ADJ} 为 LM317T 调整端流出的电流，因 I_{ADJ} 的电流很小，可以忽略，故：

$$U_o \approx 1.25\ (1 + RP/R_1)\ \text{V}$$

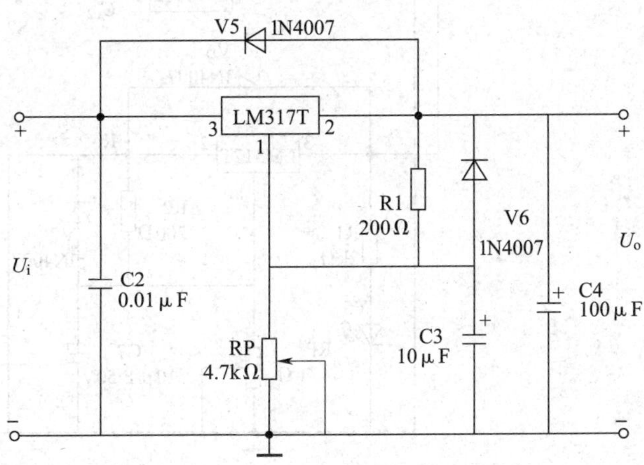

图 3—2—5 可调稳压电路

所以改变 RP 的阻值即可改变输出电压的大小。当 R_1 =120 Ω 而 RP =4.7 kΩ 时，能实现输出电压在 1.25～37 V 范围内连续可调。

如果集成稳压器离 2 200 μF 的滤波电容较远时，为了加强滤波效果，应在 LM317T 靠近输入端处接上一只 0.01 μF 的滤波电容 C2。接在调整端和地之间的电容 C3，用来滤除 RP 两端电压的交流分量，使得输出电压脉动程度明显降低。另一方面，由于电路中接了电容 C3，此时一旦输入端或输出端发生短路，C3 中储存的电荷会通过 LM317T 形成放电电流，造成 LM317T 损坏。为了避免这种情况，在 R1 的两端并联一只二极管 V6。

LM317T 在没有容性负载的情况下，可以稳定地工作。但当输出端有 500～5 000 pF 的容性负载时，就容易发生自激。为了抑制自激，在输出端接一只 100 μF 的电解电容 C4。该电容还可以改善电源的瞬态响应。但是，接上该电容以后，集成稳压器的输入端一旦发生短路，C4 将对稳压器的输入端放电，其放电电流可能损坏稳压器，故在稳压器的输入与输出端之间，接一只保护二极管 V5。

5. 电路的工作原理

集成稳压电源如图 3—2—6 所示。它能输出正负两组电压，其中电源变压器要求带中心抽头，分别经过桥式整流、滤波，再利用集成稳压器稳压，输出 ±12 V 两组电压。另外它也能输出可调直流电压。

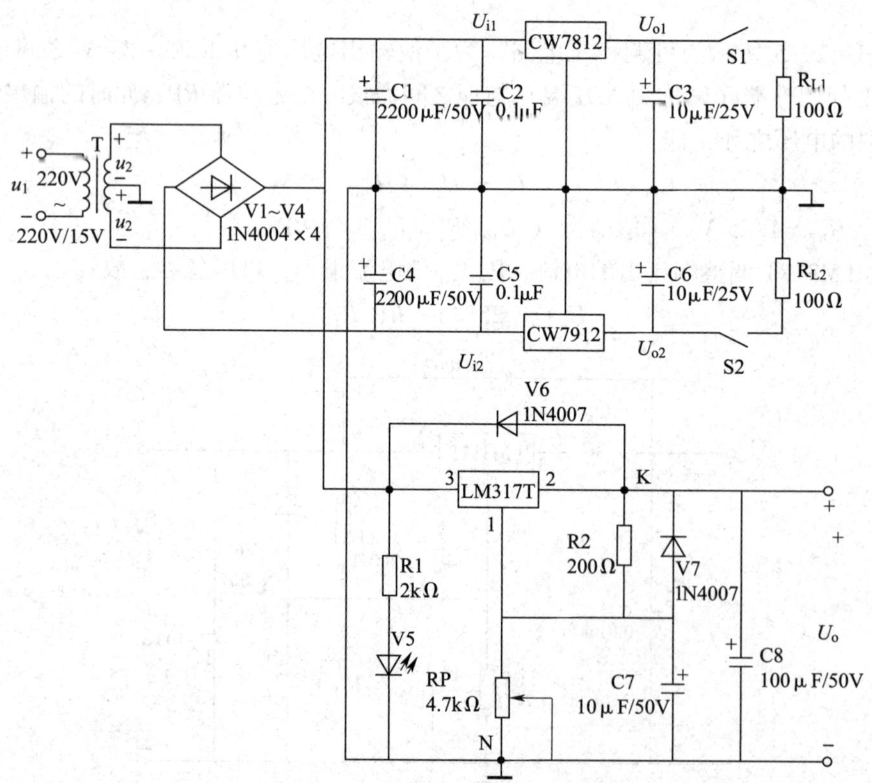

图 3—2—6　有正负电源输出和可调电源输出的集成稳压电源

二、集成稳压电源在智能楼宇设备中的应用

因为电路的集成度越来越高，而且对直流电源的使用也越来越广泛，对设施设备及周边环境的安全性的要求也越来越高，所以在现代化智能建筑中直流电源的使用是十分普遍的。集成稳压电源因其性能稳定、体积小等特点而在相应的楼宇设备中广为使用，如图 3—2—7 所示。

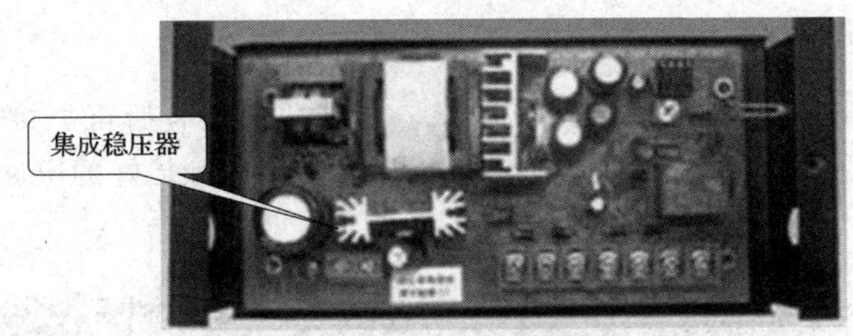

图 3—2—7　门禁专用电源

任务实施

根据表 3—2—1 中的元件清单，进行集成稳压电源电路的安装。

表 3—2—1　　**集成稳压电源电路元件清单**

电路名称		集成稳压电源（图 3—2—6）		
序号	名称		规格	数量
1	无线电工具		—	1 套
2	电源变压器 T		带中心抽头 220 V/15 V	1
3	电阻器	R_{L1}、R_{L2}	100 Ω/2 W	2
4		R1	2kΩ	1
5		R2	200Ω	1
6	电位器 RP		4.7 kΩ	1
7	二极管	V1 ~ V4	1N4004	4
8		V6、V7	1N4007	2
9	发光二极管 V5		ϕ5 mm 红色	1 只
10	电容器	C1、C4	电解 2 200 μF/50 V	2
11		C2、C5	0.1 μF	2
12		C3、C6	电解 10 μF/25 V	2
13		C7	电解 10 μF/50 V	1
14		C8	电解 100 μF/50 V	1
15	集成稳压器	CW7812	—	1
16		CW7912		1
17		LM317T	—	1

续表

序号	名称	规格	数量
18	开关 S1、S2	单刀单掷	2
19	铝型散热片	—	3
20	实验电路板	—	1

1. 电路组装过程

集成稳压电源原理图如图 3—2—6 所示，将元器件插装后再焊接固定，然后用硬铜导线根据电路的电气连接关系进行布线并焊接固定，组装好的电路板如图 3—2—8 所示。

图 3—2—8　集成稳压电源实物图

2. 电路的测试内容和操作方法

集成稳压电源在断开开关 S2，合上开关 S1 时，能输出正电压 +12 V。在断开开关 S1，合上开关 S2 时，能输出负电压 -12 V。而当开关 S1 和 S2 都合上时，电路可以同时输出正负电压 ±12 V，另外电路始终能输出可调电压。分别对正负电源和可调电源进行测量，并且做好记录。

1）空载时工作电压的测量　将开关 S1 和 S2 断开，用万用表测量电路中集成稳压器输入端和输出端两点的电压。

表 3—2—2　　空载时工作电压

集成稳压器 CW7812		集成稳压器 CW7912	
U_{i1}	U_{o1}	U_{i2}	U_{o2}

2）稳压电源内阻的测量　将开关 S1 和 S2 都合上，正负电源分别接负载电阻 R_{L1} 和 R_{L2}（都为 100 Ω），用万用表测量电源的输出端的电位 U'_{o1} 和 U'_{o2}，那么正电源的内阻 $r_1 = \left(\frac{U_{o1}}{U'_{o1}} - 1\right) \times R_{L1}$，而负电源的内阻 $r_2 = \left(\frac{U_{o2}}{U'_{o2}} - 1\right) \times R_{L2}$。

表 3—2—3　　稳压电源内阻

正电源			负电源		
U_{o1}	U'_{o1}	r_1	U_{o2}	U'_{o2}	r_2

3）将开关 S1 和 S2 都合上，用示波器分别观察正负电源输出电压的波形。

表 3—2—4　　输出电压波形

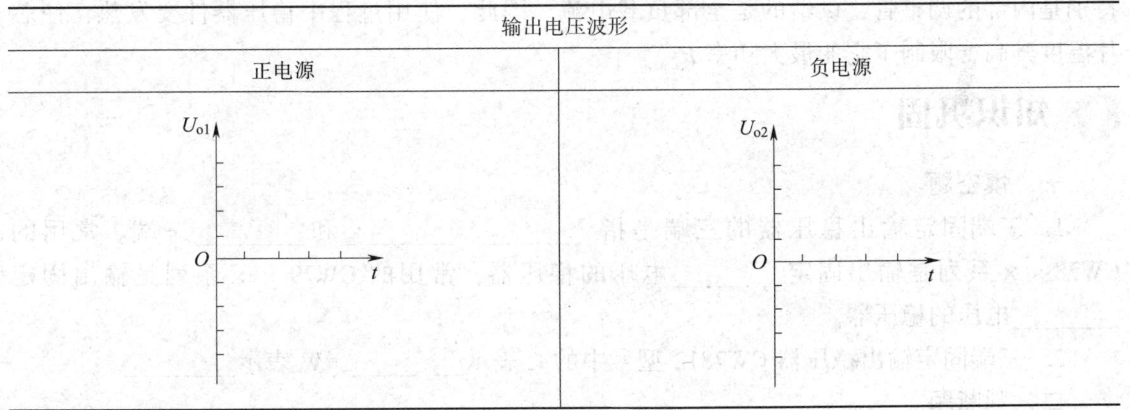

输出电压波形	
正电源	负电源

其中用示波器测量波形时：

①垂直输入灵敏度选择开关（V/div）每格________V 挡。

②扫描时间转换开关（s/div）每格____ms 挡。

4）调节电位器 RP，用万用表测量可调稳压电源输出电压范围。

拓展知识

在使用集成稳压器时，有两个方面的内容需要注意。

1. 正确选择输入电压范围

固定输出正压（或负压）三端集成稳压器产品的输出电压（绝对值）有 5 V、6 V、9 V、12 V、15 V、18 V、24 V 共 7 种，可以根据实际需要选择使用。三端集成稳压电路是一种半导体器件，内部管子有一定的耐压值。为此，变压器的绕组电压不能过高，整流器输出电压的最大值不能大于集成稳压电路的最大输入电压。7 805（7 905）~7 818（7 918）的最大输入电压为 35 V，7 824（7 924）的最大输入电压为 40 V。由于三端集成稳压电路有一个使用最小压差（不稳定输入电压与稳定输出电压的差值）的限制，所以变压器的绕组电压也不能过低。压差太小，会使稳压器性能变差甚至不起作用；压差太大，又会增大稳压器自身消耗的功率，并使最大输出电流减小。为了保证稳压器能够正常工作，要求三端集成稳压电路的最小输入、输出电压差约为 3 V。一般应使这一压差保持在 3 ~ 7 V。厂家对每种型号的稳压器都规定了最大输入电压值。

2. 保证良好的散热

对于用三端集成稳压电路组成的大功率稳压电源，应在三端集成稳压电路上安装足够大的散热器。此外，还应注意，散热器总是和最低电位的引脚相连。这样在 CW78 × × 系列中，散热器和地相连接，而在 CW79 × × 系列中，散热器却和输入端相连接。当散热器的面积不够大，而内部调整管的结温达到保护动作点附近时，集成稳压电路的稳压性能将变差。三端稳压器属于功率半导体器件，它作为整机或局部电路的电源，需要输出一定的功率，特别是内部的调整管，供给的是全部负载电流。因此，使用过程中稳压器件要发热，使芯片温度升高，限制了它的最大功率 P_{max}。

知识巩固

一、填空题

1. 三端固定输出稳压器的三端是指________、________和________三端。常用的 CW78 × × 系列是输出固定________电压的稳压器，常用的 CW79 × × 系列是输出固定________电压的稳压器。

2. 三端固定输出稳压器 CW7812 型号中的 C 表示________，W 表示________。

二、判断题

1. 利用三端集成稳压器组成的稳压电路，输出电压不能高于稳压器的最高输出电压。（　）

2. 由三端集成稳压器组成的稳压电路，输出电流只能小于或者等于稳压器的最大输出电流。（　）

3. 利用三端集成稳压器能够组成同时输出正负电压的稳压电路。（　）

三、分析计算题

1. 如图 3—2—9 所示，这是一个用三端集成稳压器组成的直流稳压电路。试说明各元器件的作用，并且指出电路在正常工作时的输出电压值。

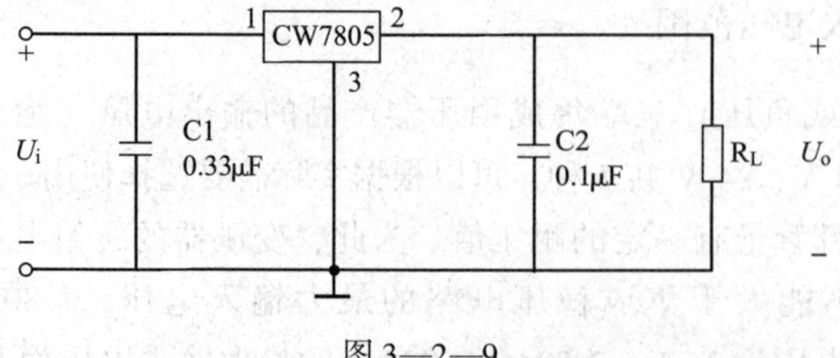

图 3—2—9

2. 电路元器件如图 3—2—10 所示，试将其连接成输出 5 V 的直流电源（设 U_i 足够大）。

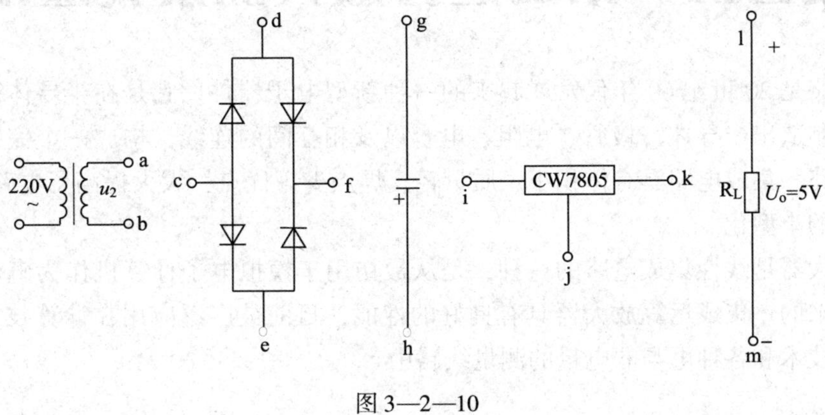

图 3—2—10

项目四　集成运算放大器及其应用

集成电路是20世纪60年代发展起来的一种新型电子器件。它是在半导体硅片上通过一系列工艺制造出半导体三极管、电阻、电容以及相互间的连线，构成一个完整的具有一定功能的电路。集成电路具有体积小、质量轻、焊点少等优点，大大提高了电路的可靠性，促进了设备的小型化。

运算放大器是线性集成电路的一种，是从最初用于模拟电子计算机作为直流电压运算部件发展起来的。集成运算放大器具有良好的性能，目前被广泛应用在计算技术、自动控制、无线电技术和各种电与非电量的测量线路中。

任务一　集成运放及其线性应用

任务要求

1. 了解差动放大电路的组成与特点。
2. 熟悉集成运算放大器的图形符号和工作特点。
3. 掌握集成运算放大器闭环状态下的分析方法。
4. 掌握信号运算电路的组成和工作原理。

在单管放大电路及其应用中，学习了利用单管放大电路对门铃音乐进行电压放大。本任务学习具有良好放大性能的集成运算放大器（简称集成运放），并利用集成运放来实现门铃音乐信号的放大。

基础知识

一、差动放大电路

1. 零点漂移

用于放大变化缓慢的信号或某个直流量变化的放大电路称为直流放大器。对于微弱的信号来说，一般需要多级放大才能达到要求。由于阻容耦合和变压器耦合都不能传递直流信号，所以只能采用直接耦合方式，但是直接耦合方式容易带来零点漂移现象。

所谓零点漂移，就是当直流放大器输入信号为零时（输入端对地短路），由于工作点的不稳定而引起静态电位发生缓慢、时大时小、时快时慢的不规则变化，这种变化又经过逐

级放大，使直流放大器输出端的电压偏离了原来的初始值（零值）而作缓慢、不规则的上下漂动，如图 4—1—1 所示。

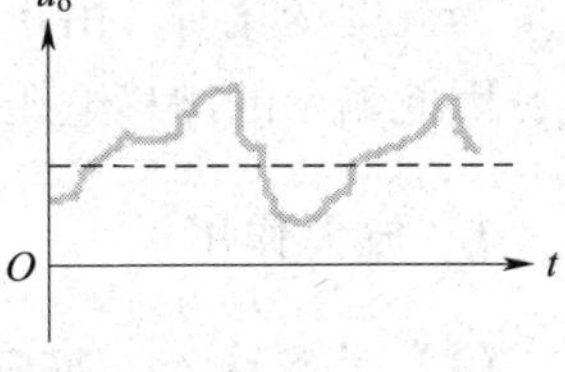

图 4—1—1　零点漂移

产生零点漂移的原因很多，如环境温度的变化、电源电压的波动、元器件参数的变化等，其中最主要的是环境温度变化带来的影响。因为三极管受温度变化等的影响最为严重，所以由它们引起的零点漂移也就最为严重。

2．差动放大电路的组成

抑制直流放大器零点漂移最有效的办法就是利用具有对称结构的差动放大电路。如图 4—1—2 所示，差动放大电路是由对称的两个基本放大电路，通过射极公共电阻 R_e 耦合构成的。对称的含义是两个三极管的特性一致，电路参数对应相等，同时利用 R_e 的负反馈作用进一步抑制每个管子的零点漂移。差动放大电路中各元件特性及其参数情况见表 4—1—1。

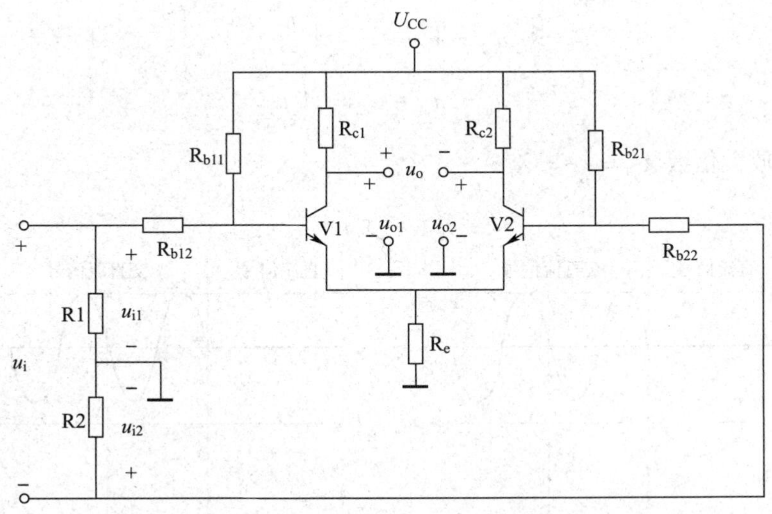

图 4—1—2　差动放大电路

表 4—1—1　　三极管特性及电路参数

三极管特性	其他电路参数
$\beta_1 = \beta_2 = \beta$	$R_{c1} = R_{c2} = R_c$
$U_{BE1} = U_{BE2} = U_{BE}$	$R_{b11} = R_{b21} = R_{b1}$
$r_{be1} = r_{be2} = r_{be}$	$R_{b12} = R_{b22} = R_{b2}$
$I_{CBO1} = I_{CBO2} = I_{CBO}$	$R_1 = R_2 = R$

3．零点漂移的抑制作用

当输入 $u_i = 0$ 时，由于电路完全对称，则 $V_{b1} = V_{b2}$，$I_{b1} = I_{b2}$，$I_{c1} = I_{c2}$，所以 $V_{c1} = V_{c2}$，

因此输出电压 $U_o = V_{c1} - V_{c2} = 0$。

当温度变化时，由于电路完全对称，两个三极管的集电极电流和输出电压有等量的变化，因此输出的漂移电压相互抵消仍然为零。

4．放大作用

（1）差模输入　加在差动放大电路两个输入端的大小相等、极性相反的信号，称为“差模信号”，如图 4—1—3a 所示。这种输入方式称为“差模输入方式”。

差动放大电路对差模信号具有放大作用：

$$A_{u1} = A_{u2} = A_u$$

$$u_{i1} = \frac{u_i}{2},\ u_{i2} = -\frac{u_i}{2}$$

$$u_{o1} = A_{u1} u_{i1} = A_u \frac{u_i}{2}$$

$$u_{o2} = A_{u2} u_{i2} = -A_u \frac{u_i}{2}$$

$$u_o = u_{o1} - u_{o2} = A_u u_i$$

差模电压放大倍数 $A_{ud} = \frac{u_o}{u_i} = A_u$

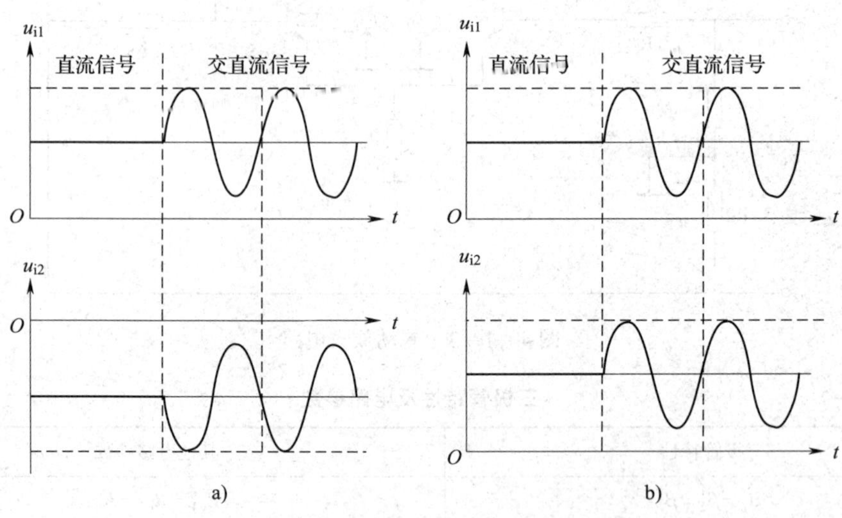

图 4—1—3　差动放大电路的两种输入信号

a）差模信号　b）共模信号

可见，在双端输入、双端输出方式下，差模电压放大倍数和单管放大电路的电压放大倍数相同，多用一个三极管作为补偿换取对零点漂移的抑制作用。

（2）共模输入　加在差动放大电路两个输入端的大小相等、极性相同的信号，称为“共模信号”，如图 4—1—3b 所示。这种输入方式称为“共模输入方式”。实际工作中经常遇到共模输入的情况，例如外界的干扰信号同时进入两输入端，温度的变化和电源电压的

波动引起的漂移电压折合到输入端也相当于共模信号。因此，通常希望差动放大电路对共模信号不起放大作用，而是具有一定的抗共模干扰能力。

$$A_{u1} = A_{u2} = A_u$$

$$u_{i1} = u_{i2} = \frac{u_i}{2}$$

$$u_{o1} = A_{u1} u_{i1} = A_u \frac{u_i}{2}$$

$$u_{o2} = A_{u2} u_{i2} = A_u \frac{u_i}{2}$$

$$u_o = u_{o1} - u_{o2} = 0$$

共模电压放大倍数 $A_{uc} = \frac{u_o}{u_i} = 0$

完全对称的差动放大电路，其共模输出为零，所以共模电压放大倍数也为零。但实际上，差动放大电路不可能完全对称，因此希望 A_{uc} 尽可能地小。

(3) 共模抑制比　差动放大电路的任务是放大有用的差模信号，抑制无用且有害的共模信号。故衡量一个差动放大电路的质量，不但要看它对差模信号的放大能力，而且要看它对共模信号的抑制能力，因此经常用差模放大倍数与共模放大倍数之比（即共模抑制比 K_{CMR}）衡量差动放大电路的质量。

$$K_{CMR} = \left|\frac{A_{ud}}{A_{uc}}\right| \text{或} K_{CMR} = 20\lg\left|\frac{A_{ud}}{A_{uc}}\right| (\text{dB})$$

当电路完全对称时，$A_{uc} = 0$，K_{CMR} 趋于无穷大。电路对称性越差，K_{CMR} 就越小，表明电路抑制零点漂移的能力越差。

二、集成运放

1. 集成运放的符号和工作特性

(1) 集成运放的符号（见图 4—1—4）

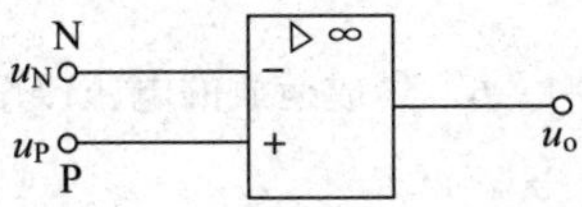

图 4—1—4　集成运放的符号

含义：

图中三角形符号表示放大器，三角形顶角方向为信号传输方向，“∞”表示开环增益极高。它有两个输入端和一个输出端。同相输入端标“+”(或 P)，输出端信号与该端输入信号同相；反相输入端标“−”(或 N)，输出端信号与该端输入信号反相。

实际集成运放有圆壳式封装、扁平式封装和双列直插式封装（见图 4—1—5）等。

图 4—1—5　集成运放的外形

集成运放的引脚除了输入、输出端外，还有电源端、公共端（接地端）、调零端、相位补偿端、外接偏置电阻端等。

（2）集成运放的电压传输特性

定义：集成运放的输出电压与输入电压（即同相输入端与反相输入端之间的电压）之间的关系曲线称为电压传输特性曲线，如图 4—1—6 所示。

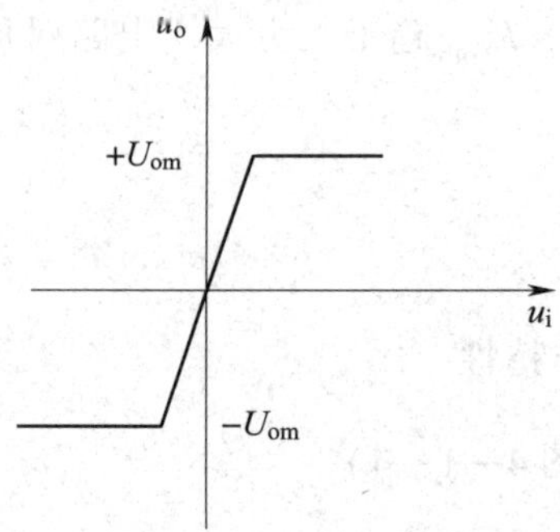

图 4—1—6　集成运放的电压传输特性

含义：

电压传输特性曲线分为线性区和非线性区。在线性区，输出电压 u_o 随着输入电压（$u_P - u_N$）的变化而变化；但是在非线性区，u_o 只有两种可能：$+U_{om}$ 或者 $-U_{om}$。

（3）集成运放的工作特点

1）理想运放工作在线性区时

虚短：净输入电压 $u_P - u_N = 0$，即 $u_P = u_N$。

如果有一个输入端接地，则另外一个输入端也非常接近地电位，称为“虚地”。

虚断：两个输入端的输入电流为零，即 $i_P = i_N = 0$。

2）理想运放工作在非线性区时

①当 $u_P > u_N$时，$u_o = U_{om}$

当 $u_P < u_N$时，$u_o = -U_{om}$

因为 $u_P \neq u_N$，所以理想运放工作在非线性区时电路不再具有“虚短”特性。

②两个输入端的输入电流也为零，即

$$i_P = i_N = 0$$

所以理想运放工作在非线性区时仍然具有“虚断”特性。

2. 比例运算器

（1）反相比例运算器　反相比例运算器电路如图 4—1—7a 所示，其特点是输入信号和反馈信号都加在集成运放的反相输入端。图中 R_f为反馈电阻；R2 为平衡电阻；取值为 $R_2 \approx R_1//R_f$。接入平衡电阻 R2 是为了使集成运放输入级的差动放大电路对称，有利于抑制零点漂移。

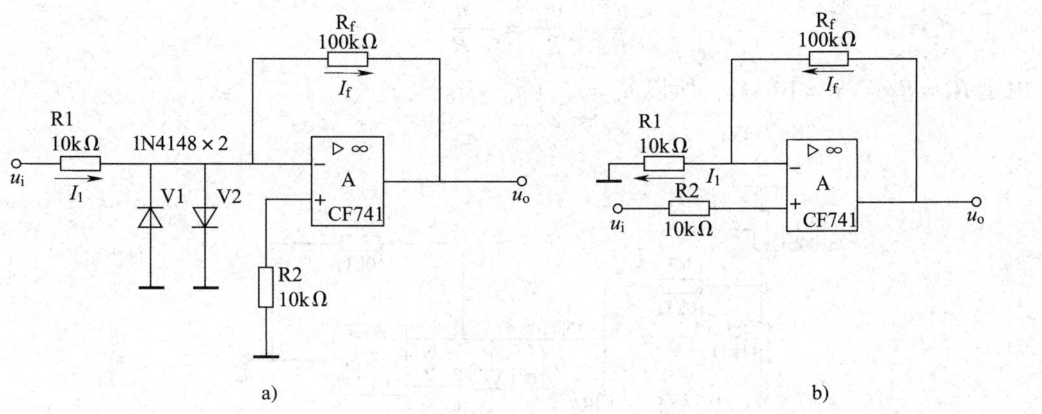

图 4—1—7　比例运算器电路原理图

a）反相比例运算器　b）同相比例运算器

由于同相输入端接地，故输入端为“虚地”点，即 $u_P = u_N = 0$，又根据“虚断”特性，净输入电流为零，故有 $i_1 = i_f$。由图 4—1—7a 可得

$$\frac{u_i - u_N}{R_1} = \frac{u_N - u_o}{R_f}$$

放大器的电压放大倍数为

$$A_{uf}=\frac{u_o}{u_i}=-\frac{R_f}{R_1}$$

式中，负号表示 u_o 与 u_i 反相，因此它称为反相放大器。由于 u_o 与 u_i 成比例关系，故又称为反相比例运算放大器。若取 $R_f=R_1=R$，则比例系数为 -1，电路便成为反相器。

（2）同相比例运算器　同相比例运算器电路如图 4—1—7b 所示，利用“虚短”特性，可得到 $u_P=u_N=u_i$。

又根据“虚断”特性 $i_N=0$，可得

$$u_N=\frac{R_1}{R_1+R_f}u_o$$

所以 $A_{uf}=\frac{u_0}{u_i}=1+\frac{R_f}{R_1}$

u_o 与 u_i 同相，故称为同相放大器，又称为同相比例运算放大器。若令 $R_f=0$，$R_1=\infty$（即开路状态），则比例系数为 1，电路便称为电压跟随器。

3. 加法器

在反相放大器的基础上，增加几个输入支路便可组成反相加法运算电路，也称为反相加法器，如图 4—1—8 所示。

根据理想特性有 $i_1+i_2=i_f$

集成运放反相输入端为虚地点，故有

$$\frac{u_{i1}}{R_3}+\frac{u_{i2}}{R_4}=-\frac{u_o}{R_f}$$

由于 $R_3=R_4=R_f=10\ \text{k}\Omega$，所以 $u_o=-(u_{i1}+u_{i2})$。

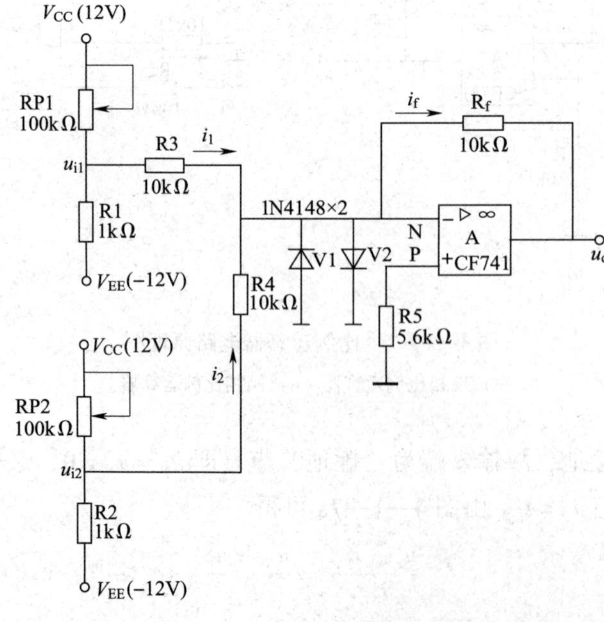

图 4—1—8　加法器电路原理图

上式表明，输出电压与各输入电压之和成正比，实现了加法运算。式中负号表示输出电压与输入电压相位相反。由于反相输入端为虚地点，所以各输入信号电压之间相互影响极小。该电路常用在测量和控制系统中，对各种信号按不同比例进行组合运算。

4. 积分器

若将反相放大器的反馈电阻 R_f 与电容 C 并联，便构成积分器，如图 4—1—9 所示。

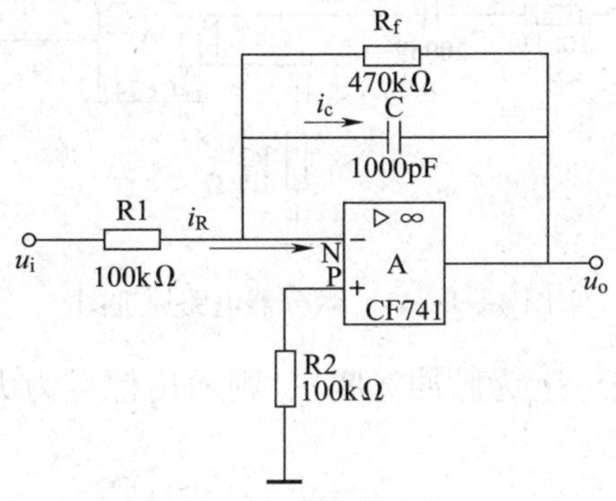

图 4—1—9　积分器电路原理图

当输入阶跃信号时，输出电压波形如图 4—1—10a 所示；当输入方波信号，且 $RC \gg t_p$（t_p 为脉冲宽度）时，输出电压波形如图 4—1—10b 所示。

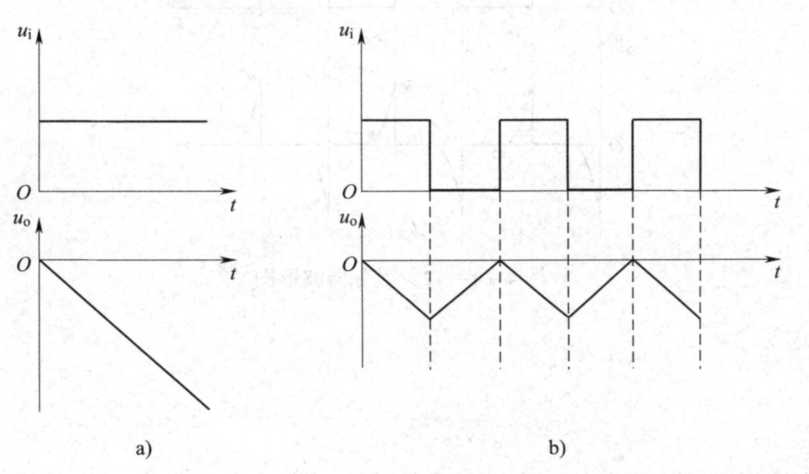

图 4—1—10　积分器的波形图

a）输入信号为阶跃信号　b）输入信号为方波信号

利用积分器可以实现延时、定时和变换，在自动控制系统中可以用以减缓过渡过程所造成的冲击，使得外加电压缓慢上升，避免机械损坏。

5. 微分器

微分器电路原理图如图 4—1—11 所示。

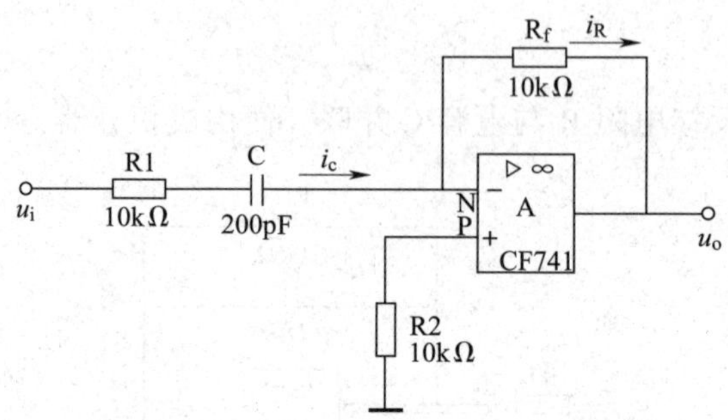

图 4—1—11　微分器电路原理图

若输入方波，且 $RC \ll t_p$（t_p为脉冲宽度），则输出信号为尖脉冲波形，如图 4—1—12 所示。

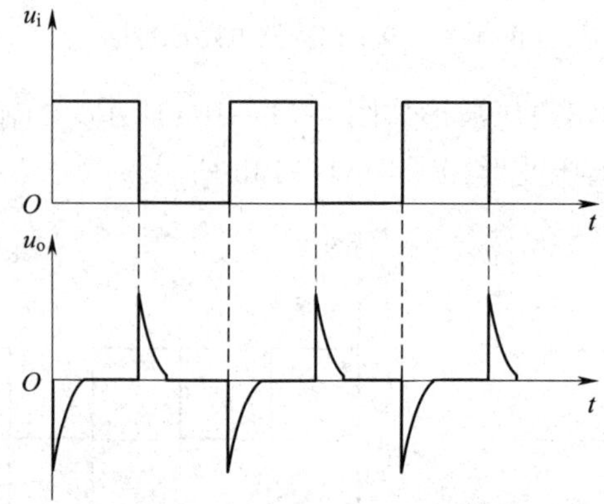

图 4—1—12　微分器波形图

由于微分器的输出电压与输入电压的变化率成正比，所以在自动控制系统中，微分器常用于产生控制脉冲。

三、集成运放在智能楼宇设备中的应用

在整个智能楼宇的设施设备中，除了本系统范围内的通信与联系以外，系统与外界的沟通、联络的手段也越来越先进，通过信息网络通信的可视视频电话就是其中的一种。近几年来，电视视频设备（见图 4—1—13）已向集成化、数字化方向发展。如图 4—1—14 所示，除大量使用集成电路的各种门电路、触发器外，集成运算放大器的应用也较为普遍。

图 4—1—13 电视视频设备

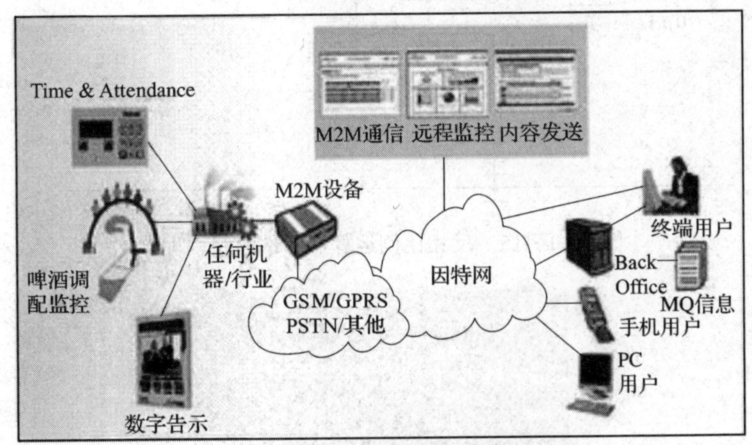

图 4—1—14 电视视频网路通信

任务实施

根据表 4—1—2 所示集成运放的放大电路（反相比例运算器）元件清单，对该电路进行安装、调试，并观察其工作情况。

表 4—1—2 集成运放的放大电路（反相比例运算器）元件清单

电路名称		反相比例运算器测试电路（见图 4—1—15）		
序号	名称		规格	数量
1	直流稳压电源		—	1 台
2	扬声器		—	1 个
3	硬铜导线		—	若干米
4	集成运放 IC		4558	1 只
5	电位器 R_f		100 kΩ	1 只
6	电阻	R1	1 kΩ	1 只
7		R2	10 kΩ	1 只
8	电解电容 C1、C2		10 μF	2 只
9	实验电路板		—	1 块

注：为体验、测试反相比例运算器的放大功能，本任务还需准备示波器、低频信号发生器、MP3 音乐播放器等。

1. 组装反相比例运算器电路

反相比例运算器电路原理图如图 4—1—15 所示。安装前，先准备好常用的无线电工具，将元器件插装好后再焊接固定，用硬铜导线根据电路的电气连接关系进行布线并焊接固定。组装好的电路板实物图如图 4—1—16 所示。

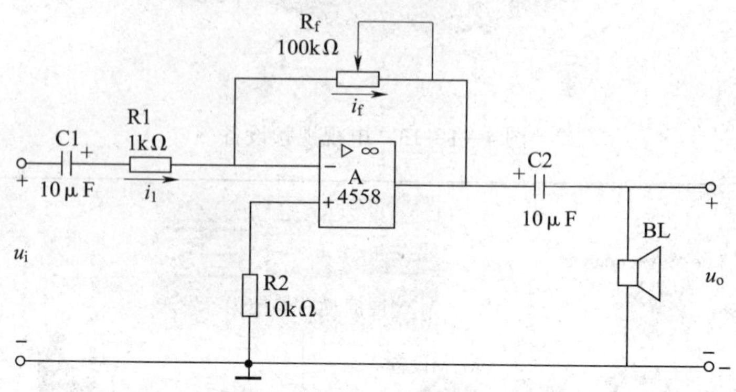

图 4—1—15 反相比例运算器测试电路原理图

图 4—1—16 反相比例运算器电路板实物图

2. 体验反相比例运算器的放大功能（见表 4—1—3）

表 4—1—3　　反相比例运算器放大功能的体验

序号	步骤
1	正确连线：反相比例运算器的电源端、接地端和 +12 V 电源对应接线端相连；MP3 音乐播放器的输出端接电路输入端，地线与电路板地线相连，如图 4—1—17 所示
2	开启 MP3 音乐播放器，调节其音量电位器
3	反复调节反相比例运算器的 R_f，仔细聆听扬声器播放的门铃音乐，直到声音清晰、音量适中且无失真为止
4	将 MP3 音乐播放器的输出端直接接扬声器，再仔细聆听扬声器播放的门铃音乐

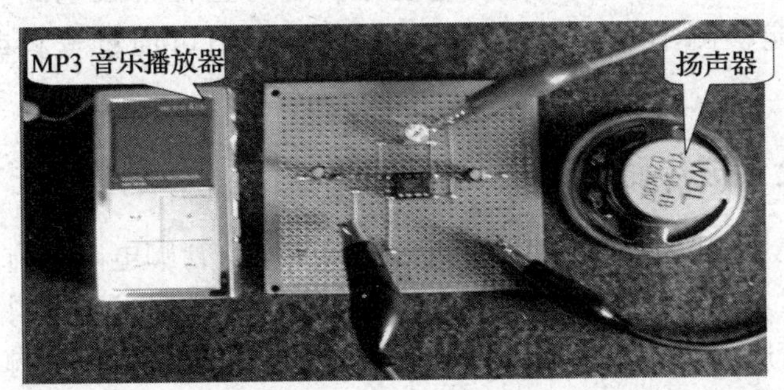

图 4—1—17 MP3 音乐播放器、反相比例运算器电路板和扬声器

想一想

反相比例运算器为什么能增强扬声器播放的门铃音乐音量？

3. 测试反相比例运算器

用低频信号发生器输入正弦波，用双踪示波器测量反相比例运算器的输入和输出波形，读出它们的最大值 U_{im} 和 U_{om}，并记录在表 4—1—4 中，验证 $A_{uf}=\frac{u_o}{u_i}=-\frac{R_f}{R_1}$。

表 4—1—4 **输入、输出电压值**

U_{im}	U_{om}	$\frac{U_{om}}{U_{im}}$	$\frac{R_f}{R_1}$

其中，用示波器测量波形时：

①垂直输入灵敏度选择开关（V/div）每格________V 挡。

②扫描时间转换开关（s/div）每格____ms 挡。

拓展知识

对于集成电路的应用，通常都是采取直接安装使用的方法，但有时这些集成电路也可能是坏的，所以了解如何判断集成电路是否完好的方法是很有必要的。

一、用万用表测试集成电路的方法

用万用表测试集成电路的好坏，主要可采用电压法或电阻法。一般如果集成电路是在线状态（即已经接在电路中），就可在通电状态下测一下各脚对接地脚的电压。正确的电压值可从有关资料、图样中获得，或从同型号的功能正常的机器中获得。另一种情况是非在线状态（即集成电路没有接在电路中），可用红、黑表笔分别接集成电路的接地脚，然后用另一支表笔测各脚对地的电阻值，看与正常集成电路阻值是否一致，如果相差不多则可判定被测集成电路是好的。正常的阻值可通过资料或测量正品集成电路得出。

二、测量电路板上集成电路的方法

测量电路板上集成电路的好坏可采取测量管脚电压与管脚电阻的方法。首先在电路板通电的情况下，测量集成电路各管脚的电压，因为大部分说明书或资料都标出了各管脚的电压值。当测出某管脚电压与图样所标差距较大时，应先检查与此管脚相关的各元器件有无问题，如能找出相关的元器件故障，则问题不是集成电路引起的。如果找不出集成电路周围元器件有明显故障，也不要轻易认为集成电路有问题，此时可再用测管脚电阻的方法进一步判断。但很少有资料标明集成电路管脚的在线阻值，所以需要把可能存在故障的管脚和接地管脚与电路板断开，然后与一个新的集成电路进行对照，测量问题管脚与接地管脚之间的电阻值，当测出的电阻值与新的集成电路电阻值相差较大时（注意对照测量时红黑表笔也应一致）基本上可断定电路板上的集成电路已损坏。

知识巩固

一、填空题

1. 用来放大直流信号的放大器称为________放大器，又称为________放大器。

2. 零点漂移是指当直流放大器输入信号为________时，直流放大器输出端的电压偏离了原来的________而作缓慢、不规则的上下漂动。产生零点漂移的主要原因是________变化引起元器件参数变化。

3. 抑制直流放大器零点漂移的有效电路是________，依靠了其________性有效抑制温漂。通常用________作为衡量差动放大电路性能优劣的指标。

4. 在差动放大电路中，大小相等、极性相同的两个输入信号称为________信号；大小相等、极性相反的两个输入信号称为________信号。

5. 理想集成运放两输入端电位________，输入电流________。

6. 分析集成运放时，通常把它看成是一个理想元件，即________无穷大、________无穷大、________无穷大以及________为零。

7. 积分器可将输入的方波变为________输出；微分器的输入电压为矩形波时，输出信号为________波形。

二、判断题

1. 差动放大电路的放大倍数越大，其抑制零点漂移的能力越强。（　　）

2. 差动放大电路的共模信号和差模信号都是有用信号。（　　）

3. 对于差动放大电路，希望其差模放大倍数大，而共模放大倍数小。（　　）

4. 集成运放实质是一个高增益的直流放大器。（　　）

5. 理想集成运放的同相输入端和反相输入端之间不存在“虚短”“虚断”现象。（　　）

6. 集成运放的传输特性曲线是指集成运放输出电压与输入电压之间的关系曲线。（　　）

7. 反相器既能使输入信号倒相，又具有电压放大作用。（　　）

三、分析计算题

1. 指出图 4—1—18 所示电路属于什么电路，其中 $R_1=5.1\ \text{k}\Omega$，$u_i=0.2\ \text{V}$，$u_o=-3\ \text{V}$，试计算 R_f 的阻值。

2. 指出图 4—1—19 所示电路属于什么电路，其中 $R_f=100\ \text{k}\Omega$，$u_i=0.1\ \text{V}$，$u_o=2.1\ \text{V}$，试计算 R_1 的阻值。

3. 画出输出电压 u_o 与输入电压 u_i 满足下列关系式的集成运放电路。

（1）$u_o/u_i=-1$　（2）$u_o/u_i=1$　（3）$u_o/u_i=20$

（4）$u_o/(u_{i1}+u_{i2}+u_{i3})=-10$

4. 图 4—1—20 所示电路是一同相比例运算放大器，在反相输入端 M 与 N 之间串入了电阻 R2。试计算闭环电压放大倍数 A_{uf}，并分析串联电阻 R2 的作用。

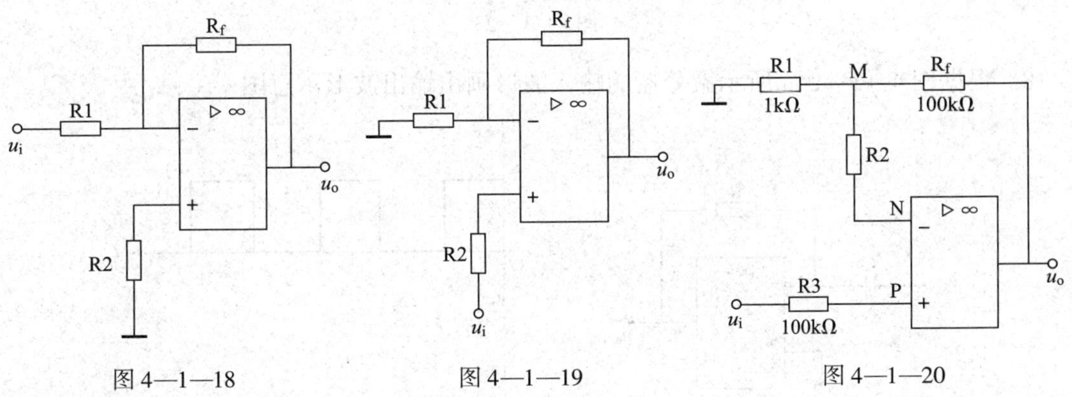

图 4—1—18　　图 4—1—19　　图 4—1—20

5. 指出图 4—1—21 所示电路属于什么电路，其中 $u_{i1}=4\ \text{V}$，$u_{i2}=-3\ \text{V}$，$R_1=R_2=R_f=10\ \text{k}\Omega$，试计算输出电压 u_o 的值。

6. 在图 4—1—22 中，已知 $u_{i1}=4\ \text{V}$，$u_{i2}=-3\ \text{V}$，$u_{i3}=-2\ \text{V}$，试计算输出电压 u_o 的值。

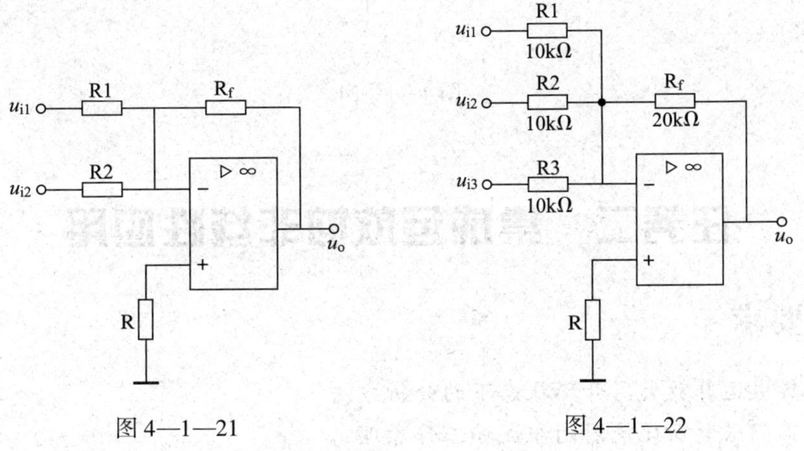

图 4—1—21　　图 4—1—22

7. 根据图 4—1—23a 所示积分器的输入波形画出输出波形示意图。

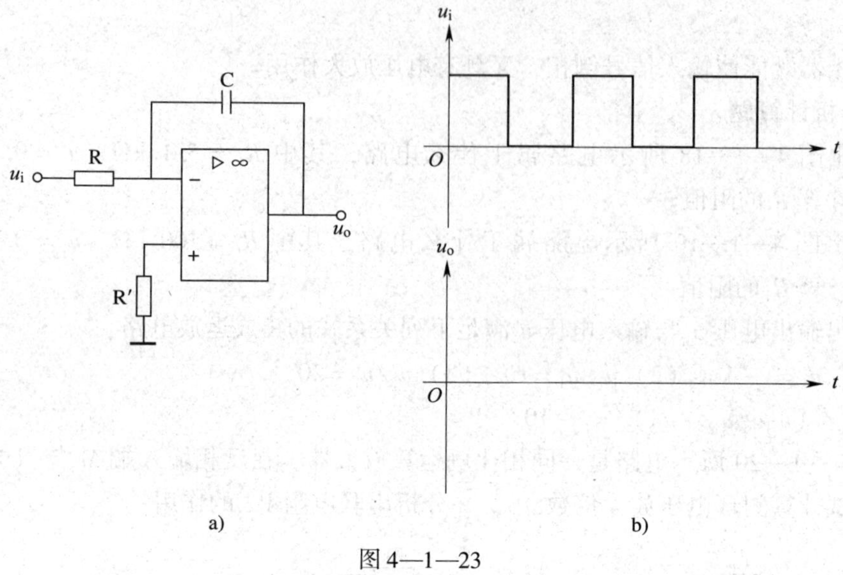

图 4—1—23

8. 根据图 4—1—24a 所示微分器的输入波形画出输出波形示意图。

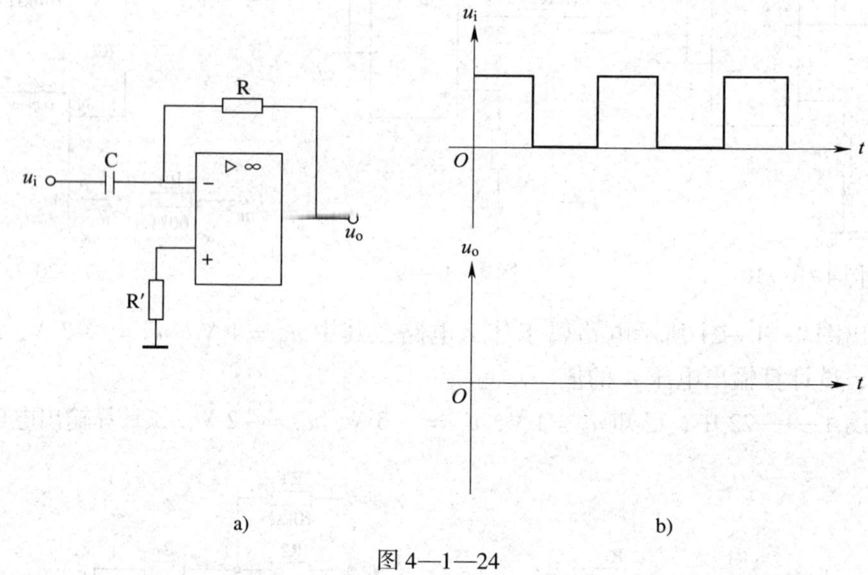

图 4—1—24

任务二　集成运放的非线性应用

任务要求

1. 熟悉集成运算放大器开环状态下的分析方法。
2. 掌握单门限电压比较器的组成和工作原理。

3. 掌握双门限电压比较器的组成和工作原理。

4. 熟悉方波发生器的工作原理。

函数发生器是一种使用范围很广的多波形通用信号源，它可以产生正弦波、方波、三角波、锯齿波等波形，可以用于生产测试、仪器维修和实验室，还广泛应用于其他科技领域，如医学、教育、化学、通信、地球物理学、工业控制、军事和宇航等，如图 4—2—1 所示。

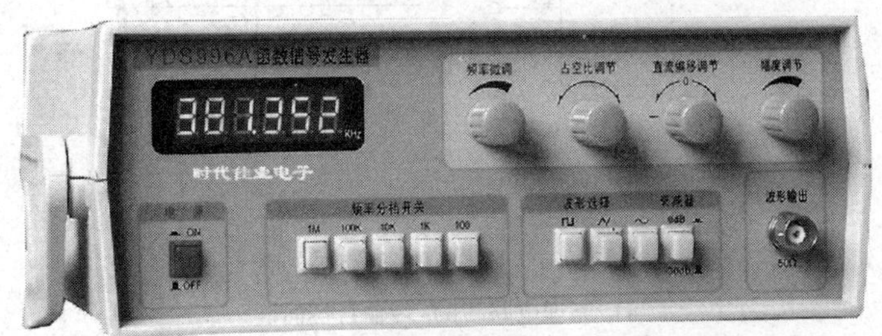

图 4—2—1　函数信号发生器

本任务的目标就是利用集成运放制作一个方波发生器，熟悉电路的工作原理和调试方法。方波发生器的输出波形如图 4—2—2 所示。

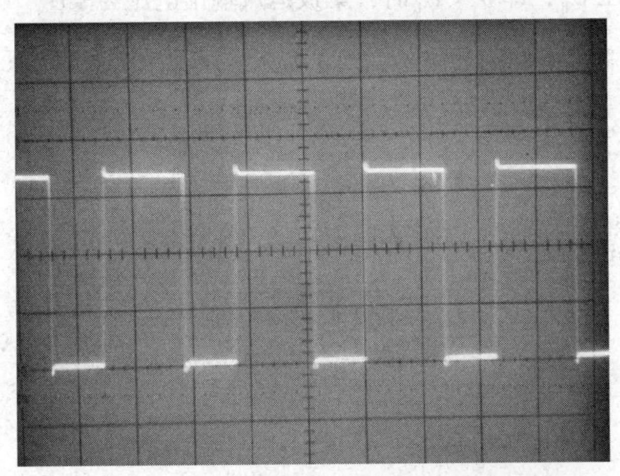

图 4—2—2　方波发生器的输出波形

基础知识

一、电压比较器

在电压比较器中，集成运放接成开环或正反馈状态，工作于非线性区。输出电压只有两种可能的数值，即

$$\begin{cases} u_P > u_N \text{时，} u_o = +U_{om} \text{（高电平）} \\ u_P < u_N \text{时，} u_o = -U_{om} \text{（低电平）} \end{cases}$$

1. 单门限电压比较器

单门限电压比较器的传输特性曲线如图 4—2—3b 所示。

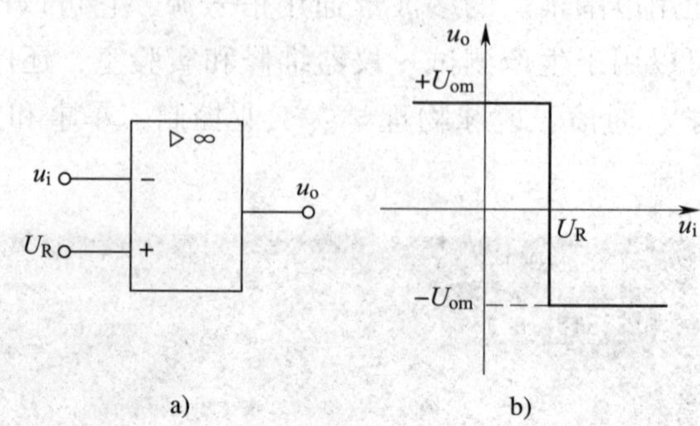

图 4—2—3 单门限电压比较器的传输特性

a）原理电路 b）传输特性曲线

特点：

当输入电压 u_i 大于参考电压 U_R，即 $u_i > U_R$ 时，集成运放输出电压为 $-U_{om}$；当输入电压 u_i 小于参考电压 U_R，即 $u_i < U_R$ 时，集成运放输出电压为 $+U_{om}$。

单门限电压比较器的电路图如图 4—2—4 所示。

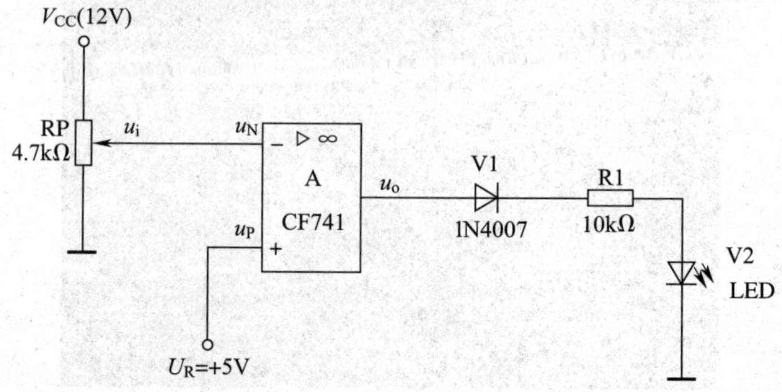

图 4—2—4 单门限电压比较器

电路分析：

调节电位器 RP，

若 $u_i < U_R$，$u_o = +U_{om}$ ⟶V2 亮；

若 $u_i > U_R$，$u_o = -U_{om}$ ⟶V2 灭。

利用电压比较器可以实现波形变换。例如，当过零比较器输入正弦波时，相应的输出电压便是矩形波，如图 4—2—5 所示。

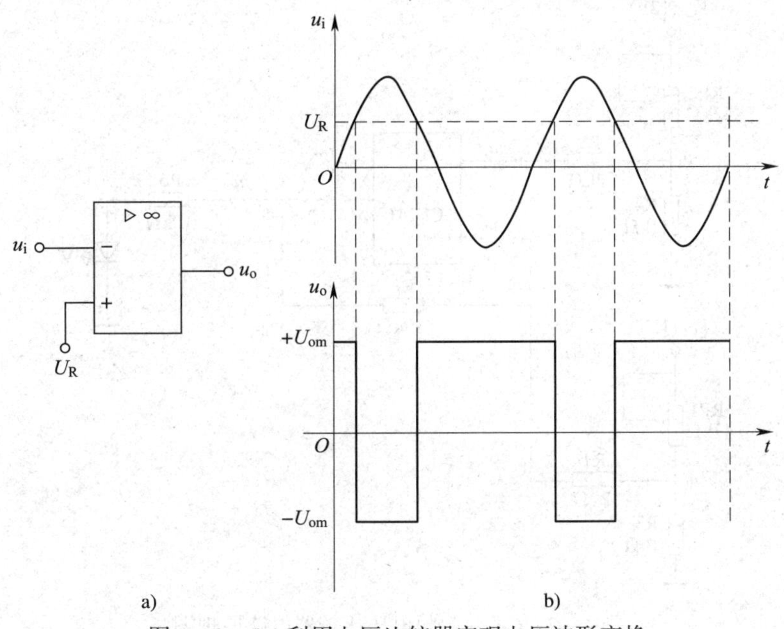

图 4—2—5　利用电压比较器实现电压波形变换

a）电压比较器　b）波形变换

单门限电压比较器的输入电压只跟一个参考电压 U_R 相比较。这种比较器虽然电路结构简单，灵敏度高，但是抗干扰能力差，当输入电压 u_i 因受干扰在参考值附近反复发生微小变化时，输出电压会频繁地反复跳变。

2. 双门限电压比较器

双门限电压比较器如图 4—2—6 所示，又称为迟滞比较器或施密特触发器，它是一个含有正反馈电路的电压比较器。双门限电压比较器传输特性曲线如图 4—2—7 所示。

输出电压 u_o 经 R_f 和 R1 分压后加到集成运放的同相输入端，形成正反馈。由于输出有两种可能的电压值，所以门限电压也有两个相应的值。

当 $u_o = +U_{om}$ 时，门限电压用 U_{TH} 表示，根据叠加原理，可得到

$$U_{TH} = \frac{R_f}{R_f + R_1}U_R + \frac{R_1}{R_f + R_1}U_{om}$$

当输入电压 u_i 逐渐增大直至 $u_i = U_{TH}$ 时，输出电压 u_o 发生翻转，由 $+U_{om}$ 跳变为 $-U_{om}$，门限电压随之变为

$$U_{TL} = \frac{R_f}{R_f + R_1}U_R - \frac{R_1}{R_f + R_1}U_{om}$$

当 u_i 逐渐减小，直至 $u_i = U_{TL}$ 时，输出电压再度翻转，由 $-U_{om}$ 跳变为 $+U_{om}$。两个门限电压之差称为回差电压，用 ΔU 表示，可得到

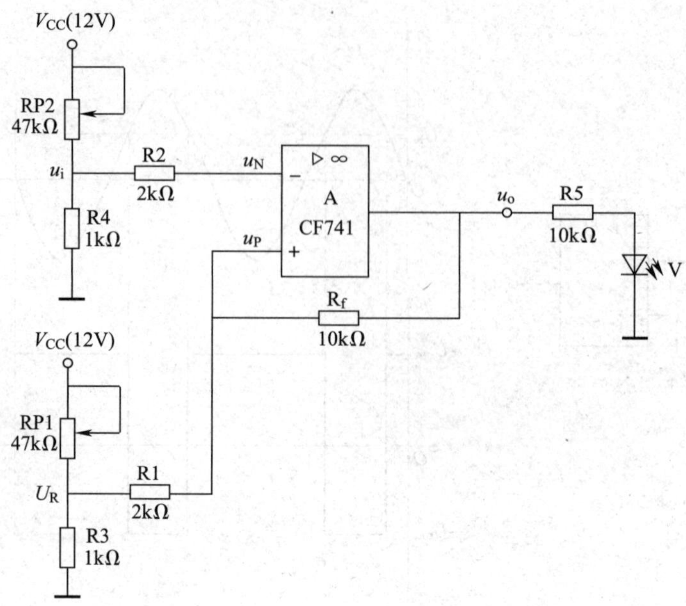

图 4—2—6　双门限电压比较器电路原理图

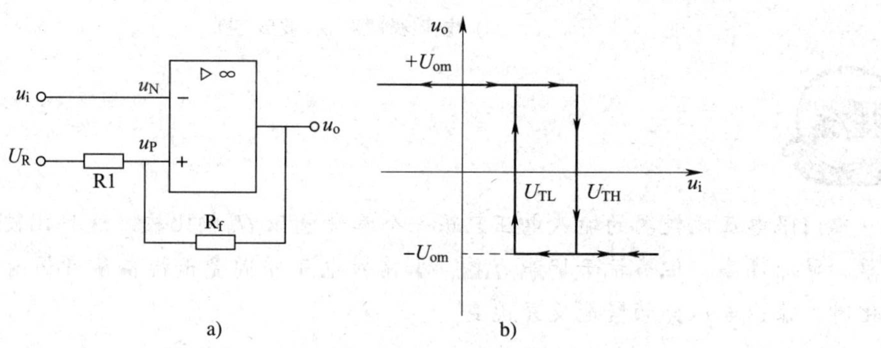

图 4—2—7　双门限电压比较器传输特性曲线

a）原理电路　b）传输特性曲线

$$\Delta U = U_{TH} - U_{TL} = \frac{2R_1}{R_f + R_1}U_{om}$$

上式表明，回差电压 ΔU 与参考电压 U_R 无关。

利用双门限电压比较器可以大大提高抗干扰能力。例如，当输入信号受到干扰或者含有噪声信号时，只要其变化幅度不超过回差电压，输出电压就不会在此期间来回变化，而仍然保持为比较稳定的输出电压波形。

3. 窗口比较器

窗口比较器的传输特性曲线如图 4—2—8 所示。

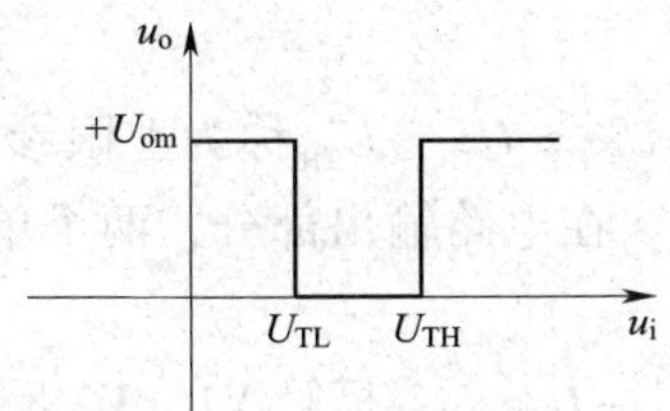

图 4—2—8 窗口比较器的传输特性曲线

特点：

当 u_i 处于两个参考电压之间，即 $U_{TL} < u_i < U_{TH}$ 时，窗口比较器输出为低电平（或者负电压）；而当 u_i 不在这两个参考电压之间，即 $u_i > U_{TH}$ 或 $u_i < U_{TL}$ 时，窗口比较器输出为高电平。

窗口比较器用于判断待比较电压 u_i 是否处于某两个给定的参考电压 U_{TH} 和 U_{TL} 之间。窗口比较器可以由一个上行单门限比较器和一个下行单门限比较器组合而成。

窗口比较器电路图如图 4—2—9 所示。

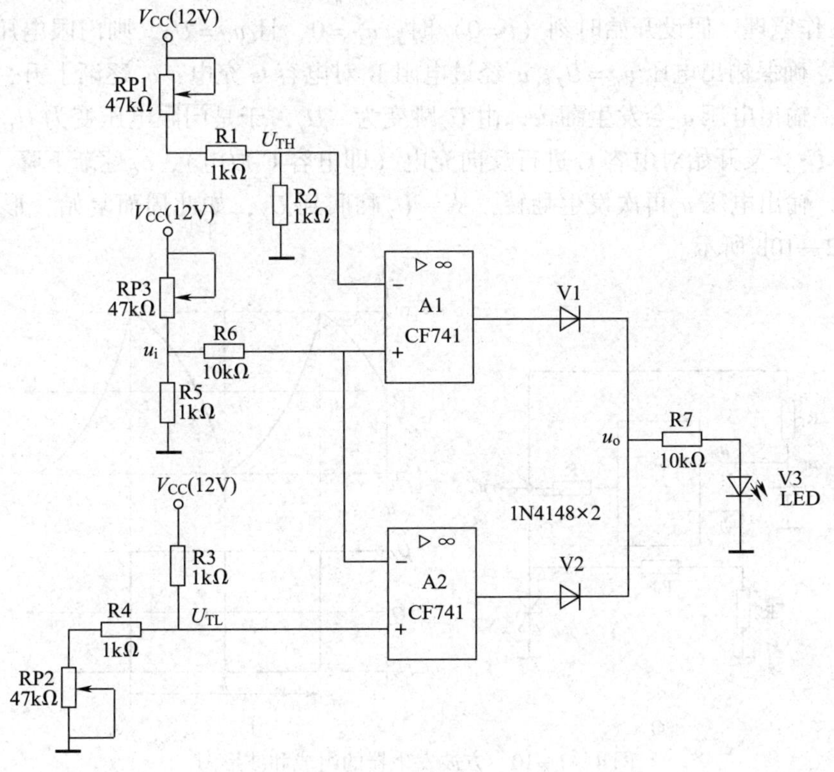

图 4—2—9 窗口比较器

电路分析：

在图4—2—9中，参考电压 $U_{TH} > U_{TL}$，U_{TH} 称为上限参考电压或者上阈值电压，U_{TL} 称为下限参考电压或者下阈值电压。在电路输出部分，两个单门限比较器分别通过两个二极管V1、V2输出。

若 $U_{TL} < u_i < U_{TH}$，$u_{o1} = u_{o2} = -U_{OM}$，二极管V1、V2反偏截止，$u_o = 0$ V。

若 $u_i < U_{TL}$，则 $u_{o1} = -U_{OM}$，$u_{o2} = +U_{OM}$，二极管V1截止，V2导通，$u_o = u_{o2} = +U_{OM}$。

若 $u_i > U_{TH}$，则 $u_{o1} = +U_{OM}$，$u_{o2} = -U_{OM}$，二极管V2截止，V1导通，$u_o = u_{o1} = +U_{OM}$。

4. 方波发生器

（1）电路的组成　如图4—2—10a所示，方波发生器由双门限电压比较器和RC电路组成。其中，电阻 R_f 和电容C组成具有延时特性的反馈网络，负反馈电压 u_o 加至集成运放的反相输入端。限压电阻R和双向稳压二极管VZ构成稳压电路，对集成运放的输出电压 u_o 起限幅作用。当集成运放正向饱和输出时，$u_o = U_Z$；当集成运放负向饱和输出时，$u_o = -U_Z$。电阻R1和R2构成正反馈网络，将 u_o 分压加至集成运放的同相输入端，所以集成运放的两个门限电压分别为：

$$U_{TH} = \frac{R_2}{R_1 + R_2} U_Z$$

$$U_{TL} = -\frac{R_2}{R_1 + R_2} U_Z$$

（2）工作原理　假设开始时刻（$t = 0$）时，$u_C = 0$，且 $u_o = U_Z$，则门限电压为 U_{TH}，此时 $u_N < U_{TH}$，确保输出电压 $u_o = U_Z$。u_o 经过电阻 R_f 对电容C充电，u_C 逐渐上升，当 $u_C > U_{TH}$（$t = t_1$）时，输出电压 u_o 会发生翻转，由 U_Z 跳变为 $-U_Z$，于是门限电压变为 U_{TL}，此时输出电压 $u_o = -U_Z$，又开始对电容C进行反向充电（即电容C放电），u_C 逐渐下降，当 $u_C < U_{TL}$（$t = t_2$）时，输出电压 u_o 再次发生翻转，从 $-U_Z$ 翻回到 U_Z，如此周而复始，形成振荡，波形如图4—2—10b所示。

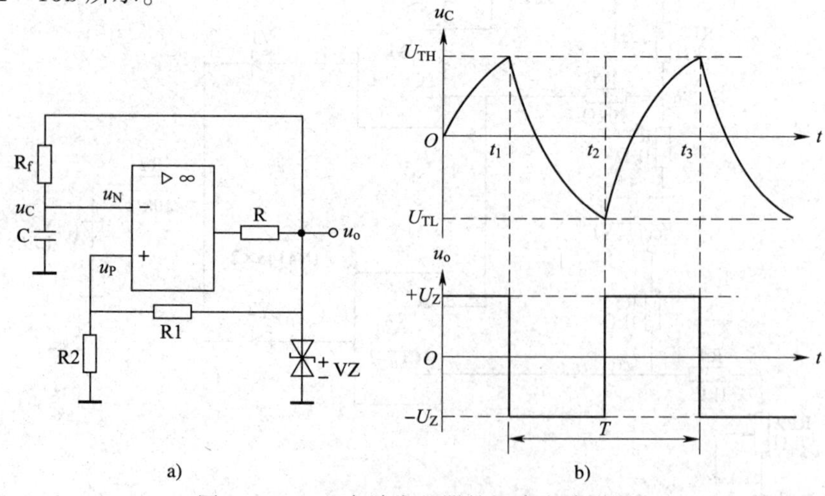

图4—2—10　方波发生器的组成和波形图

a）方波发生器　b）波形图

(3) 振荡周期的计算　方波周期与电容 C 的充放电时间有关，估算公式为

$$T = 2R_f C\ln\left(1 + \frac{2R_2}{R_1}\right)$$

改变 R_f、C 或者 R_1、R_2，即可改变方波的周期。若将电路适当改动，使电路充电和放电时间常数不相等，则输出矩形波信号。

二、电压比较器在智能楼宇设备中的应用

电压比较器的应用非常广泛。它可用于报警器电路、自动控制电路、测量电路，也可用于 V/F 变换电路、A/D 变换电路、高速采样电路、电源电压监测电路、振荡器及压控振荡器电路、过零检测电路等。其中，报警器电路通常是和智能楼宇的门禁系统以及监控系统相连接的。而电源电压监测电路则是针对智能大楼或智能小区用户电压的一个实时监测，及时地将监测结果进行汇报。

任务实施

根据表 4—2—1 所示方波发生器电路元件清单对电路进行安装、调试，并将其结果记录下来。

表 4—2—1　　方波发生器电路元件清单

电路名称	方波发生器电路（见图 4—2—11）			
序号	名称		规格	数量
1	直流稳压电源		—	1 台
2	硬铜导线		—	若干米
3	电阻	R1	100 kΩ	1 只
4		R2	47 kΩ	1 只
5		R3	1 kΩ	1 只
6		R	470 Ω	1 只
7	电位器 R_f		100 kΩ	1 只
8	电容 C		2.2 μF/50 V	1 只
9	稳压管 VZ1、VZ2		1N5237	2 只
10	发光二极管		ϕ5 mm，红色	1 只
11	集成运放 IC		LF353	1 只
12	实验电路板		—	1 块

1. 组装方波发生器电路

方波发生器电路原理图如图 4—2—11 所示。安装前，先准备好常用的无线电工具，将元器件插装好后再焊接固定，用硬铜导线根据电路的电气连接关系进行布线并焊接固定。组装好的电路板实物图如图 4—2—12 所示。

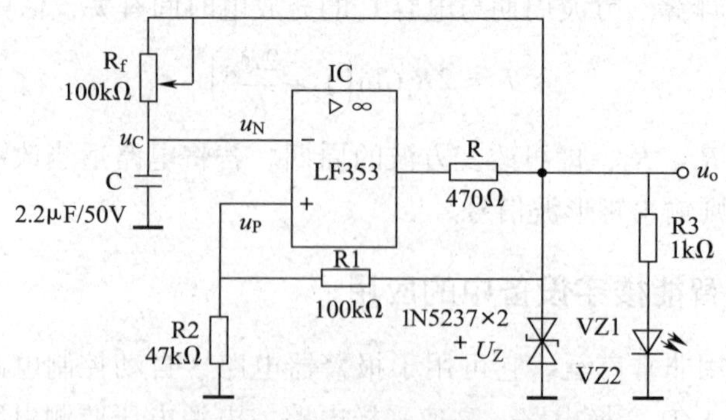

图 4—2—11　方波发生器电路原理图

图 4—2—12　方波发生器电路板实物图

2. 测试方波发生器电路

（1）将电位器 R_f 调至最大，用示波器测量并观察 u_C 和 u_o 的波形，并测量它们的频率和最大值。

u_C 波形形状		u_o 波形形状	
（u_C–t 坐标）		（u_o–t 坐标）	
频率 f		频率 f	
最大值 U_{om}		最大值 U_{om}	

（2）将电位器 R_f 调至中间位置，用示波器测量并观察 u_C 和 u_o 的波形，并测量它们的频率和最大值。

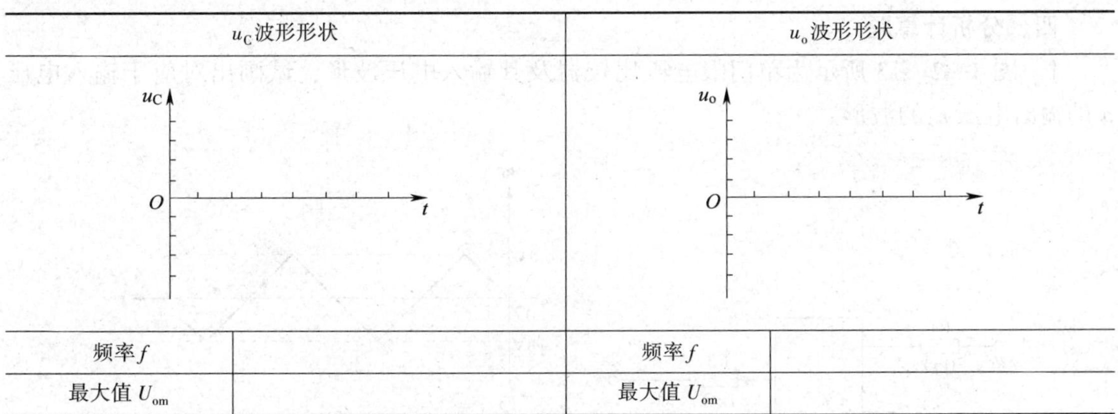

u_C 波形形状		u_o 波形形状	
（u_C–t 坐标图）		（u_o–t 坐标图）	
频率 f		频率 f	
最大值 U_{om}		最大值 U_{om}	

改变 R_f 对方波发生器的 u_C 和 u_o 的频率和幅度有什么影响？

知识巩固

一、填空题

1. 电压比较器________的特性不成立，而________的特性依然成立。

2. 电压比较器有________比较器、________比较器和________比较器。

3. 双门限电压比较器是在单门限电压比较器中引入了________，在两种输出状态下有各自的________，从而提高了电路抗干扰的能力。

4. 方波发生器由________比较器再加上________负反馈电路组成。从方波发生器的输出端可以获得________波形，从电容器两端可以获得________波形，方波的周期为________。

二、判断题

1. 集成运放在非线性应用时，输出电压只有两种状态：U_{om} 或 $-U_{om}$。（　　）

2. 电压比较器“虚短”的特性不成立，而“虚断”的特性依然成立。（　　）

3. 电压比较器能实现波形变换。（　　）

4. 双门限电压比较器中的回差电压与参考电压有关。（　　）

三、选择题

1. 电压比较器中，集成运放工作在（　　）状态。

A. 放大　　B. 开环放大　　C. 闭环放大

2. 双门限电压比较器是一个含有（　　）网络的比较器。

A. 正反馈　　B. 负反馈　　C. RC

3．方波发生器中电容两端的电压为（　　）波。

A．矩形　　B．三角　　C．锯齿

四、分析计算题

1．图 4—2—13 所示为单门限电压比较器及其输入电压波形，试画出对应于输入电压 u_i 的输出电压 u_o 的波形。

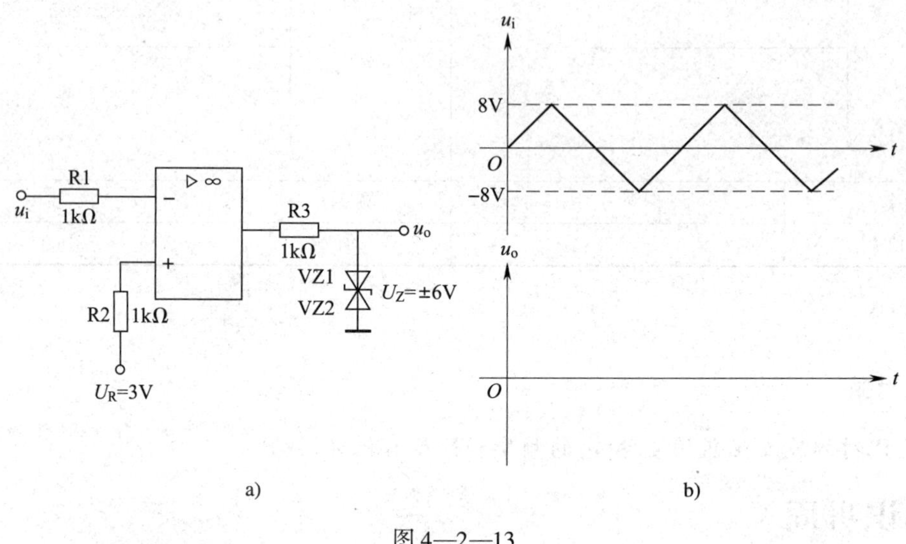

图 4—2—13

2．图 4—2—14 所示为双门限电压比较器及其输入电压波形，试画出对应于输入电压 u_i 的输出电压 u_o 的波形。

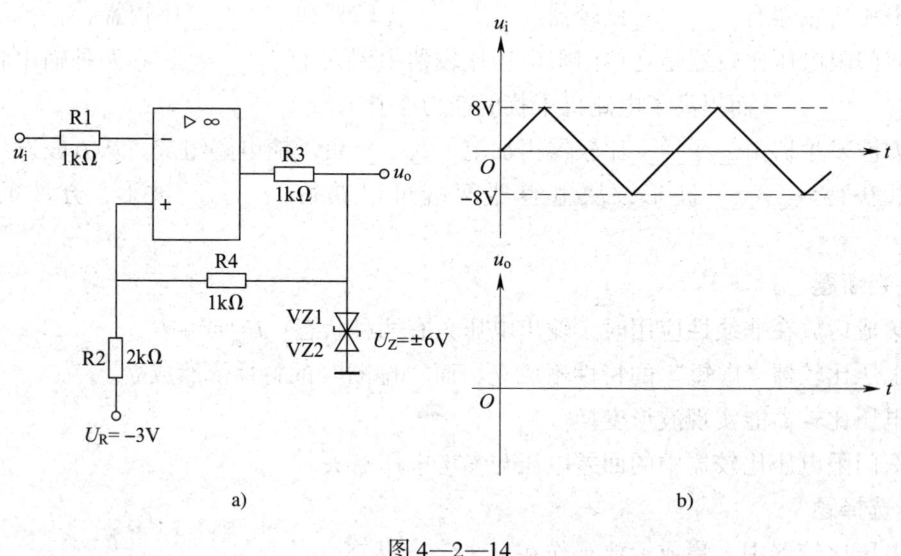

图 4—2—14

3．某波形发生器如图 4—2—15 所示，试求：

（1）电容 C 两端的电压 u_C 为何种波形？

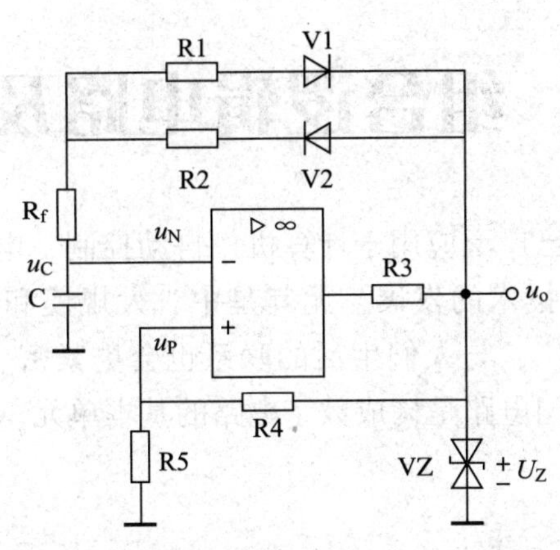

图 4—2—15

（2）当 $R_1=R_2$ 时，输出信号电压 u_o 为何种波形？

（3）当 $R_1\neq R_2$ 时，输出信号电压 u_o 为何种波形？

（4）若增大 R_f，输出信号电压的振荡周期如何变化？

（5）若减小 R_5，输出信号电压的振荡周期如何变化？

项目五　组合逻辑电路及其应用

近年来，数字逻辑电路已广泛应用于计算机、自动控制、电子测量仪表、电视、雷达、通信等各个领域。随着集成技术的发展，尤其是中、大规模和超大规模集成电路的发展，数字电路的应用范围将会更广，与人们生活的联系也会更紧密。数字电路主要由组合逻辑电路和时序逻辑电路组成，门电路是构成数字电路的基本单元。

任务一　门电路及其应用

任务要求

1. 理解基本逻辑关系，掌握基本门电路的符号和功能。
2. 掌握常用复合逻辑门电路的符号和功能。
3. 了解一般数字集成电路芯片外形，并熟悉基本门电路芯片引脚功能。
4. 能正确分析、安装、调试和测量表决器电路。

基础知识

一、基本逻辑关系及其门电路

门电路是实现一定逻辑关系的电路。在数字逻辑电路中，基本逻辑关系有与、或、非三种，实现这三种逻辑功能的电路称为与门电路、或门电路和非门电路，简称与门、或门和非门。

1. 与逻辑和与门

（1）与逻辑

1）与逻辑定义　在某些重大问题的表决中不是采用少数服从多数原则，而是一票否决制，如图5—1—1所示。这件事的通过和决定它的所有人的表态之间的因果关系就是与逻辑关系，因此与逻辑可概括为：

只有当决定一个事件的所有条件都成立时，事件才会发生，这种逻辑关系称为与逻辑关系。

你可以举一些生活中与逻辑关系的实例吗？

2）运算规则　如图5—1—2所示电路是由两个开关串联控制电灯亮或灭的电路。要使

电灯亮的这个事件发生，必须两个开关都闭合，所以这个电路中电灯亮与开关闭合的因果关系就是与逻辑关系。如果用 Y 来表示灯亮这个事件的发生与否，用 A 和 B 分别表示开关的状态，那么与逻辑可表示为：

图 5—1—1　一票否决制

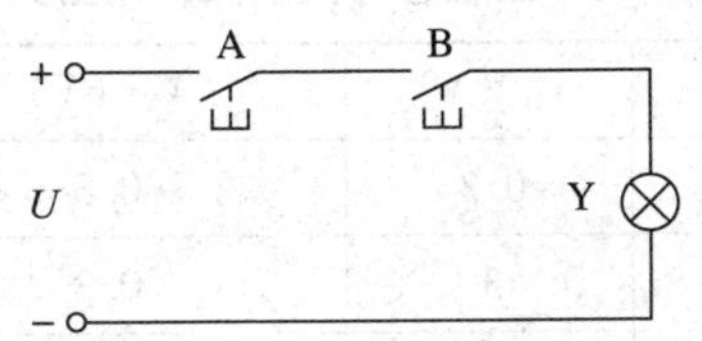

图 5—1—2　开关控制与门电路

$$Y = A \cdot B$$

其中，“·”为与逻辑的运算符号，A·B 读作“A 与 B”，与逻辑运算符号“·”在运算中可以省略，因此上式也可写成 Y = AB。Y = AB 称为逻辑表达式，A、B、Y 都是逻辑变量。逻辑变量只有两种状态，通常用 1 或 0 来表示。作为逻辑取值的 1 和 0 并不表示数值的大小，而是表示完全对立的两个逻辑状态，可以是条件的有或无、事件的发生或不发生、灯的亮或灭、开关的通或断、电压的高或低等。根据与逻辑的定义，若用“1”表示灯亮，“0”表示灯灭；用“1”表示开关闭合状态，“0”表示开关断开状态，则可以得到与逻辑的运算规则：

$0 \cdot 0 = 0$　　$1 \cdot 0 = 0$

$0 \cdot 1 = 0$　　$1 \cdot 1 = 1$

（2）二极管与门电路

二极管与门电路如图 5—1—3 所示。

1）工作原理　数字电路中的信号通常只有高电平和低电平两种状态。图 5—1—3 所示电路中，V_A、V_B是两个输入信号，设高电平 $V_H = 3$ V，低电平$V_L = 0.3$ V，如忽略二极管导通时的管压降，则 A、B 两个输入端共有如下 4 种不同的输入情况：

①$V_A = V_B = 0.3$ V 时，V1 管、V2 管均导通，输出电位 $V_Y = 0.3$ V。

②$V_A = 0.3$ V，$V_B = 3$ V 时，V1 管两端所承受的正向电压大而优先导通，V_Y被箝位于 0.3 V，V2 管反偏截止。此时，输出电位 $V_Y = 0.3$ V。

③$V_A = 3$ V，$V_B = 0.3$ V 时，情况与②类似，此时 V2 管导通，V1 管截止，输出电位 $V_Y = 0.3$ V。

④$V_A = 3$ V，$V_B = 3$ V 时，V1 管、V2 管均导通，输出电位 $V_Y = 3$ V。

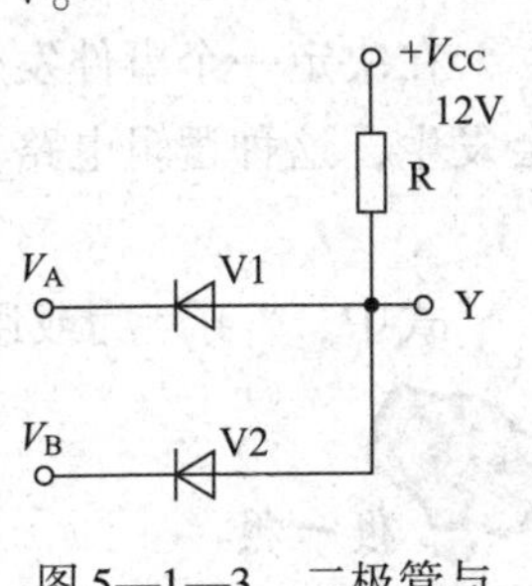

图 5—1—3　二极管与门电路

由上述分析结果可得表 5—1—1。由表可看出：只有当输入信

号 V_A、V_B均为高电平时，该电路的输出 V_Y才是高电平。因此，这个二极管电路对输出获得高电平而言，输入信号与输出信号之间具有与逻辑关系，是一个与门电路。

2）真值表和逻辑表达式　如果用“1”表示高电平，“0”表示低电平，用字母 A、B 来表示输入信号，字母 Y 表示输出信号，则表 5—1—1 可改写成表 5—1—2。这种用 1 和 0 表示所有可能的输入状态的取值和相应的输出状态的取值所组成的表格称为真值表。由表 5—1—2 可以归纳出与门的逻辑功能为：“有 0 出 0，全 1 出 1”。

与门的逻辑表达式为：Y = AB

表 5—1—1　二极管与门输入、输出关系表

V_A（V）	V_B（V）	V_Y（V）
0. 3	0. 3	0. 3
0. 3	3	0. 3
3	0. 3	0. 3
3	3	3

表 5—1—2　与门的真值表

A	B	Y
0	0	0
0	1	0
1	0	0
1	1	1

3）与门逻辑符号　图 5—1—4 所示是两输入的与门逻辑符号。

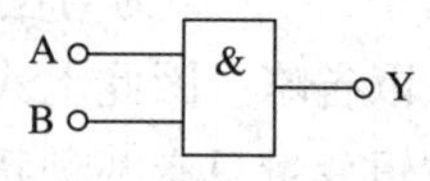

图 5—1—4　与门逻辑符号

根据与门的逻辑功能，你能画出与门的输入、输出波形吗？

由图 5—1—5 可见，与门电路具有控制作用，就像一个开关，当控制端 A = 1 时，允许 B 端信号通过。

2. 或逻辑和或门

（1）或逻辑　如果把图 5—1—2 中的开关 A、B 改为并联再和电灯连接起来，就可以得到如图 5—1—6 所示电路。

显然，灯亮的条件是，只要开关 A 或 B 有一个闭合即可。所以这种灯亮与开关闭合的关系是“或”逻辑，因此或逻辑可概括为：

在决定一个事件发生的几个条件中，只要其中一个或者一个以上的条件成立，事件就会发生，这种逻辑电路关系称为或逻辑关系。或逻辑可以表示为：

$$Y = A + B$$

式中，“ + ”为或逻辑运算符号，A + B 读成“A 或 B”。

你可以举一些生活中或逻辑关系的实例吗？

（2）二极管或门电路　或门的逻辑符号如图 5—1—7 所示。二极管组成的或门电路如图 5—1—8 所示。

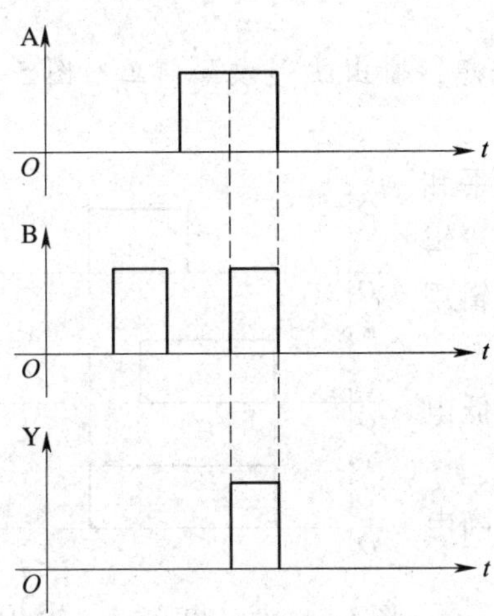

图 5—1—5　与门电路的控制作用波形

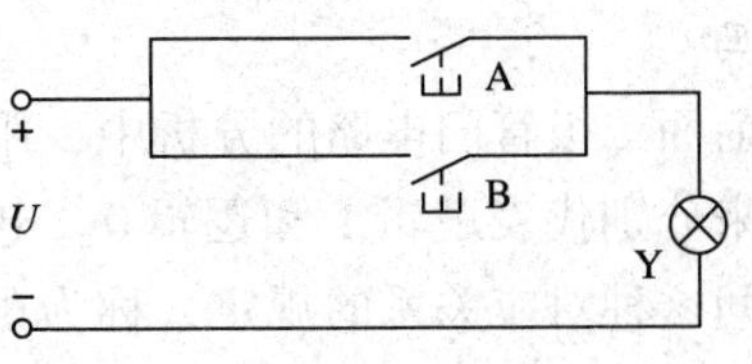

图 5—1—6　开关控制或门电路

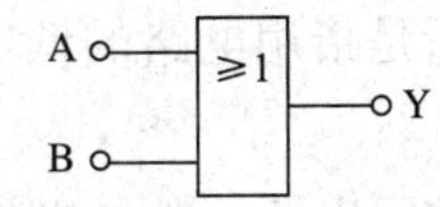

图 5—1—7　或门的逻辑符号

1）工作原理

当 $V_A = V_B = 0.3$ V 时，V1、V2 均导通，输出电位 $V_Y = 0.3$V。

当 $V_A = 0.3$ V，$V_B = 3$ V 时，V2 两端承受正向电压大而优先导通，V_Y被箝位于 3V，V1 因反偏而截止，此时输出电位 $V_Y = 3$ V。

当 $V_A = 3$ V，$V_B = 0.3$ V 时，V1 导通，V2 截止，输出电位 $V_Y = 3$ V。

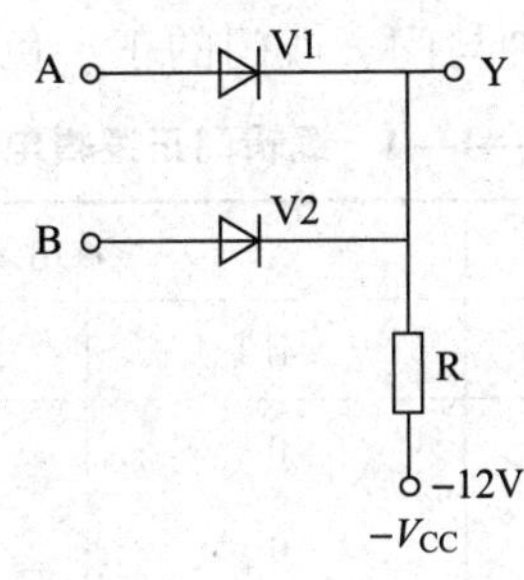

图 5—1—8　二极管组成的或门电路

当 $V_A = 3$ V，$V_B = 3$ V 时，V1、V2 均导通，输出电位 $V_Y = 3$ V。

由以上分析可知，这个电路只要输入信号有一个或一个以上为高电平，电路的输出就是高电平。因此，图 5—1—8 所示电路就输出获得高电平而言，是一个或门。

2）真值表和逻辑表达式　由或门电路的输入、输出关系可得或门电路的真值表，见表 5—1—3。由表 5—1—3 可将或门逻辑功能归纳为：“有 1 出 1，全 0 出 0”。

或门的逻辑表达式为：Y = A + B

表 5—1—3　　或门的真值表

A	B	Y
0	0	0
0	1	1
1	0	1
1	1	1

观察如图5—1—9所示的或门输入波形，想一想，输出波形该如何画？图5—1—9中画对了吗？

在前面二极管门电路的分析中，用电路的高电平和低电平来分别代表逻辑1和逻辑0。电路的电平和逻辑取值之间这种对应关系的规定，称为逻辑规定。逻辑规定分为正逻辑和负逻辑。

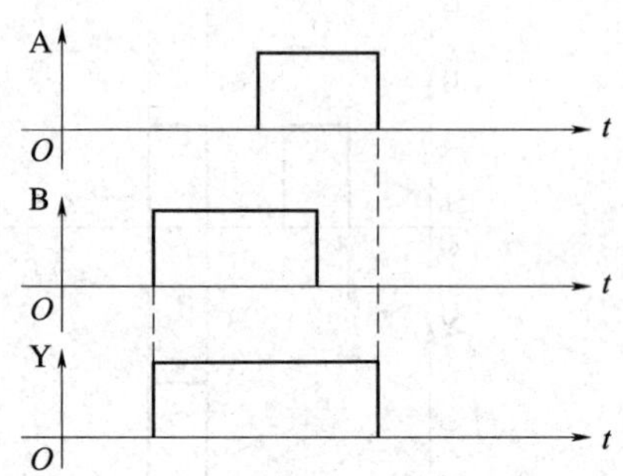

图5—1—9 或门输入、输出的波形图

所谓正逻辑是指用电路的高电平代表逻辑1，低电平代表逻辑0。

所谓负逻辑是指用电路的低电平代表逻辑1，高电平代表逻辑0。

对于一个数字电路，既可以采用正逻辑，也可以采用负逻辑。同一电路，如果采用不同的逻辑规定，那么电路所实现的逻辑运算可能是不同的。各种与门、或门的正、负逻辑电平关系见表5—1—4和表5—1—5。

表5—1—4 逻辑门正逻辑电平关系表

输入	输出	
A B	与门	或门
0 0	0	0
0 1	0	1
1 0	0	1
1 1	1	1

表5—1—5 逻辑门负逻辑电平关系表

输入	输出	
A B	与门	或门
0 0	0	0
0 1	1	0
1 0	1	0
1 1	1	1

比较表5—1—4和表5—1—5，可以看出：正逻辑与门和负逻辑或门相对应；正逻辑或门和负逻辑与门相对应。对于同一与门电路，采用正逻辑，电路实现与运算；而采用负逻辑，电路实现或运算。

通常情况下采用正逻辑，以后不再说明。

3. 非逻辑和非门

(1) 非逻辑 图5—1—10所示开关控制电路中，要使电灯亮，开关A必须断开，所以这个电路就电灯亮与开关闭合而言符合非逻辑关系。故非逻辑可概括为：

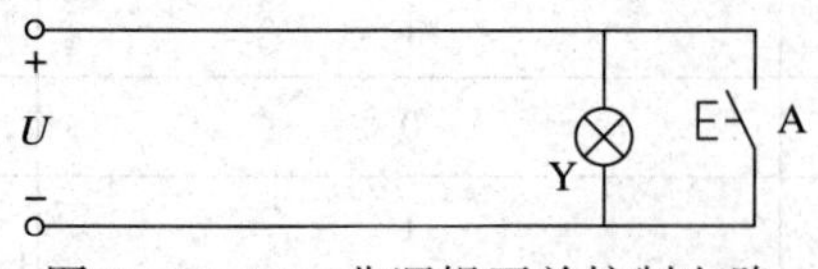

图5—1—10 非逻辑开关控制电路

在事件中，结果总是和条件呈相反状态，这种逻辑关系称为非逻辑关系。逻辑变量 A 的非逻辑可以表示为：$Y=\overline{A}$。

式中，“－”为非逻辑运算符号，$\overline{A}$ 读成“A 非”。

（2）非门　三极管非门电路如图 5—1—11 所示，三极管工作在饱和或截止状态。图中，u_i为输入信号，u_o为输出信号，R_K为限流电阻，偏置电源 $-V_{BB}$和偏置电阻 R_B是为了保证输入为低电平时三极管能可靠截止而设置的。

1）当 u_i为低电平时：

$-V_{BB}$通过 R_K和 R_B分压后加到三极管基极上，使 $U_{BE}<0$，三极管 V 可靠截止，输出 u_o为高电平，此时输出 $u_o \approx V_{CC}$。

2）当 u_i为高电平时：

适当选取电路组件参数，使 $I_B>I_{BS}$，三极管 V 饱和导通，输出 u_o为低电平，此时 $u_o \approx 0.3$ V。

由以上分析可知，图 5—1—11 所示电路的输出电平与输入电平总是相反的，实现了非逻辑关系，所以是非门。三极管非门的输入、输出波形如图 5—1—12 所示。由于输出信号与输入信号反相，所以也称图 5—1—11 所示电路为反相器。

非门电路只有一个输入端 A，其真值表见表 5—1—6。其逻辑符号如图 5—1—13 所示。

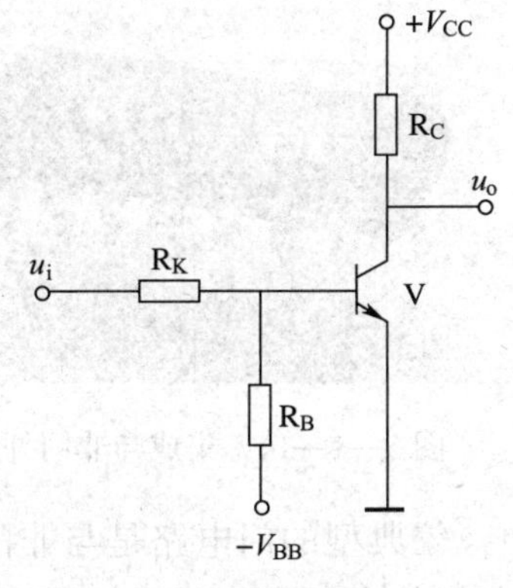

图 5—1—11　三极管非门电路

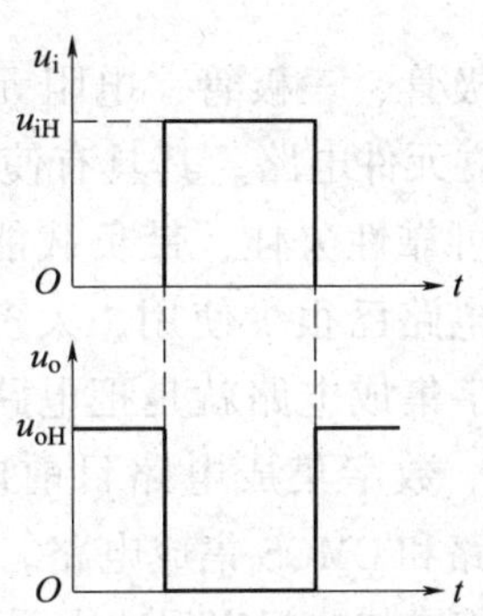

图 5—1—12　三极管非门的输入、输出波形

表 5—1—6　非门电路的真值表

A	Y
0	1
1	0

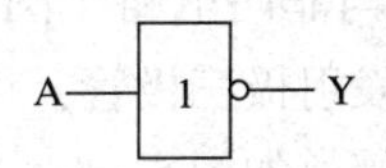

图 5—1—13　非门电路逻辑符号

非门的逻辑功能为：

输入低电平时，输出为高电平；输入高电平时，输出为低电平。

非门的逻辑表达式为：$Y=\overline{A}$。

二、复合逻辑门电路

将三种基本逻辑门电路进行适当的组合，就可以构成“与非”门和“或非”门等复合逻辑门电路，见表5—1—7。

表5—1—7　　与非门和或非门复合逻辑门电路

名称	逻辑结构	逻辑符号	逻辑表达式
与非门	A、B → & → 1 ○— Y	A、B → & ○— Y	$Y=\overline{AB}$
或非门	A、B → ≥1 → 1 ○— Y	母、民 → 『弘 ○— 巨	$Y=\overline{A+B}$

想一想

根据已学的与门和或门知识，列出与非门和或非门的真值表，并总结概括它们的逻辑功能。

三、集成逻辑门电路

图5—1—14　集成与非门外形

上述用二极管、三极管、电阻元件等组装而成的门电路，称为分立元件电路。其具有使用元件多、体积大、工作效率低、可靠性欠佳、带负载能力差等缺点，所以目前分立元件电路已很少使用，大多被数字集成电路所替代。所谓数字集成电路就是把电路元件都制作在一块芯片上的电路。数字集成电路目前应用较多的有两类：即TTL集成电路和CMOS集成电路。在集成逻辑门电路中，较典型的门电路是与非门。本任务就是采用集成与非门实现表决器的逻辑功能。集成与非门外形如图5—1—14所示。

1. TTL与非门

（1）TTL与非门电路　图5—1—15所示是常用的TTL与非门电路及其逻辑符号。

VT1是多发射极三极管，可把它的集电结看成一个二极管，而把发射结看成与前者背靠背的几个二极管，如图5—1—16所示。可见，VT1的作用和二极管与门的作用完全相似。

（2）TTL与非门电路的工作原理

1）输入端不全为高电平的情况　当输入端中有一个或几个为低电平（约为0.3 V）时，则VT1的基极与输入低电平发射极间处于正向偏置，VT1的基极电位 $V_{B1}\approx 0.3+0.7=1$ V，它不足以向VT2提供正向基极电流，所以VT2管截止，以致VT5管也截止。在VT2管处于截止状态下，电源将通过电阻R2使三极管VT3和VT4导通，所以输出端的电位为：

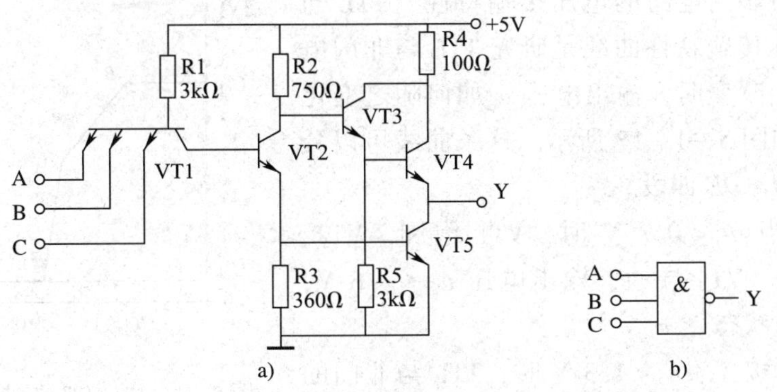

图 5—1—15　常用的 TTL 与非门电路及其逻辑符号

a）TTL 与非门电路　b）与非门逻辑符号

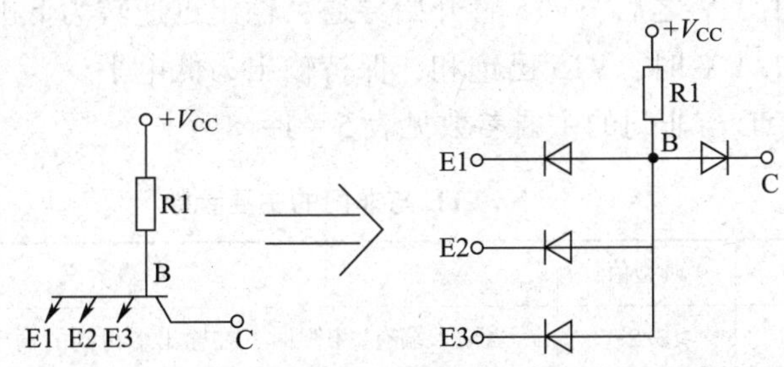

图 5—1—16　集成电路中的多发射极三极管

$$V_Y = V_{CC} - I_{B3}R_2 - U_{BE3} - U_{BE4}$$

因为 I_{B3} 很小，可以忽略不计，于是

$$V_Y \approx V_{CC} - U_{BE3} - U_{BE4} = 5 - 0.7 - 0.7 = 3.6\ \text{V}$$

即输出为高电平。

2）输入端全为高电平的情况　当输入端均接高电平（约为 3.6 V），即 $V_A = V_B = V_C = 3.6$ V 时，VT1 管的基极电位升高，当 V_{B1} 达到 2.1 V 时，就会使 VT1 管的 B1 – C1 结、VT2 管的 B2 – E2 结和 VT5 管的 B5 – E5 结这三个 PN 结正向导通，VT1 管的基极电位 V_{B1} 被箝制在 2.1 V，不再升高。VT2 管的饱和导通使 VT2 管集电极电位值

$$V_{C2} = V_{E2} + U_{CE2} = V_{B5} + U_{CE2} \approx 0.7\ \text{V} + 0.3\ \text{V} = 1\ \text{V}$$

此即 VT3 的基极电位，所以 VT3 可以导通。

VT3 管的发射极电位

$$V_{E3} \approx 1\ \text{V} - 0.7\ \text{V} = 0.3\ \text{V}$$

此即 VT4 管的基极电位，而 VT4 管的发射极电位也为 0.3 V，因此 VT4 管截止。

输出端的电位为：$V_Y = 0.3$ V

即输出为低电平。

所以图 5—1—15a 所示电路的输入、输出关系符合与非逻辑，该电路是一个与非门。其逻辑表达式为：$Y = \overline{ABC}$。

(3) TTL与非门电路的电压传输特性　TTL与非门电路的电压传输特性曲线是研究TTL与非门电路的输入电压 u_i 改变时，输出电压 u_o 如何随之变化的特性曲线，如图5—1—17所示。这条曲线可以分成 *AB*、*BC*、*CD*、*DE* 四段。

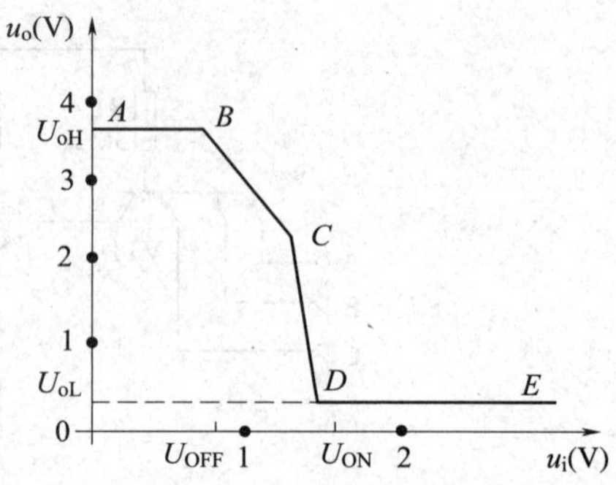

图5—1—17　TTL与非门电路的电压传输特性曲线

AB 段——当 $u_i < 0.7$ V 时，VT1 饱和，VT2、VT5 截止，VT3、VT4 导通，输出电压 $u_o \approx 3.6$ V，与非门处于截止状态。

BC 段——$0.7\ \text{V} \leqslant u_i < 1.3$ V 时，TTL与非门的VT2管开始导通，VT2管的集电极电位 V_{C2} 下降，输出电压 u_o 随输入电压 u_i 的增大而线性地减小。

CD 段——当 $u_i \geqslant 1.3$ V 之后，VT5管开始导通，输出迅速转为低电平，$u_o \approx 0.3$ V。

DE 段——当 $u_i \geqslant 1.4$ V 时，VT5已饱和，保持输出为低电平。

(4) 主要参数　TTL与非门的主要参数见表5—1—8。

表5—1—8　TTL与非门的主要参数

参数名称	符号	典型值	参数含义
输出高电平	U_{oH}	≥3.2 V	当输入端有“0”时，在输出端得到的输出电平
输出低电平	U_{oL}	≤0.35 V	当输入端全为“1”时，在输出端得到的输出电平
开门电平	U_{ON}	≤1.8 V	在额定负载条件下，使输出为“0”（VT4管饱和导通，即开门）所需的最小输入高电平值
关门电平	U_{OFF}	≥0.8 V	在额定负载条件下，使输出为“1”（VT4管截止，即关门）所需的最大输入低电平值
扇出系数	N	≥8	正常工作时能驱动的同类门的数目，也叫负载能力
平均传输延迟时间	t_{pd}	≤40 ns	$t_{pd}=\frac{t_{pHL}+t_{pLH}}{2}$ 其中，t_{pHL} 表示输出电压由1跳变到0时的传输延迟时间，t_{pLH} 表示输出电压由0跳变到1时的传输延迟时间

1) 平均传输延迟时间 t_{pd} 越小，电路的开关速度越高。

2) 在使用TTL集成门电路时，应注意电源电压在标准值5×(1+10%) V的范围内。为防止外界干扰的影响，集成门电路的多余输入端不允许悬空，应根据逻辑要求或接电源 V_{CC}（与门），或接地（或门），或与其他输入端连接。

2. 集电极开路与非门（OC门）

（1）OC门的结构和逻辑符号　如图5—1—18a所示，由于输出管VT4悬空，所以把这种电路称为集电极开路与非门（OC门），用图5—1—18b所示符号表示。

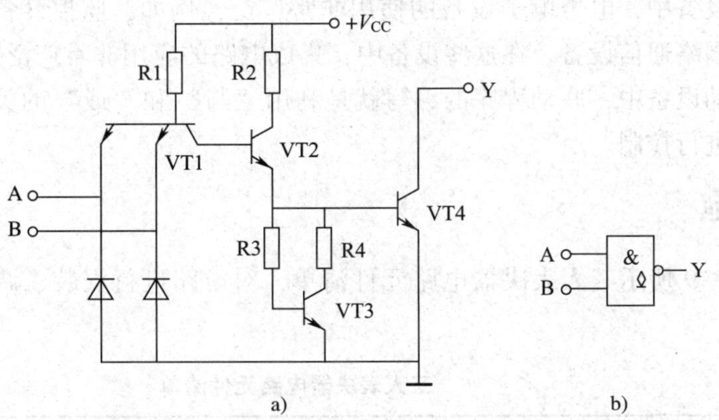

图5—1—18　集电极开路与非门（OC门）

a）电路　b）逻辑符号

（2）OC门的应用　在使用单个OC门时，应在输出端与电源端间接外接电阻R，如图5—1—19a所示，这时仍为与非逻辑关系（$Y=\overline{AB}$）。在使用多个OC门时，可将它们并联使用，共用一个外接电阻R，这时能实现并联输出端相与的功能，这种靠线的连接形成与功能的方式称为线与连接，如图5—1—19b所示。

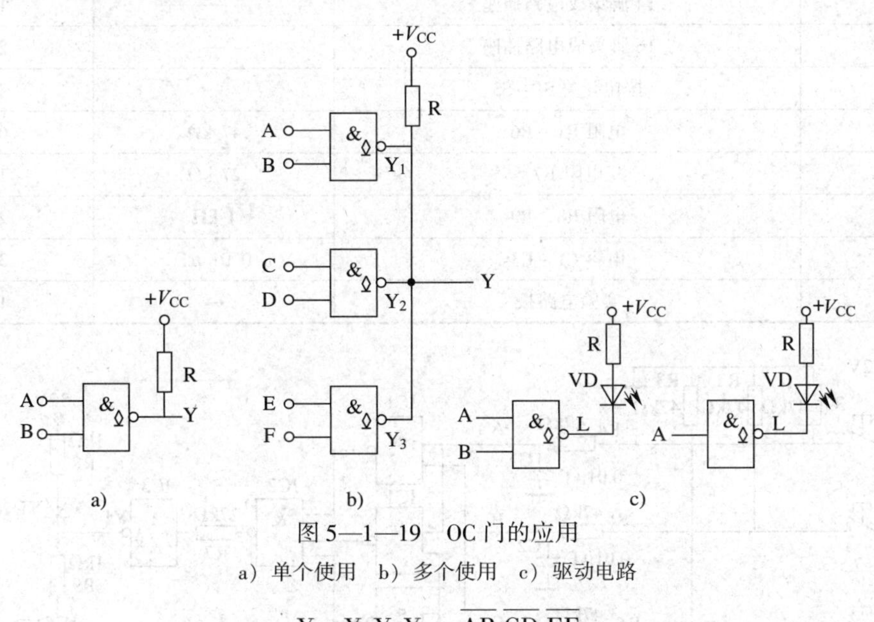

图5—1—19　OC门的应用

a）单个使用　b）多个使用　c）驱动电路

$$Y=Y_1Y_2Y_3=\overline{AB}\,\overline{CD}\,\overline{EF}$$

在实际应用中，OC门还可作为驱动电路，如图5—1—19c所示为OC门驱动发光二极管VD的接口电路。当OC门全高出低时，有较大的电流从V_{CC}经电阻R、发光二极管VD到

OC 门输出端 L，发光二极管 VD 发亮。当 OC 门有低出高时，发光二极管不亮。一个输入端的与非门相当于非门，如图 5—1—19c 所示，一位数字比较器中的驱动电路就是用的 OC 门。

四、门电路在智能楼宇设备中的应用

在智能楼宇设备中，电力电子设备的使用非常广泛，例如，监控设备、门禁设备、安全布防设备以及网络通信设备。在这些设备中，集成电路的应用非常广泛，尤其是门电路。例如，在消防联动设备中，联动程序的编写就是利用“与”和“或”的关系，对各种探测设备及报警装置进行控制。

任务实施

根据表 5—1—9 所示三人表决器电路元件清单，对电路进行安装、调试，并观察其工作情况。

表 5—1—9　　三人表决器电路元件清单

电路名称	三人表决器电路（见图 5—1—20）		
序号	名称	规格	数量
1	红发光二极管 VD1	—	1 只
2	绿发光二极管 VD2	—	1 只
3	双四输入与非门 IC1、IC2	CD4012	2 个
4	OC 门 IC3	ULN2003AN	1 个
5	14 脚集成电路插座	—	1 个
6	16 脚集成电路插座	—	2 个
7	按钮开关 S1 ~ S3	—	3 个
8	电阻 R1 ~ R6	47 kΩ	6 只
9	电阻 R7	27 kΩ	1 只
10	电阻 R8、R9	1 kΩ	2 只
11	电容 C1 ~ C3	0.01 μF	3 只
12	实验电路板	—	1 块

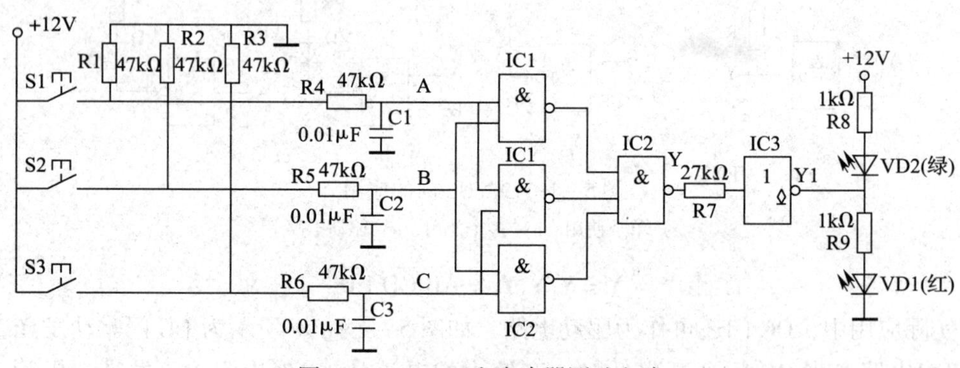

图 5—1—20　三人表决器测试电路

1. 识别集成电路

（1）与非门　CD4012 为双四输入与非门，其外形如图 5—1—14 所示，引脚排列图如图 5—1—21 所示。

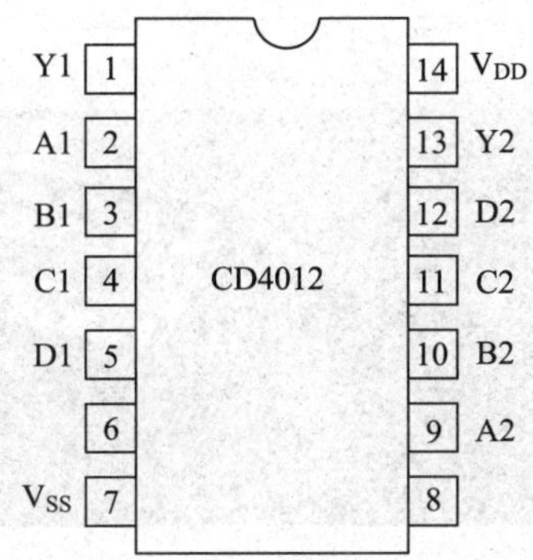

图 5—1—21　CD4012 引脚排列图

V_{DD}——电源端

V_{SS}——地

A1、B1、C1、D1——第一个与非门的输入

Y1——第一个与非门的输出

A2、B2、C2、D2——第二个与非门的输入

Y2——第二个与非门的输出

（2）OC 门　ULN2003AN 外形图如图 5—1—22 所示，ULN2003AN 引脚排列图如图 5—1—23 所示。

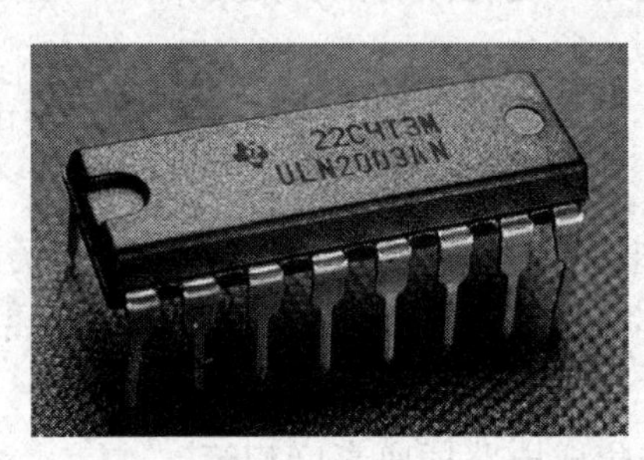

图 5—1—22　ULN2003AN 外形图

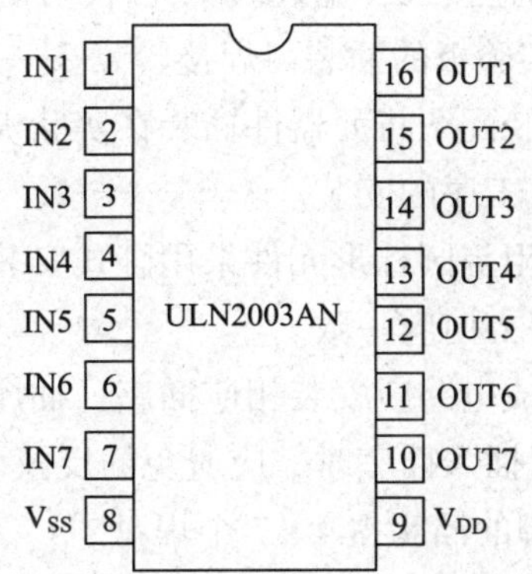

图 5—1—23　ULN2003AN 引脚排列图

IN1——第一个门的输入

OUT1——第一个门的输出

IN2、IN3、IN4、IN5、IN6——第二个、第三个、第四个、第五个、第六个门的输入

OUT2、OUT3、OUT4、OUT5、OUT6——第二个、第三个、第四个、第五个、第六个门

的输出

V_{DD}——电源端

V_{SS}——地

（3）集成电路插座　本任务中所用的 14 脚和 16 脚集成电路插座外形图如图 5—1—24 所示。

图 5—1—24　14 脚和 16 脚集成电路插座外形图

按表 5—1—9 所列元件明细核对元器件的数量、型号和规格，如有短缺、差错应及时补缺和更换。用万用表的电阻挡对元器件进行检测，更换不符合质量要求的元器件。

2. 装配电路

（1）画出装配图　根据电路原理图正确进行安装图的设计。以实验板为例，可以两面布线，以焊点一面为主，图中焊点、连接线、元器件都应是安装时的实际位置，实线表示焊点一面的连接线，虚线表示元件一面的连接线，连接线应平直，不能交叉。

（2）实验板的插装与焊接

1）按装配图将元器件插装在实验板上，安装原则是先低后高，先里后外，上道工序不得影响下道工序的安装。

2）电阻等圆柱形元件采用卧式安装，占用 4 个焊盘，紧贴板面安装。色标法电阻的色环标志顺序方向应一致。

3）集成电路应安装相应插座，插座的标记口方向应与实际的集成块标记口方向一致。将集成电路插入插座时，应避免插反及引脚未完全插入插座等现象。16 脚的插座占 4 ×8 个焊盘，14 脚的插座占 4 ×7 个焊盘。

4）发光二极管占用 2 个焊盘，引线脚高度与集成电路插座高度相等。

5）电容器引线脚高度为 3 mm。

6）导线连线在焊点面上拐弯时，采用直角形状，直角处用焊点固定。

7）按钮占用 3 ×4 个焊盘。

8）所有焊点均采用直脚焊，焊后剪去多余引脚。

安装好的电路板如图 5—1—25 所示。

图 5—1—25　表决器电路板

3. 测试步骤及要求

（1）电路安装完毕后，对照测试线路图和装配图进行检查，仔细检查电路中各元件是否安装正确，导线、焊点是否符合要求，有极性器件的安装连接是否正确。

（2）用万用表检测电源是否有短路问题，发现短路，应先检查，排除短路点。

（3）无误后，按集成电路标记口的方向插上集成电路，方可通电测试。

（4）测试要求：

设 S1、S2、S3 按下为“0”，未按下为“1”，按表 5—1—10 中的要求分别设置 S1、S2、S3 的状态，用万用表分别测量 A 点、B 点、C 点、Y1 点、Y 点的电位，将测量值填入表 5—1—10 中，并观察记录发光二极管的状态。

表 5—1—10　　测试记录表

S1	S2	S3	V_A　V_B　V_C	V_{Y1}　V_Y	发光二极管状态	
					VD1	VD2
0	0	0				
0	0	1				
0	1	0				
0	1	1				
1	0	0				
1	0	1				
1	1	0				
1	1	1				

想一想

根据测试记录，分析测量结果得出该电路的功能。

知识巩固

一、填空题

1. 利用二极管的________可作为开关元件，即二极管导通，相当于开关________；二极管截止，相当于开关________。

2. 在数字电路中，三极管被用作________元件，工作在特性曲线的________区或________区。

3. 数字逻辑电路中的三种基本逻辑关系是________、________和________，能实现这三种逻辑关系的电路分别是________、________和________。

4. 逻辑门的平均传输延迟时间越小，说明电路的________________。

5. ________门可以实现线与连接。

二、选择题

1. 符合“或”逻辑关系的表达式是（　　）。

A. 1+1=2　　B. 1+1=10　　C. 1+1=1

2. 能实现“有0出0，全1出1”逻辑功能的是（　　）。

A. 与门　　B. 或门　　C. 非门

3. 符合表5—1—11所示真值表的门电路是（　　）。

A. 非门　　B. 或门　　C. 与门

4. 能实现“有0出1，全1出0”逻辑功能的是（　　）。

A. 与门　　B. 或门

C. 与非门　　D. 或非门

5. 符合表5—1—12所示真值表的门电路是（　　）。

A. 与非门　　B. 或非门

C. 或门　　D. 与门

表5—1—11　真值表

A	B	Y
0	0	0
0	1	0
1	0	0
1	1	1

表5—1—12　真值表

A	B	Y
0	0	1
0	1	0
1	0	0
1	1	0

6．四输入端的 TTL 与非门，实际使用时如只用两个输入端，则其余的两个输入端都应（ ）。

A．接高电平 B．接低电平

C．悬空

三、已知某逻辑电路的输入、输出波形如图 5—1—26 所示，试写出它的真值表和逻辑函数式。

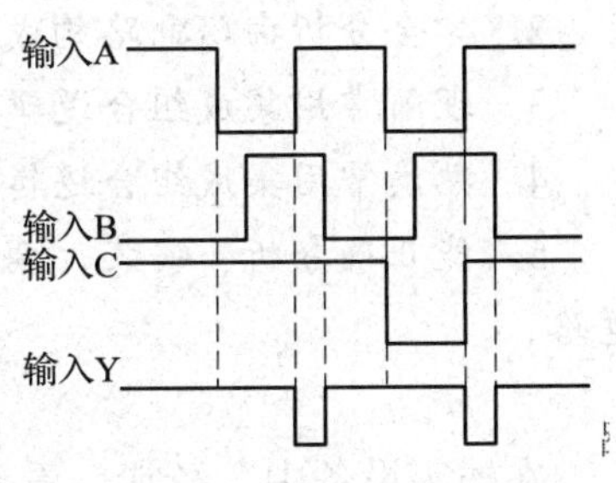

图 5—1—26

四、画波形题

1．图 5—1—27 所示为各门电路的输入信号波形，试画出各门电路的输出波形。

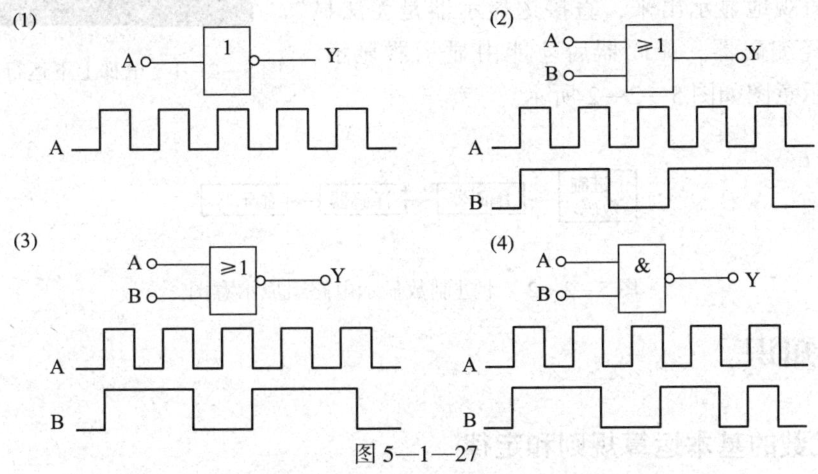

图 5—1—27

2．已知逻辑电路及 A 和 B 的输入波形如图 5—1—28 所示，请在（1）～（4）波形中选定输出 F 的波形。如果 B＝0，输出波形又如何？

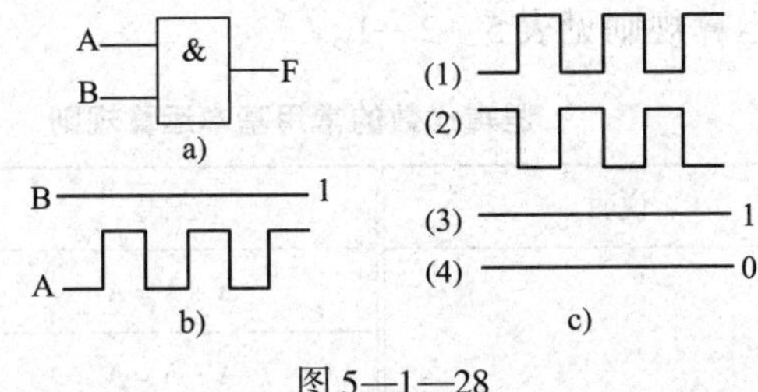

图 5—1—28

a）逻辑电路 b）A 和 B 的输入波形 c）输出 F 的波形

任务二 组合逻辑电路及其应用

任务要求

1．熟悉逻辑运算规则及定律，掌握逻辑函数的化简方法。

2．学会分析由门电路构成的组合逻辑电路的原理。

3．理解常用集成组合逻辑电路编码器、译码器和显示器等的概念。

4．熟悉常用集成组合逻辑电路编码器、译码器和显示器的功能，掌握其应用。

5．能正确分析、安装、调试和测量十进制数显示电路。

图 5—2—1　电梯上下运行的状态显示

在楼宇设备中，经常会看到十进制数显示，如图 5—2—1 所示的电梯上下运行的状态显示。如何把十进制数显示出来，这就是本任务要解决的问题。要想将十进制数直观地显示出来，直接送显示器是无法显示的，必须经编码器、译码器后才能由显示器显示。其电路组成示意图如图 5—2—2 所示。

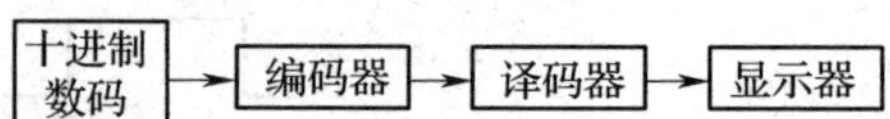

图 5—2—2　十进制数显示电路组成示意图

基础知识

一、逻辑代数的基本运算规则和定律

1．逻辑代数的基本运算规则

逻辑代数的常用基本运算规则见表 5—2—1。

表 5—2—1　**逻辑代数的常用基本运算规则**

<table>
<tr><th>公式</th><th>说明</th><th>公式</th><th colspan="2">说明</th></tr>
<tr><td>$A+0=A$</td><td rowspan="5">变量与常数关系</td><td>$A+A=A$</td><td rowspan="2">同一律</td><td rowspan="5">逻辑代数特殊的运算规则</td></tr>
<tr><td>$A\cdot 0=0$</td><td>$A\cdot A=A$</td></tr>
<tr><td>$A+1=1$</td><td>$A+\overline{A}=1$</td><td rowspan="2">互补律</td></tr>
<tr><td>$A\cdot 1=A$</td><td>$A\cdot\overline{A}=0$</td></tr>
<tr><td></td><td>$\overline{\overline{A}}=A$</td><td>还原律</td></tr>
</table>

2．逻辑代数的基本定律

逻辑代数的基本定律见表 5—2—2。

表 5—2—2　　逻辑代数的基本定律

名称	公式	
交换律	$A+B=B+A$	$A\cdot B=B\cdot A$
结合律	$(A+B)+C=A+(B+C)$	$(A\cdot B)\cdot C=A\cdot(B\cdot C)$
分配律	$A+B\cdot C=(A+B)\cdot(A+C)$	$A\cdot(B+C)=A\cdot B+A\cdot C$
反演律	$\overline{(A+B)}=\bar{A}\cdot\bar{B}$	$\overline{A\cdot B}=\bar{A}+\bar{B}$
吸收率	$AB+A\bar{B}=A$	$A+\bar{A}B=A+B$
冗余率	$AB+\bar{A}C+BC=AB+\bar{A}C$	

二、逻辑函数的化简

逻辑表达式的形式一般有 5 种，除了与或表达式外还有或与表达式、与非—与非表达式、或非—或非表达式、与或非表达式等，所以一个逻辑函数可以有不同的表达式。

对于一个逻辑函数而言，如果表达式是最简式，那么实现这个逻辑表达式的电路所需要的元件就是最少的，其功耗就小、可靠性就高。所以，对于一个逻辑电路，化简表达式得到最简式是十分重要的。

在逻辑函数的几种表达式中，与或表达式最常用，也容易转换成其他表达式，因此，下面着重讨论最简与或表达式。

最简与或表达式须满足的条件是：(1) 在不改变逻辑关系的情况下，乘积项的个数最少。(2) 每一个乘积项中变量的个数最少。

1. 并项法

利用公式 $A\cdot B+A\cdot C=A\cdot(B+C)$ 将两个乘积项合并为一项，合并后消去一个互补的变量。

例如：$A\bar{B}C+A\bar{B}\bar{C}=A\bar{B}(C+\bar{C})=A\bar{B}$

2. 吸收法

利用公式 $A+AB=A$ 吸收多余的乘积项。

例如：$\bar{A}B+\bar{A}BC=\bar{A}B$

3. 消去法

利用公式 $A+\bar{A}B=A+B$ 消去多余的因子。

例如：$\bar{A}+AC+B\bar{C}D=\bar{A}+C+B\bar{C}D=\bar{A}+C+BD$

4. 配项法

利用 $A=A(B+\bar{B})$ 可将某项拆成两项，然后再用上述方法进行化简。

[**例 5—2—1**]　$Y = A\bar{B} + B\bar{C} + \bar{B}C + \bar{A}B$

$= A\bar{B}(C + \bar{C}) + (A + \bar{A})B\bar{C} + \bar{B}C + \bar{A}B$

$= A\bar{B}C + A\bar{B}\bar{C} + AB\bar{C} + \bar{A}B\bar{C} + \bar{B}C + \bar{A}B$

$= (A + 1)\bar{B}C + A\bar{C}(\bar{B} + B) + \bar{A}B(\bar{C} + 1)$

$= \bar{B}C + A\bar{C} + \bar{A}B$

如果采用（$A + \bar{A}$）去乘$\bar{B}C$，用（$C + \bar{C}$）去乘$\bar{A}B$，然后化简，则得：

$$Y = A\bar{B} + B\bar{C} + \bar{A}C$$

可见，经代数法化简得到的最简与或表达式，有时不是唯一的。实际解题中，常会遇到比较复杂的逻辑函数，因此必须综合运用基本公式和常用公式，才能得到最简的结果。

[**例 5—2—2**]　已知逻辑函数的真值表（见表 5—2—3），试写出该函数的最简逻辑表达式。

表 5—2—3　　例 5—2—2 真值表

A	B	C	Y
0	0	0	0
0	0	1	0
0	1	0	0
0	1	1	1
1	0	0	0
1	0	1	1
1	1	0	1
1	1	1	1

解：1）由真值表写出逻辑函数表达式　把真值表中函数值等于 1 的变量组合写出来，变量值是 1 的写成原变量，是 0 的写成反变量。这样对应于函数值为 1 的每一个变量组合就可以写成一个乘积项，再把这些乘积项相加，便可得到相应的逻辑表达式：$Y = \bar{A}BC + A\bar{B}C + AB\bar{C} + ABC$。

2）化简逻辑函数

$Y = \bar{A}BC + A\bar{B}C + AB\bar{C} + ABC$

$= \bar{A}BC + A\bar{B}C + AB(\bar{C} + C)$

$= \bar{A}BC + A\bar{B}C + AB$

$= \bar{A}BC + A(\bar{B}C + B)$

$= \bar{A}BC + A(C + B)$

$= (\bar{A}B + A)C + AB$

$= (B + A)C + AB$

$= AB + BC + CA$

三、组合逻辑电路的分析

分析组合逻辑电路的步骤如下：

（1）根据组合逻辑电路的逻辑图，逐级写出逻辑函数的表达式。

（2）对表达式进行化简或变换，以得到最简函数表达式。

（3）根据最简函数表达式，列出真值表。

（4）分析真值表确定电路的逻辑功能。

[例5—2—3]　分析图5—2—3a所示逻辑电路的功能。

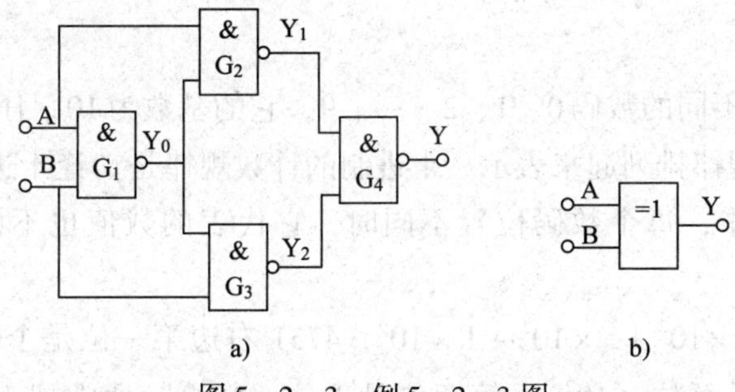

图5—2—3　例5—2—3图

a）逻辑电路图　b）“异或”门的图形符号

[解]（1）由逻辑电路图写出逻辑表达式　从输入端到输出端，依次写出各个门的逻辑函数表达式，最后写出输出变量Y的逻辑函数表达式：

G1门：$Y_0 = \overline{AB}$

G2门：$Y_1 = \overline{AY_0} = \overline{A \cdot \overline{AB}}$

G3门：$Y_2 = \overline{BY_0} = \overline{B \cdot \overline{AB}}$

G4门：$Y = \overline{Y_1 Y_2} = \overline{\overline{A \cdot \overline{AB}} \cdot \overline{B \cdot \overline{AB}}}$

$= \overline{\overline{A \cdot \overline{AB}}} + \overline{\overline{B \cdot \overline{AB}}}$

$= A \cdot \overline{AB} + B \cdot \overline{AB} = A(\bar{A} + \bar{B}) + B(\bar{A} + \bar{B})$

$= A\bar{A} + A\bar{B} + B\bar{A} + B\bar{B} = A\bar{B} + B\bar{A}$

（2）由逻辑函数表达式列出真值表（见表5—2—4）

表5—2—4　**“异或”门真值表**

A	B	Y
0	0	0
0	1	1
1	0	1
1	1	0

（3）分析逻辑功能 当输入端 A 和 B 不是同为“1”或“0”时，输出为“1”；否则，输出为“0”。这种电路称为“异或”门电路，其图形符号如图 5—2—3b 所示。逻辑表达式也写成 $Y = A\bar{B} + B\bar{A} = A \oplus B$。

将“异或”门取反，即“异或非”门电路称为“同或”门电路，其逻辑表达式写成 $Y = \overline{A\bar{B} + B\bar{A}} = A \odot B$。

四、几种常用数制

除了人们所熟知的十进制数之外，数字电路中还采用二进制数和十六进制数等。

1. 十进制

十进制数有 10 个不同的数码 0、1、2、…、9，它的基数为 10。任何一个十进制数都可用这十个数码按一定规律排列起来表示。十进制的计数规律是“逢十进一”。

在一个十进制数中，每个数码位置不同时，它代表的数值也不同。例如，十进制数 4751 可写成：

$4\,751 = 4 \times 10^3 + 7 \times 10^2 + 5 \times 10^1 + 1 \times 10^0$，4751 右边第一位是个位（$10^0$），第二位是十位（$10^1$），第三位是百位（$10^2$），第四位是千位（$10^3$）。通常把 10^3、10^2、10^1、10^0 称为对应数位的权，它是表示数码在数中处于不同位置时其数值的大小。

2. 二进制

二进制数只有 2 个数码：0 和 1，它的基数为 2，计数规律是“逢二进一”。一个二进制数也可以按权位展开，例如：

$$1101 = 1 \times 2^3 + 1 \times 2^2 + 0 \times 2^1 + 1 \times 2^0$$

式中，2^3、2^2、2^1、2^0 就是对应数位的权。可见，四位二进制数的权分别为 8、4、2、1。

3. 十六进制

采用二进制来表示数，通常位数很多、书写起来十分麻烦。例如，十进制数 116 写成二进制数为 1110100。数越大，书写起来越长。所以常采用十六进制数来表示二进制数。十进制数的表示也可推广到十六进制数。

十六进制数有 16 个数码：0、1、…、9、A、B、C、D、E、F，它的基数为 16，计数规律是“逢十六进一”。

五、编码器

把二进制数码 0 和 1 按一定的规律编排成一组组代码，并使每组代码具有一定的含义（如代表某个十进制数），就叫作编码。能完成编码的数字电路称为编码器。

1. 二—十进制编码器

将十进制数字0～9编成二进制代码的电路称为二—十进制编码器，也称为BCD码编码器。要对0～9这10个数字编码，至少需要4位二进制代码。而4位二进制数码有16种排列组合，从这16种组合中取出10种来表示0～9的取法有多种编排方式，其中常用的是8421BCD码。表5—2—5列出了8421BCD码的编码表。

表5—2—5　**8421BCD码的编码表**

十进制数	输入变量	输出
		Y_3 Y_2 Y_1 Y_0
0	I_0	0 0 0 0
1	I_1	0 0 0 1
2	I_2	0 0 1 0
3	I_3	0 0 1 1
4	I_4	0 1 0 0
5	I_5	0 1 0 1
6	I_6	0 1 1 0
7	I_7	0 1 1 1
8	I_8	1 0 0 0
9	I_9	1 0 0 1

由编码表可以得到：

$$Y_3 = I_8 + I_9$$

$$Y_2 = I_4 + I_5 + I_6 + I_7$$

$$Y_1 = I_2 + I_3 + I_6 + I_7$$

$$Y_0 = I_1 + I_3 + I_5 + I_7 + I_9$$

图5—2—4就是由上述逻辑表达式画出的8421BCD编码器。

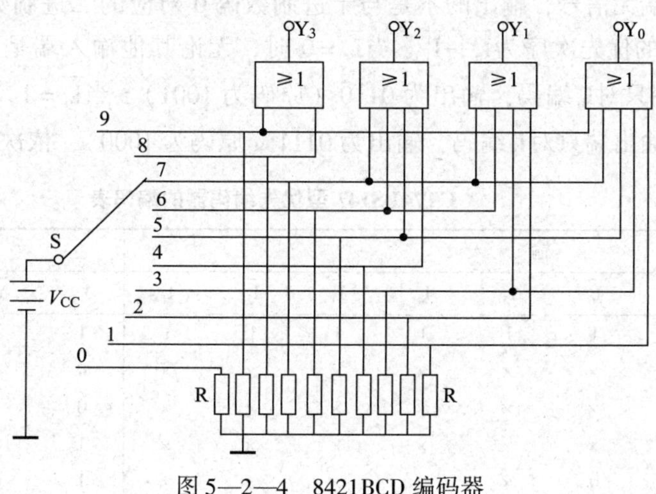

图5—2—4　8421BCD编码器

常用的集成 BCD 编码器有 LS/HC147、CC40147、74LS147 等。

2. 优先编码器

上述编码器每次只能对一个输入信号进行编码。但是，在实际应用中往往同时有多个信号输入编码器，这时编码器不可能对这些信号同时进行编码，而只能按信号的轻重缓急，即按输入信号的优先级别进行编码。具有这种功能的编码器就称为优先编码器。

本任务采用的就是 CT74LS147 型 10 线—4 线优先编码器，其外形图如图 5—2—5 所示，引脚排列图如图 5—2—6 所示，各引脚功能说明如下：

图 5—2—5　CT74LS147 型优先编码器外形图

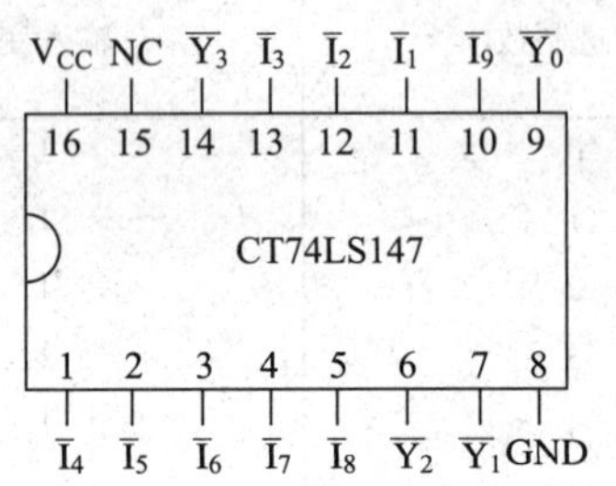

图 5—2—6　CT74LS147 型优先编码器引脚排列图

$\overline{I_1}$ ~ $\overline{I_9}$——9 个编码输入端，低电平有效。

$\overline{Y_0}$ ~ $\overline{Y_3}$——4 个编码输出端，输出为反码。

V_{CC}——电源

GND——地

NC——空脚

逻辑功能见表 5—2—6。由编码表可见，CT74LS147 型 10 线—4 线优先编码器有 9 个输入变量$\overline{I_1}$ ~ $\overline{I_9}$，4 个输出变量$\overline{Y_0}$ ~ $\overline{Y_3}$，它们都是反变量。输入的反变量对低电平有效，即有信号时，输入为“0”。输出的反变量组成反码，对应于 0 ~ 9 十个十进制数码。例如，表中第一行，所有输入端无信号，输出的不是与十进制数码 0 对应的二进制数 0000，而是其反码 1111。输入信号的优先次序为$\overline{I_9}$→$\overline{I_1}$。当$\overline{I_9}$ = 0 时，无论其他输入端是 0 或 1（表中 × 表示任意态），输出端只对$\overline{I_9}$编码，输出为 0110（原码为 1001）。当$\overline{I_9}$ = 1，$\overline{I_8}$ = 0 时，无论其他输入端为何值，输出端只对$\overline{I_8}$编码，输出为 0111（原码为 1000），依次类推。

表 5—2—6　**CT74LS147 型优先编码器的编码表**

输入									输出			
$\overline{I_9}$	$\overline{I_8}$	$\overline{I_7}$	$\overline{I_6}$	$\overline{I_5}$	$\overline{I_4}$	$\overline{I_3}$	$\overline{I_2}$	$\overline{I_1}$	$\overline{Y_3}$	$\overline{Y_2}$	$\overline{Y_1}$	$\overline{Y_0}$
1	1	1	1	1	1	1	1	1	1	1	1	1
0	×	×	×	×	×	×	×	×	0	1	1	0
1	0	×	×	×	×	×	×	×	0	1	1	1
1	1	0	×	×	×	×	×	×	1	0	0	0
1	1	1	0	×	×	×	×	×	1	0	0	1

续表

输入									输出			
$\overline{I_9}$	$\overline{I_8}$	$\overline{I_7}$	$\overline{I_6}$	$\overline{I_5}$	$\overline{I_4}$	$\overline{I_3}$	$\overline{I_2}$	$\overline{I_1}$	$\overline{Y_3}$	$\overline{Y_2}$	$\overline{Y_1}$	$\overline{Y_0}$
1	1	1	1	0	×	×	×	×	1	0	1	0
1	1	1	1	1	0	×	×	×	1	0	1	1
1	1	1	1	1	1	0	×	×	1	1	0	0
1	1	1	1	1	1	1	0	×	1	1	0	1
1	1	1	1	1	1	1	1	0	1	1	1	0

六、译码器和显示器

译码器的功能与编码器相反，它将具有特定含意的二进制代码按其原意“翻译”出来，并转换成相应的输出信号。这个输出信号可以是脉冲，也可以是电位。译码器也叫解码器。

1. 二—十进制译码器

将二—十进制代码译成十进制数码 0 ~9 的电路叫作二—十进制译码器。一个二—十进制代码有 4 位二进制代码，所以，这种译码器有 4 个输入端、10 个输出端，通常也叫作 4 线—10 线译码器。如图 5—2—7 所示是 8421BCD 码译码器的逻辑电路图，输出为低电平译码有效。

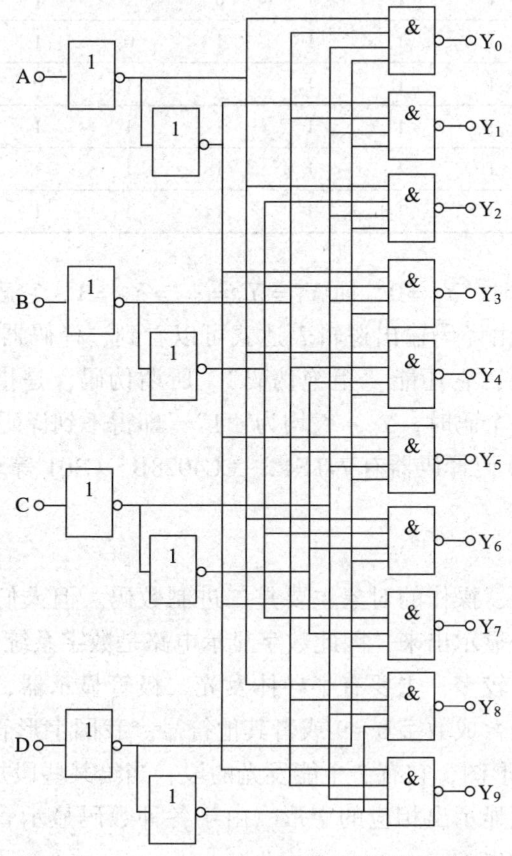

图 5—2—7　8421BCD 码译码器的逻辑电路图

由电路可以得到：

$$Y_0 = \overline{\overline{D}\,\overline{C}\,\overline{B}\,\overline{A}} \qquad Y_1 = \overline{\overline{D}\,\overline{C}\,\overline{B}A}$$

$$Y_2 = \overline{\overline{D}\,\overline{C}B\overline{A}} \qquad Y_3 = \overline{\overline{D}\,\overline{C}BA}$$

$$Y_4 = \overline{\overline{D}C\overline{B}\,\overline{A}} \qquad Y_5 = \overline{\overline{D}C\overline{B}A}$$

$$Y_6 = \overline{\overline{D}CB\overline{A}} \qquad Y_7 = \overline{\overline{D}CBA}$$

$$Y_8 = \overline{D\overline{C}\,\overline{B}\,\overline{A}} \qquad Y_9 = \overline{D\overline{C}\,\overline{B}A}$$

$Y_0 \sim Y_9$就是译码器的输出逻辑表达式。当 DCBA 分别为 0000 ~ 1001 这 10 个 8421BCD 码时，就可以得到如表 5—2—7 所示的译码器的真值表。

表 5—2—7　　8421BCD 码译码器真值表

D	C	B	A	Y_0	Y_1	Y_2	Y_3	Y_4	Y_5	Y_6	Y_7	Y_8	Y_9
0	0	0	0	0	1	1	1	1	1	1	1	1	1
0	0	0	1	1	0	1	1	1	1	1	1	1	1
0	0	1	0	1	1	0	1	1	1	1	1	1	1
0	0	1	1	1	1	1	0	1	1	1	1	1	1
0	1	0	0	1	1	1	1	0	1	1	1	1	1
0	1	0	1	1	1	1	1	1	0	1	1	1	1
0	1	1	0	1	1	1	1	1	1	0	1	1	1
0	1	1	1	1	1	1	1	1	1	1	0	1	1
1	0	0	0	1	1	1	1	1	1	1	1	0	1
1	0	0	1	1	1	1	1	1	1	1	1	1	0

例如，DCBA = 0000 时，$Y_0 = 0$，而 $Y_1 = Y_2 = \cdots = Y_9 = 1$，它表示 8421BCD 码“0000”译成的十进制数码为 0。由译码输出逻辑表达式可以看到，译码器除了能把 8421BCD 码译成相应的十进制数码之外，它还能“拒绝伪码”。所谓伪码，是指 1010 ~ 1111 这 6 个码。当输入该 6 个码中任意一个码时，$Y_0 \sim Y_9$均为“1”，即得不到译码输出，这就是拒绝伪码。

常用的集成 8421BCD 码译码器有 74LS42、CC4028B、C301 等。

2. 显示译码器

在数字系统中，运算、操作的对象主要是二进制数码。但人们往往希望把运算或操作的结果用十进制数直观地显示出来，因此数字显示电路是数字系统的一个重要组成部分。

数字显示器件的种类较多，主要有半导体发光二极管显示器、液晶显示器等。显示的字形是由显示器的各段组合成数字 0 ~ 9 或者其他符号。我国字形管标准为七段字形。如图 5—2—8 所示即为七段字形图，它有 7 个能发光的段，当给某些段加上一定的电压或驱动电流时，它就会发光，从而显示出相应的字形。由于各种数码显示管的驱动要求不同，驱动各种数码显示管的译码器也不同。

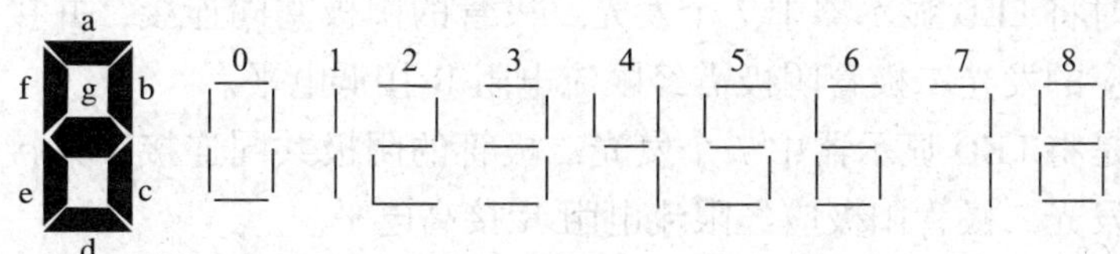

图5—2—8　七段显示器字形图

（1）常用的数码显示器

1）半导体发光二极管显示器（LED 数字显示器）　发光二极管与普通二极管的主要区别在于它导通时能发光，即外加正向电压时能发出醒目的光。发光二极管工作电压为 1.5 ~3 V，工作电流一般取 10 mA/段左右，既保证亮度适中，又不损坏器件。

LED 数字显示器又称数码管，它由七段发光二极管封装组成，而且排列成“日”字形，如图 5—2—9 所示，其外形图如图 5—2—10 所示。

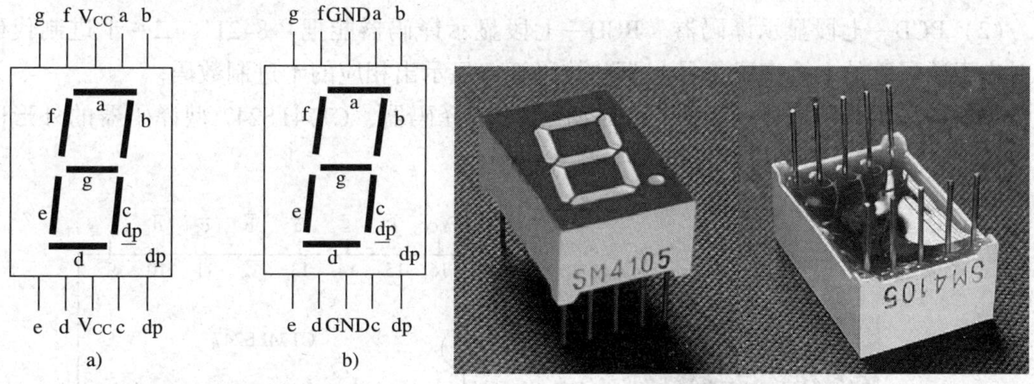

图 5—2—9　LED 数码管引脚

a）共阳极数码管　b）共阴极数码管

图 5—2—10　LED 数字显示器外形图

LED 数码管各引脚说明：

a、b、c、d、e、f、g——字形七段输入端

dp——小数点输入端

V_{CC}——电源端

GND——接地端

LED 数码管内部发光二极管的接法有两种：共阳极接法或共阴极接法，如图 5—2—11a、b 所示。

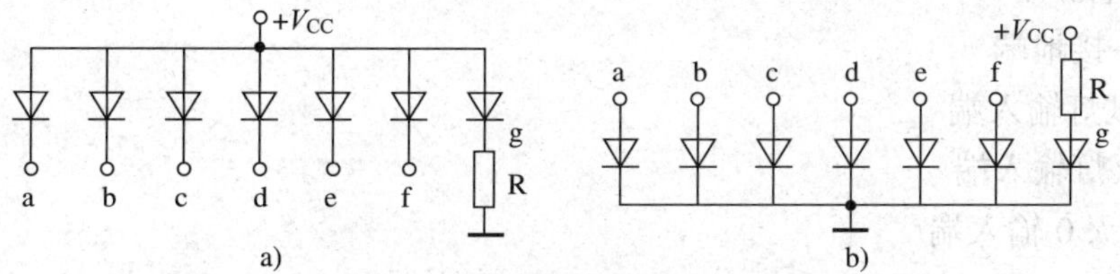

图 5—2—11　LED 数码管内部发光二极管的两种接法

a）共阳极接法　b）共阴极接法

共阳极接法时将 LED 显示器中 7 个发光二极管的阳极共同连接，并接到电源。若要某段发光，该段相应的发光二极管阴极需经限流电阻 R 接低电平。

共阴极接法是将 LED 显示器中 7 个发光二极管的阴极共同连接，并接地。若要某段发光，该段相应的发光二极管阳极应经限流电阻 R 接高电平。

2）液晶显示器　液晶显示器通常简称为 LCD。液晶是一种介于固体和液体之间的有机化合物。它和液体一样可以流动，但在不同方向上的光学特性不同，具有类似于晶体的性质，故称这类物质为液晶。

液晶显示器是一种新型平板薄型显示器件，它本身不发光，是用电来控制光在显示部位的反射和不反射（光被吸收）而实现显示的。正因为如此，LCD 工作电压低（2 ~ 6 V）、功耗小（1 μW/cm^2以下），能与 CMOS 电路匹配。LCD 显示柔和、字迹清晰、体积小、质量轻、可靠性高、使用寿命长，自 1968 年问世以来，其发展速度之快、应用之广，远远超过了其他发光型显示器件。

（2）BCD—七段显示译码器　BCD—七段显示译码器能把“8421”二—十进制代码译成对应于数码管的七个字段信号，驱动数码管，显示出相应的十进制数码。

本任务采用共阳极显示译码器 CT74LS247 型译码器，CT74LS247 型译码器的外形图如图 5—2—12 所示，引脚排列如图 5—2—13 所示。

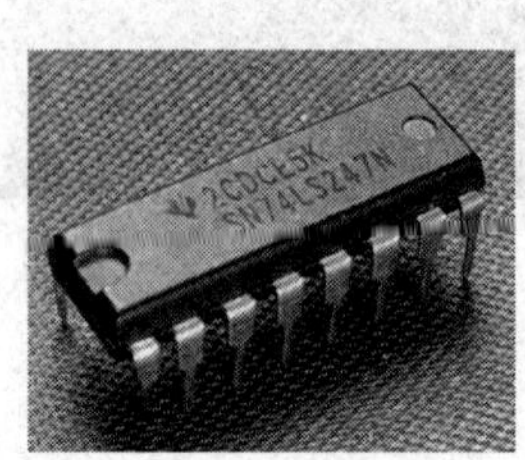

图 5—2—12　CT74LS247 型译码器外形图

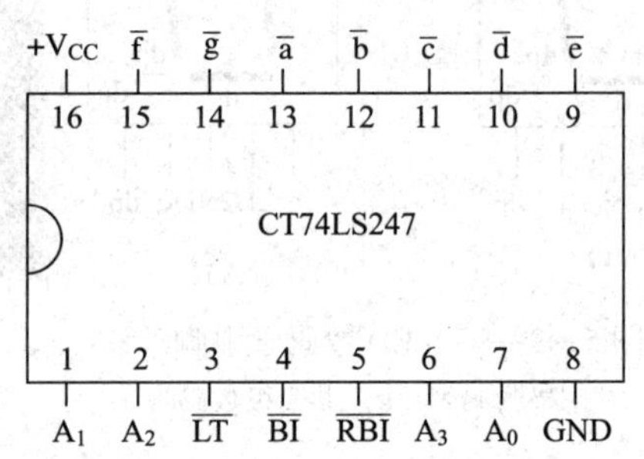

图 5—2—13　CT74LS247 型译码器的引脚排列图

各引脚说明如下：

A_3、A_2、A_1、A_0——8421BCD 码的 4 个输入端

$\overline{a}$、$\overline{b}$、$\overline{c}$、$\overline{d}$、$\overline{e}$、$\overline{f}$、$\overline{g}$——7 个输出端（低电平有效）

V_{CC}——电源端

GND——接地端

$\overline{LT}$——试灯输入端

$\overline{BI}$——灭灯输入端

$\overline{RBI}$——灭 0 输入端

A_3、A_2、A_1、A_0是 8421BCD 码输入端，$\overline{a}$、$\overline{b}$、$\overline{c}$、$\overline{d}$、$\overline{e}$、$\overline{f}$、$\overline{g}$为译码输出端，它们分别与七段显示器的各段相连接。当 $A_3A_2A_1A_0 = 0000$ 时，$a = b = c = d = e = f = 0$，只有 $g = 1$。

所以，七段显示器的 a、b、c、d、e、f 段分别发亮，而 g 段不亮，七段显示器显示“0”。当 $A_3A_2A_1A_0=0001$ 时，$b=c=0$，而 $a=d=e=f=g=1$，七段显示器的 b、c 发亮，而 a、d、e、f、g 不亮，七段显示器显示“1”。依次类推，就可以得到表 5—2—8 所示的 CT74LS247 型译码器的功能表。

表 5—2—8　　CT74LS247 型译码器的功能表

功能和十进制数	输入							输出笔画段状态							显示字符
	$\overline{LT}$	$\overline{RBI}$	$\overline{BI}$	A_3	A_2	A_1	A_0	$\overline{a}$	$\overline{b}$	$\overline{c}$	$\overline{d}$	$\overline{e}$	$\overline{f}$	$\overline{g}$	
试灯	0	×	1	×	×	×	×	0	0	0	0	0	0	0	8
灭灯	×	×	0	×	×	×	×	1	1	1	1	1	1	1	
灭 0	1	0	1	0	0	0	0	1	1	1	1	1	1	1	
0	1	1		0	0	0	0	0	0	0	0	0	0	1	0
1	1	×		0	0	0	1	1	0	0	1	1	1	1	1
2	1	×		0	0	1	0	0	0	1	0	0	1	0	2
3	1	×		0	0	1	1	0	0	0	0	1	1	0	3
4	1	×		0	1	0	0	1	0	0	1	1	0	0	4
5	1	×		0	1	0	1	0	1	0	0	1	0	0	5
6	1	×		0	1	1	0	0	1	0	0	0	0	0	6
7	1	×		0	1	1	1	0	0	0	1	1	1	1	7
8	1	×		1	0	0	0	0	0	0	0	0	0	0	8
9	1	×		1	0	0	1	0	0	0	0	1	0	0	9

想一想

本任务中的 LED 数码管应采用什么类型的?

常用的共阴极显示译码器有：74LS347、74LS48、74LS49、CD4056、CC4511、CC14513、MC14544 等。

常用的共阳极显示译码器有：74LS247、74LS248、74LS249、74LS47、74LS447 等。

常用的液晶显示译码器有：C306、CC4055、CC14543 等。

七、组合逻辑电路在智能楼宇设备中的应用

组合逻辑电路在智能楼宇设备中的应用较广，就如本任务所要安装的十进制显示电路，其普遍应用于智能大楼中的电梯楼层数字显示，或者智能小区立体车库停车位数量的显示，以及门禁对讲呼叫住户的门牌号码显示，如图 5—2—14 所示。

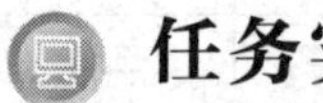

任务实施

根据表 5—2—9 所示十进制显示电路元件清单进行电路的安装、测试，观察电路的运行情况，并将运行结果记录下来。

图 5—2—15 所示为十进制编码、译码及显示电路的测试电路。

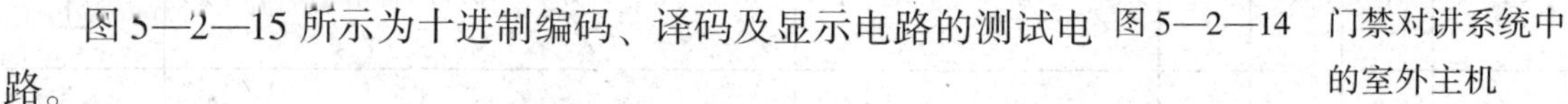

图 5—2—14　门禁对讲系统中的室外主机

表 5—2—9　　十进制显示电路元件清单

电路名称	十进制显示电路（见图 5—2—15）		
序号	名称	规格	数量
1	LED 数码管 IC1	BS204	1 个
2	显示译码器 IC2	CT74LS247	1 个
3	六反相器 IC3	CD4069	1 个
4	10 线—4 线优先编码器 IC4	CT74LS147	1 个
5	16 脚集成电路插座	—	2 个
6	14 脚集成电路插座	—	1 个
7	按钮开关 S0 ~ S9	—	10 个
8	电阻 R1 ~ R7	510Ω	7 只
9	电阻 R8 ~ R17	1k Ω	10 只
10	实验电路板	—	1 块

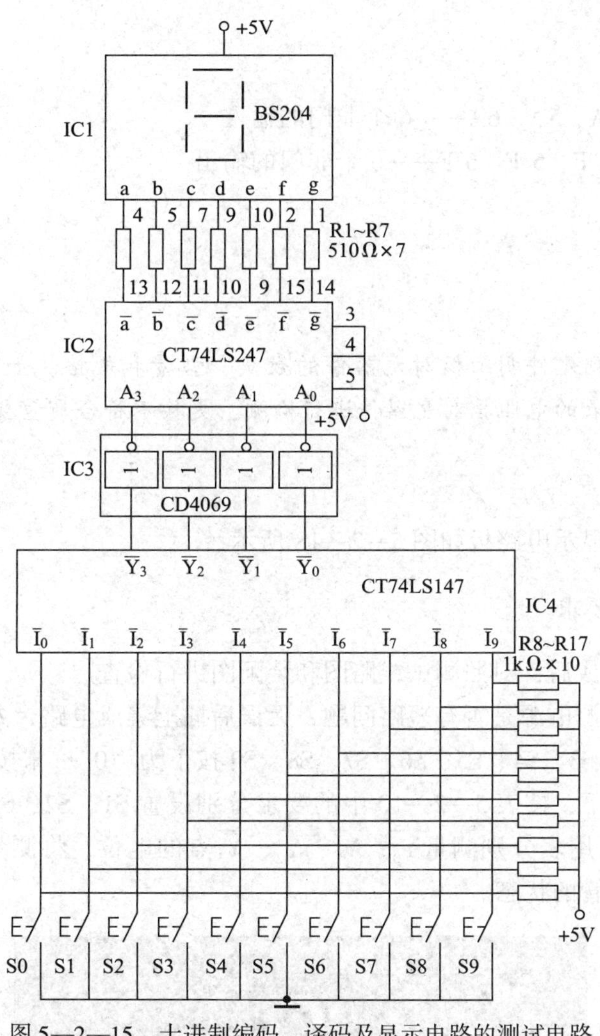

图 5—2—15　十进制编码、译码及显示电路的测试电路

1．识别集成电路

CD4069 六反相器外形图如图 5—2—16 所示，CD4069 六反相器引脚排列图如图 5—2—17 所示。

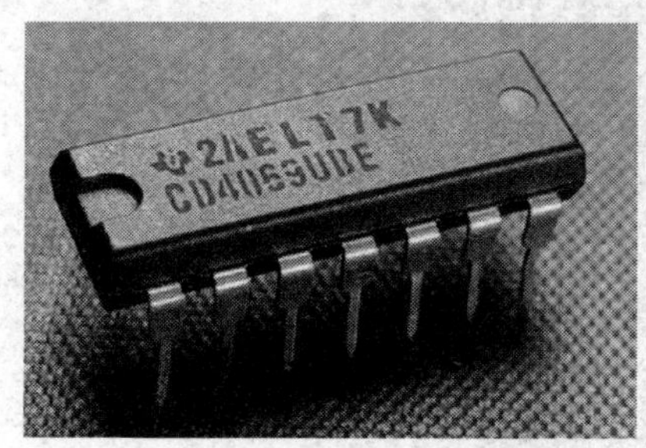

图 5—2—16　CD4069 六反相器外形图

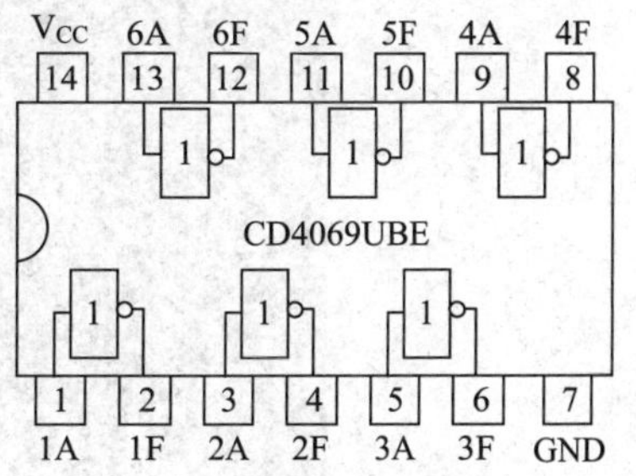

图 5—2—17　CD4069 六反相器引脚排列图

V_{CC}——电源端

GND——接地端

1A、2A、3A、4A、5A、6A——6 个非门的输入

1F、2 F、3 F、4 F、5 F、6 F——6 个非门的输出

按表 5—2—9 所列元件明细核对元器件的数量、型号和规格，如有短缺、差错应及时补缺和更换。用万用表的电阻挡对元器件进行检测，更换不符合质量要求的元器件。

2. 装配电路

安装好的十进制显示电路板如图 5—2—18 所示。

3. 测试步骤及要求

（1）电路安装完成后，对照测试线路图和装配图进行检查。

（2）用万用表检测电源是否有短路问题，无误后插上集成电路，方可通电测试。

（3）设 S1、S2、S3、S4、S5、S6、S7、S8、S9 按下为“0”，未按下为“1”，“×”表示按钮可按下或未按下，按表 5—2—10 中的要求分别设置 S1、S2、S3、S4、S5、S6、S7、S8、S9 的状态，用万用表分别测量$\overline{Y_0}$、$\overline{Y_1}$、$\overline{Y_2}$、$\overline{Y_3}$点的电位，将测量值填入表 5—2—10 中，并观察记录数码管的状态。

图 5—2—18　十进制显示电路板

表 5—2—10　　测试记录表

S9	S8	S7	S6	S5	S4	S3	S2	S1	$V_{\overline{Y3}}$	$V_{\overline{Y2}}$	$V_{\overline{Y1}}$	$V_{\overline{Y0}}$	数码管的状态
1	1	1	1	1	1	1	1	1					
0	×	×	×	×	×	×	×	×					
1	0	×	×	×	×	×	×	×					
1	1	0	×	×	×	×	×	×					
1	1	1	0	×	×	×	×	×					
1	1	1	1	0	×	×	×	×					
1	1	1	1	1	0	×	×	×					
1	1	1	1	1	1	0	×	×					
1	1	1	1	1	1	1	0	×					
1	1	1	1	1	1	1	1	0					

测量电路中为什么要加集成电路 CD4069？

知识巩固

一、选择题

1. 八位二进制数能表示十进制数的最大值是（　　）。

A. 255　　B. 248　　C. 192

2. 欲表示十进制数的 10 个数码，需要二进制数码的位数是（　　）位。

A. 2　　B. 4　　C. 3

3. 下列逻辑运算正确的是（　　）。

A. $A+B=A+\overline{A}B$　　B. $A+0=0$

C. $AB+C=(A+B)(A+C)$　　D. $A+\overline{A}=A$

4. 逻辑函数式 $Y=\overline{A}B+A\overline{B}+AB$ 化简的结果为（　　）。

A. $Y=AB$　　B. $Y=A\oplus B$　　C. $Y=A+B$　　D. $Y=B$

5. 逻辑函数式 $Y=ABC+\overline{A}+\overline{B}+\overline{C}$ 的最简表达式为（　　）。

A. ABC　　B. 0　　C. 1

6. 逻辑函数式 $Y=\overline{A+B+C}$ 可以写成（　　）。

A. $\overline{A}\cdot\overline{B}\cdot\overline{C}$　　B. $\overline{A\cdot B\cdot C}$　　C. $\overline{C}\overline{A}+\overline{B}+\overline{C}$

二、判断题

1. 任何一个逻辑函数的表达式一定是唯一的。（　　）

2. 任何一个逻辑函数表达式经化简后，其最简式一定是唯一的。（　　）

3. 在任意时刻，组合逻辑电路输出信号的状态都仅仅取决于该时刻的输入信号状态。（　　）

三、试用逻辑代数的基本定律化简下列各逻辑函数式。

1. $Y = A + ABC + \bar{A}B + \bar{B}C + BCD$

2. $Y = AB + \bar{A}BC + BC$

3. $Y = AB + A\bar{B} + \bar{A}B + AB$

4. $Y = \bar{A}\bar{B}C + \bar{A}BC + ABC + AB\bar{C}$

四、某一组合逻辑电路如图 5—2—19 所示，试分析其逻辑功能。

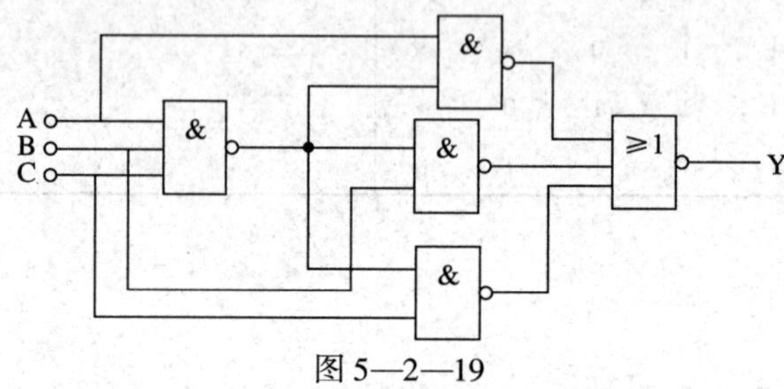

图 5—2—19

五、试分析图 5—2—20 所示编码器的工作原理并回答：

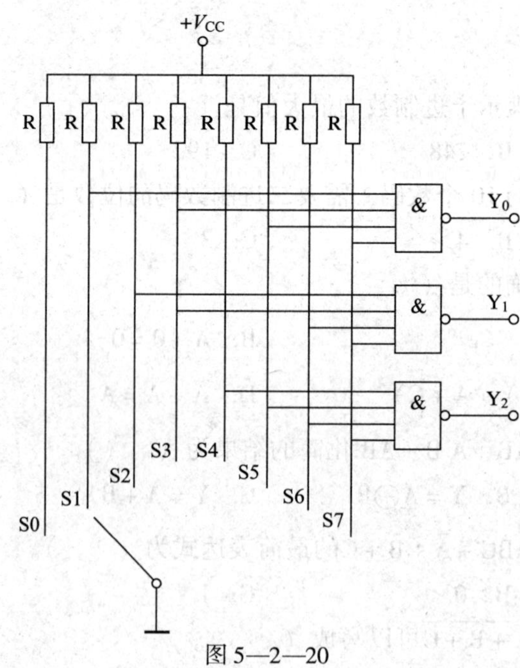

图 5—2—20

（1）这是一个几进制的编码器？

（2）当开关 S6 闭合时，Y_2、Y_1、Y_0状态如何？

（3）当开关 S7 闭合时，Y_2、Y_1、Y_0状态又如何？

项目六 时序逻辑电路及其应用

组合逻辑电路的输出状态仅由该时刻的输入信号决定，而时序逻辑电路的输出状态不仅与同一时刻的输入状态有关，而且与电路的原有状态有关。触发器是组成时序逻辑电路的基本单元电路，是最简单的时序逻辑电路。时序逻辑电路主要有寄存器和计数器等。

任务一 触发器及其应用

任务要求

1. 了解触发器的概念，熟悉常用的RS触发器、JK触发器、D触发器和T触发器的功能。
2. 掌握触发器的应用。
3. 能正确分析、安装、调试和测量触摸转换开关电路。

在现代化智能大楼中，走廊廊灯的使用非常普遍。每当夜幕降临，人们放学或下班回家，经过楼梯走廊时，总是需要灯光照明。但是如果廊灯常亮则比较浪费能源，不环保。为了能在有人走动时正常亮灯，同时又不浪费能源，可以选择触摸式感应灯。如图6—1—1所示，轻轻触摸一下金属片，就可控制灯的状态。本任务的目标就是用触发器构成一个触摸控制转换开关，其电路组成示意图如图6—1—2所示。

图6—1—1 触摸转换开关

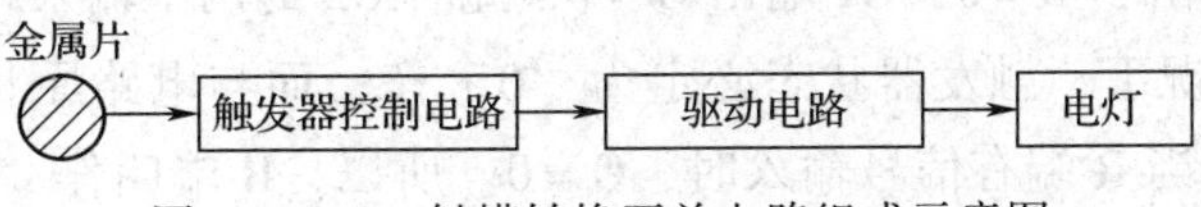

图6—1—2 触摸转换开关电路组成示意图

基础知识

触发器是构成时序逻辑电路的基本单元，它在某个时刻的输出状态不仅取决于该时刻的输入状态，而且和它本身的状态有关，因此它具有记忆功能。触发器按功能分为 RS 触发器、JK 触发器、D 触发器和 T 触发器。

一、RS 触发器

1. 基本 RS 触发器

基本 RS 触发器是构成各种触发器的基本电路，它有“与非”型和“或非”型两种。

（1）“与非”型基本 RS 触发器

1）电路　“与非”型基本 RS 触发器如图 6—1—3 所示，它由两个与非门交叉耦合组成。触发信号由输入端 R、S 进入，Q、$\bar{Q}$ 为一对互补的输出端。

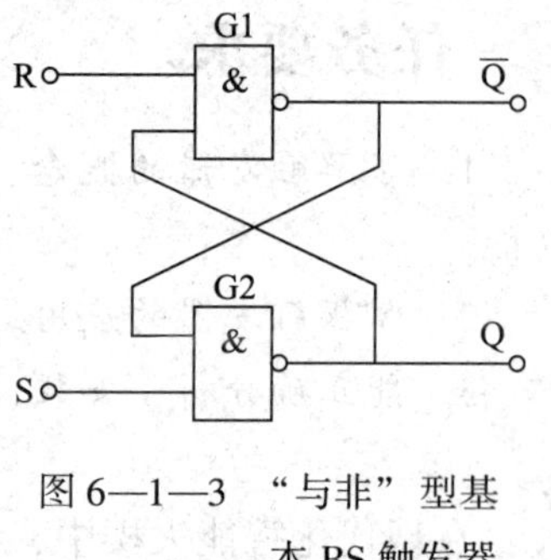

图 6—1—3　“与非”型基本 RS 触发器

2）工作原理

①R =1、S =1。根据与非门的逻辑功能——“有 0 出 1、全 1 出 0”，可知在这种情况下，G1、G2 的输出决定于 Q、$\bar{Q}$ 的状态。

设电路原状态为 Q =0、$\bar{Q}$ =1，则 G1 的一个输入端 Q =0，输出 $\bar{Q}$ =1。而 G2 的两个输入端 S、$\bar{Q}$ 均为 1，“全 1 出 0”，所以输出 Q =0。同理，设电路的原状态为 Q =1、$\bar{Q}$ =0，则 G1 的两个输入端 R =1、Q =1，输出 $\bar{Q}$ =0。而 G2 的一个输入端 $\bar{Q}$ =0，“有 0 出 1”，输出 Q =1。

可见，不论电路的原状态是什么，基本 RS 触发器在 R =1、S =1 的条件下，将维持原状态不变。这就是触发器的保持功能，体现了触发器的记忆功能。所以，R =1、S =1 也表示触发器的两个输入端没有触发信号输入。

②R =1、S =0。由于 S =0，所以 G2 输出 Q =1，此时 G1 的两个输入端全为 1，则输出 $\bar{Q}$ =0。

可见，在这种情况下，Q =1、$\bar{Q}$ =0，触发器置“1”，而与电路原状态无关。在与非型基本 RS 触发器中，外加触发脉冲都是低电平有效或称为负脉冲触发。所以，S =0表示 S 端有信号输入。当 S 端有信号输入时，Q =1，S 端叫“置 1”端，这就是触发器的置 1 功能。

③R =0、S =1。由于 R =0，G1 输出 $\bar{Q}$ =1，此时 G2 的两个输入端为全 1，输出 Q =0。

可见，在这种情况下，触发器状态必定为“0”态，而与电路原状态无关。R =0 就表示 R 端有信号输入，当 R 端有信号输入时，Q =0。所以，R 端叫作“置 0”端，这就是触发器的置 0 功能。

④R=0、S=0。显然，在这种情况下，Q=1、$\overline{Q}$=1，它破坏了触发器的功能。如果R=0、S=0之后同时变为R=1、S=1（即R、S端信号同时消失），则触发器的状态将是不确定的。所以，必须避免出现R=0、S=0的情况。在应用基本RS触发器时，不允许R及S端同时为0。

根据输入、输出的关系可以写出基本RS触发器的真值表，见表6—1—1。表中的“＊”号表示R、S同时加信号时，Q=1、$\overline{Q}$=1，当触发信号同时消失后，触发器状态是不确定的。

与非型基本RS触发器的逻辑符号如图6—1—4所示。其中，输入端带小圆圈表示低电平触发；输出端不带小圆圈表示Q端，带小圆圈表示$\overline{Q}$端。

表6—1—1　基本RS触发器真值表

R	S	Q	$\overline{Q}$
0	0	1＊	1＊
0	1	0	1
1	0	1	0
1	1	不变	

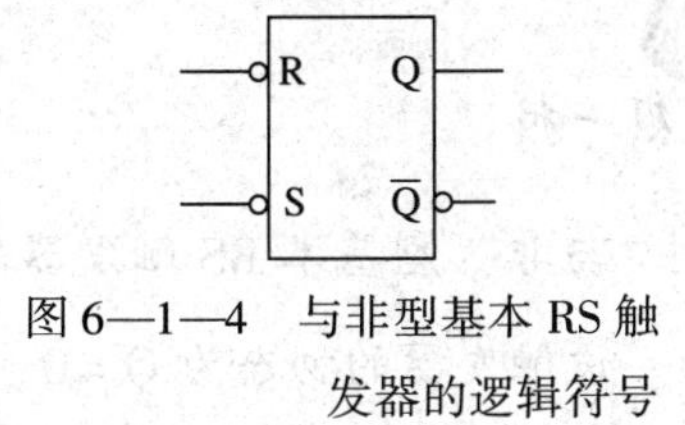

图6—1—4　与非型基本RS触发器的逻辑符号

（2）“或非”型基本RS触发器　“或非”型基本RS触发器如图6—1—5a所示。它由两个“或非”门交叉耦合组成。

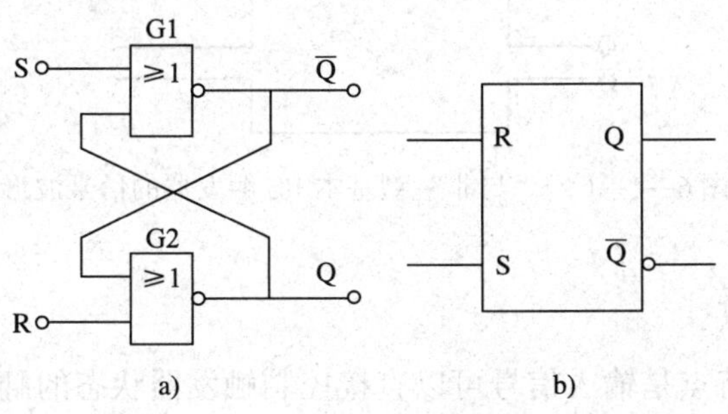

图6—1—5　“或非”型基本RS触发器

a）逻辑电路　b）逻辑符号

按照“或非”门的逻辑功能，“有1出0，全0出1”，“或非”型基本RS触发器的功能分析如下：

①当R=0、S=0时，触发器维持原状态。

②当R=1、S=0时，不论触发器原状态是什么，G2的一个输入端R=1，则Q=0；而G1两个输入端Q、S全为0，所以$\overline{Q}$=1，即触发器被置“0”。

③当R=0、S=1时，触发器被置“1”。

④当R=1、S=1时，G1、G2都有一个输入端为1，所以Q=0、$\overline{Q}$=0。如果输入端由

R = 1、S = 1 同时变为 R = 0、S = 0，则触发器状态不定。因此，必须避免 R = 1、S = 1 的情况出现。

可见，"或非"型 RS 触发器是高电平触发（或输入高电平有效），它的逻辑符号如图 6—1—5b 所示。其真值表见表 6—1—2。表中的"＊"号表示 R = 1、S = 1 同时消失后触发器状态不定。

表 6—1—2　"或非"型基本 RS 触发器真值表

R　S	Q　$\overline{Q}$	R　S	Q　$\overline{Q}$
0　0	不变	1　0	0　1
0　1	1　0	1　1	0^*　0^*

设"与非"型基本 RS 触发器的输入信号波形如图 6—1—6 所示，试画出 Q、$\overline{Q}$ 端的信号波形。设触发器的初态为 Q = 0、$\overline{Q}$ = 1。

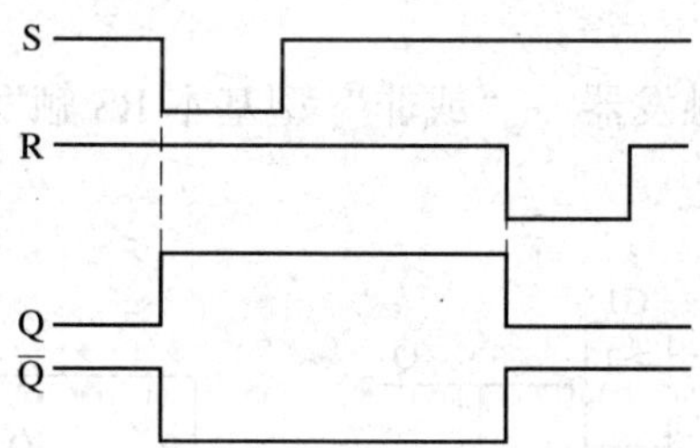

图 6—1—6　"与非"型基本 RS 触发器的信号波形

2. 同步 RS 触发器

基本 RS 触发器的特点是输入信号可以直接控制触发器状态的翻转，而在实际应用中往往要求在约定的脉冲信号到来时，触发器才能按输入所决定的状态翻转。这个约定的脉冲信号称为时钟脉冲，又称 CP 脉冲。这样触发器的状态将在 CP 脉冲到来时，随输入信号的不同而变化。这种用时钟脉冲控制的触发器称为同步触发器。

（1）电路　同步 RS 触发器的逻辑电路及逻辑符号如图 6—1—7 所示。它是在基本 RS 触发器的两个输入端，各增加一个控制门和时钟信号输入端——CP 端而组成的，$\overline{R_D}$、$\overline{S_D}$ 分别为置"0"端和置"1"端。

（2）工作原理　控制门 G3、G4 都是与非门。和与门一样，与非门的一个输入端可以控制另一个输入端信号的通过。以 CP 端作为控制端，当 CP = 0 时，G3、G4 关闭，它表示 R 端或 S 端的信号不能通过 G3、G4；当 CP = 1 时，G3、G4 开放，它表示 R 端或 S 端的信号能通过，但 G3、G4 的输出分别是 $\overline{R}$、$\overline{S}$。

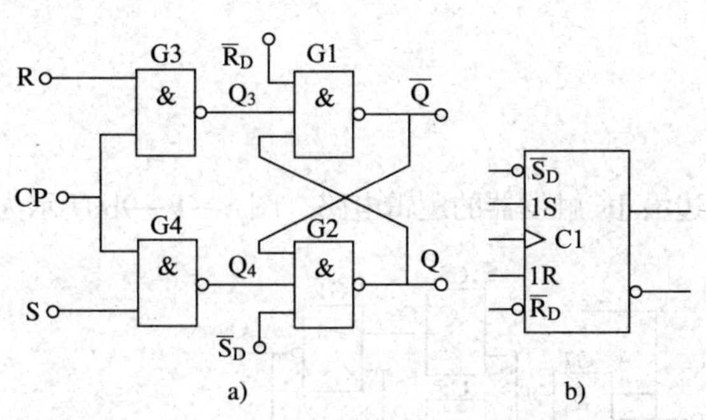

图6—1—7　同步 RS 触发器的电路及逻辑符号

a）逻辑电路　b）逻辑符号

1）CP =0 期间。G3、G4 被封锁，$Q_3=1$、$Q_4=1$，触发器维持原态不变。

2）CP =1 期间

①若 R =0、S =0，则 $Q_3=1$、$Q_4=1$，触发器维持原态不变。

②若 R =0、S =1，则 $Q_3=1$、$Q_4=0$，触发器被置“1”，Q =1、$\overline{Q}=0$。

③若 R =1、S =0，则 $Q_3=0$、$Q_4=1$，触发器被置“0”，Q =0、$\overline{Q}=1$。

④若 R =1、S =1，则 $Q_3=0$、$Q_4=0$，这是不允许出现的。

（3）特性表、状态图　综上所述，可以得到同步 RS 触发器的真值表，见表6—1—3。表中 Q^n、Q^{n+1}分别表示 CP 脉冲作用前、后触发器 Q 端的状态。Q^n称为现态，Q^{n+1}称为次态。表6—1—3 所示输入状态、触发器的现态与次态的关系，又称为特性表。

表6—1—3　　　　同步 RS 触发器的真值表

CP	R	S	Q^n	Q^{n+1}
1	0	0	0	0
1	0	0	1	1
1	0	1	0	1
1	0	1	1	1
1	1	0	0	0
1	1	0	1	0
1	1	1	0	不定
1	1	1	1	不定

触发器的转换规律也可以用图形的方式形象地加以表示，这个图形就称为状态转换图，简称状态图。同步 RS 触发器的状态图如图6—1—8所示。

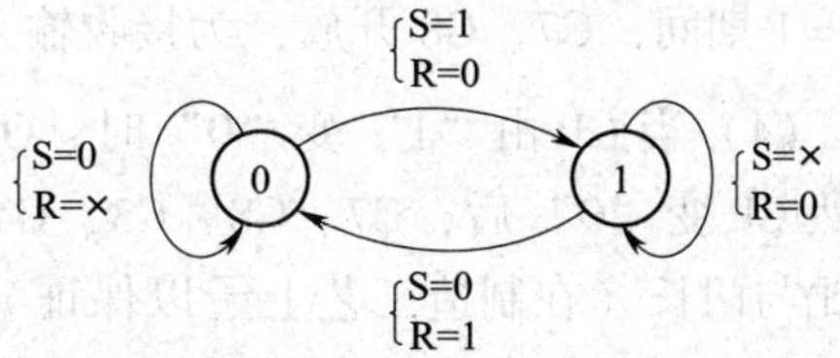

图6—1—8　同步 RS 触发器的状态图

二、JK 触发器

1. 逻辑电路

图 6—1—9a 所示为边沿 JK 触发器的逻辑电路。图 6—1—9b 所示为 JK 触发器的逻辑符号。

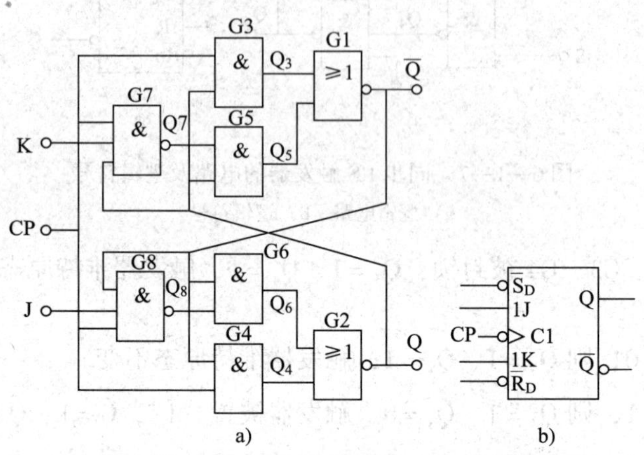

图 6—1—9　边沿 JK 触发器的逻辑电路和逻辑符号

a）逻辑电路　b）逻辑符号

2. 工作原理

设触发器的状态为 $Q=0$、$\bar{Q}=1$：

（1）当 $CP=0$ 时，G3、G4、G7、G8 均被封锁，J、K 的任何值均不起作用，各个门的输出状态为：$Q_3=Q_4=0$、$Q_7=Q_8=1$，而 $Q_5=0$、$Q_6=1$，所以触发器维持原状态不变，$Q=0$、$\bar{Q}=1$。

（2）当 CP 由“0”变“1”时，有两条信号通道能影响触发器的状态，一条是 G3、G4 开放直接影响触发器的状态，另一条是 G7、G8 开放，再通过 G5、G6 而影响触发器的状态。但是，前者的影响比后者要快得多。由于 $Q=0$，G3、G5 被封锁，CP 的变化通过 G4 使 $Q_4=1$。因此，Q 维持“0”状态，继续封锁 G3、G5，从而保持 $Q_3=Q_5=0$，$\bar{Q}=1$。触发器维持原状态不变。

（3）在 $CP=1$ 期间，$Q_4=1$，则 $Q=0$，$Q_3=Q_5=0$，$\bar{Q}=1$，触发器维持原状态不变。在此期间，如果 $J=1$、$K=0$，则各个门的输出状态为：$Q_7=1$、$Q_8=0$、$Q_6=0$、$Q_4=1$。即 $CP=1$ 期间，G7、G8 开放，为接收输入信号 J、K 做好准备。

（4）当 CP 由“1”变“0”时，Q_4由 1 变 0，则 $Q=1$，使 $Q_5=1$，$\bar{Q}=0$，触发器翻转。虽然 CP 变“0”后，G7、G8、G3、G4 被封锁，$Q_7=Q_8=1$，但由于与非门的传输延迟时间比与门长（在制造工艺上予以保证），Q_7和 Q_8这一新状态的稳定是在触发器翻转之后，CP 变“0”后，则将触发器封锁而维持翻转后的状态不变。

同理，对于 J、K 的其他值，可以分析得到：

J=0、K=0 时，触发器维持原状态。

J=0、K=1 时，触发器置“0”。

J=1、K=1 时，触发器状态翻转一次。

总之，这种边沿 JK 触发器在 CP=0、CP 由“0”变“1”、CP=1 期间，输入信号均不起作用，触发器维持原状态不变。只有当 CP 信号由“1”变“0”时，触发器状态才发生相应的变化。由于在 CP 下降沿到来后，G3、G4 的输出都为 0，因此，G5、G6 的输出状态在 CP 下降沿前的任何时刻只与 J、K 端的状态和 Q、$\bar{Q}$ 的状态有关，即能随 J、K 的变化而变化。

JK 触发器的特性表见表 6—1—4。

表 6—1—4　　JK 触发器的特性表

CP	J	K	Q^n	Q^{n+1}
↓	0	0	0	0
↓	0	0	1	1
↓	0	1	0	0
↓	0	1	1	0
↓	1	0	0	1
↓	1	0	1	1
↓	1	1	0	1
↓	1	1	1	0

由特性表可以得到 JK 触发器的特性方程：

$$Q^{n+1} = \bar{J}\bar{K}Q^n + J\bar{K}\bar{Q}^n + J\bar{K}Q^n + JK\bar{Q}^n$$

$$= J\bar{Q}^n + \bar{K}Q^n$$

JK 触发器的状态图如图 6—1—10 所示。

J=1 K=×
J=0 K=×
0
1
J=× K=0
J=× K=1

图 6—1—10　JK 触发器的状态图

已知 CP、J、K 的波形如图 6—1—11a 所示，试画出边沿 JK 触发器的波形图。（设边沿 JK 触发器的状态为 Q，并设触发器的初态为 0。）

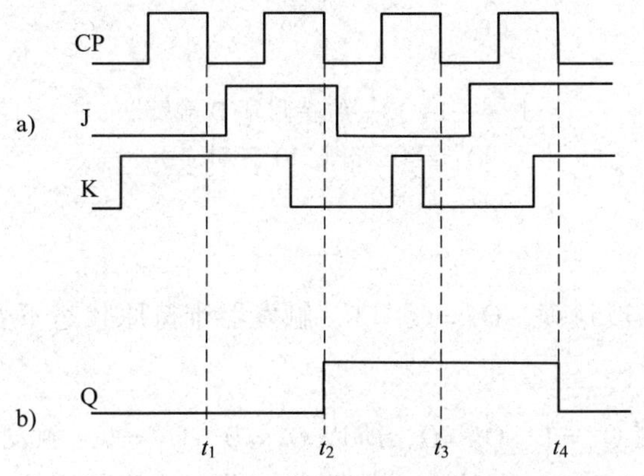

图 6—1—11　JK 触发器的波形图

若将 J、K 端连接作为 T 端，JK 触发器就成了 T 触发器，如图 6—1—12 所示。即：

$$J = K = T$$

其特性方程为：$J\overline{Q^n} + KQ^n = T\overline{Q^n} + \overline{T}Q^n$

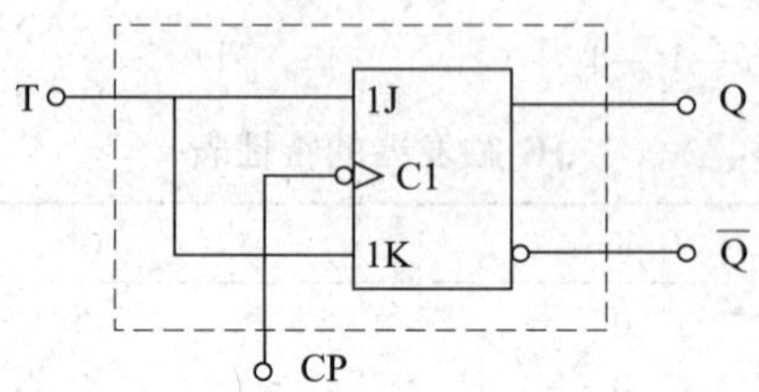

图 6—1—12　用 JK 触发器构成 T 触发器

三、D 触发器

1. 逻辑电路

维持阻塞 D 触发器如图 6—1—13 所示。图中与非门 G1、G2 组成基本 RS 触发器，G3、G4、G5、G6 四个与非门组成控制门。

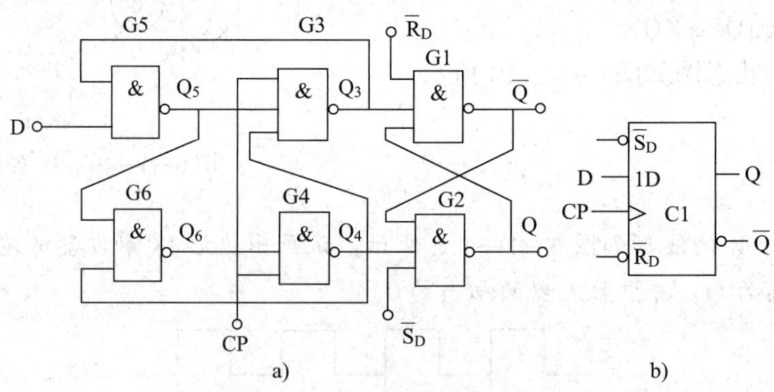

图 6—1—13　维持阻塞 D 触发器

a）逻辑电路图　b）逻辑符号

2. 工作原理

CP =0 时，G3、G4 被封锁，$Q_3 = Q_4 = 1$，触发器维持原状态不变。

CP 的上升沿到来时：

（1）如果 D =0，则 $Q_5 = 1$、$Q_6 = 0$，所以 $Q_3 = 0$、$Q_4 = 1$，触发器置“0”，Q =0、$\overline{Q}$ = 1。由于 $Q_3 = 0$，保证了 $Q_5 = 1$，即使 D 状态发生变化，也不能再进入触发器，“阻塞”了 D

端信号进入触发器的通道，维持了 $Q_3=0$，使触发器处于0状态。所以，G3输出端到G5输入端的连线叫作“置0维持线”。

（2）如果 $D=1$，则 $Q_5=0$，G3、G6被封锁，$Q_3=1$，$Q_6=1$。此时，G4开放，$Q_4=0$，触发器置“1”，$Q=1$、$\overline{Q}=0$。由于 $Q_4=0$ 封锁了G3，从而“阻塞”了G3输出置“0”信号，所以G4输出端到G3输入端的连线叫作“置0阻塞线”。另外，$Q_4=0$，使 $Q_6=1$，保证了在 $CP=1$ 期间 $Q_4=0$，“维持”了触发器处于1状态。所以，G4输出端到G6输入端的连线叫作“置1维持线”。

由此可见，维持阻塞D触发器是在CP上升沿来到时才接收D端信号，之后即使D端信号改变，触发器状态也不受影响。所以，维持阻塞D触发器是上升沿触发，又称为边沿D触发器。

综上所述，D触发器的逻辑功能可以用表6—1—5来表示。

表6—1—5　　D触发器的特性表

CP	D	Q^n	Q^{n+1}
↑	0	0	0
↑	0	1	0
↑	1	0	1
↑	1	1	1

由特性表可以得到特性方程：

$$Q^{n+1}=D\left(\overline{Q^n}+Q^n\right)=D$$

D触发器的状态图如图6—1—14所示。

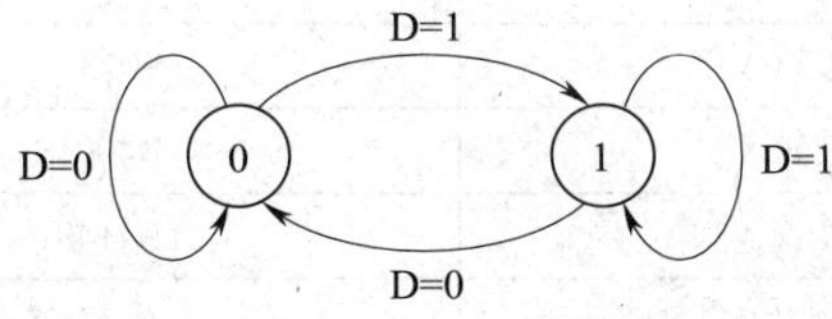

图6—1—14　D触发器的状态图

本任务中采用双D触发器CD4013。

维持阻塞D触发器的输入波形如图6—1—15a所示，试画出在给定CP脉冲和D信号作用下的Q和 $\overline{Q}$ 的波形。（设触发器的初态为：$Q=0$、$\overline{Q}=1$。）

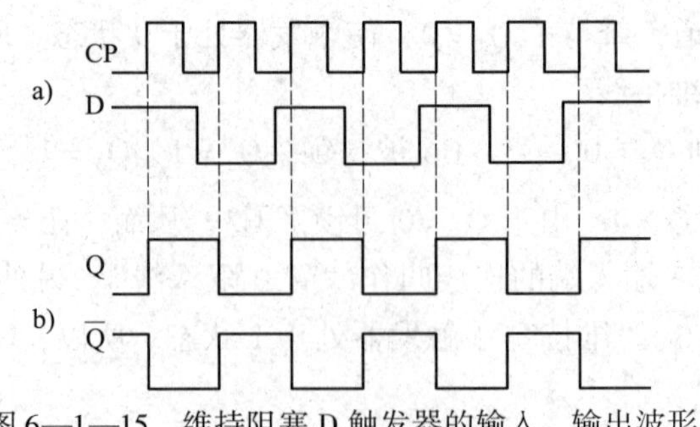

图 6—1—15　维持阻塞 D 触发器的输入、输出波形

四、触发器在智能楼宇设备中的应用

触发器是时序逻辑电路的重要组成部分，而时序逻辑电路在楼宇设备中的应用较多，例如时钟显示、安防报警联动显示等。本任务中所要安装的触摸转换开关主要用于楼道照明。

任务实施

根据表 6—1—6 所示触摸转换开关电路元件清单进行电路的安装、调试，并根据要求将调试结果填入相应的表格中。

表 6—1—6　　触摸转换开关电路元件清单

电路名称	触摸转换开关电路（见图 6—1—16）		
序号	名称	规格	数量
1	双 D 触发器 IC1	CD4013	1 个
2	集成电路插座	—	2 个
3	三极管 V1	9013	1 只
4	二极管 V2	1N4001	1 只
5	二极管 V3	1N4148	1 只
6	金属片 M	—	1 片
7	电阻 R1	4.7 MΩ	1 只
8	电阻 R2	1 MΩ	1 只
9	电阻 R3	10 kΩ	1 只
10	电阻 R4	1 kΩ	1 只
11	电容 C1	3.3 μF	1 只
12	电容 C2	0.01 μF	1 只
13	电容 C3	470 pF	1 只
14	电子继电器 J	HK4101F	1 只
15	灯泡 HL	220 V/20 W	1 个
16	实验电路板		1 块

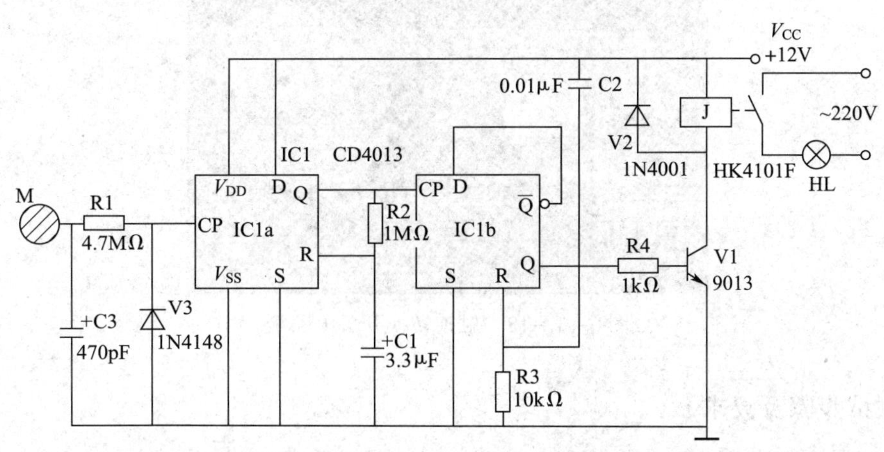

图 6—1—16　触摸转换开关电路

1. 识别集成电路

图 6—1—17 所示为双 D 触发器 CD4013 的引脚排列图。

V_{DD}——电源端

V_{SS}——接地端

C1——第一个 D 触发器的触发脉冲输入端

C2——第二个 D 触发器的触发脉冲输入端

D1——第一个 D 触发器的输入端

D2——第二个 D 触发器的输入端

Q1、$\overline{Q1}$——第一个 D 触发器的输出端

Q2、$\overline{Q2}$——第二个 D 触发器的输出端

R1——第一个 D 触发器的清零端

R2——第二个 D 触发器的清零端

S1——第一个 D 触发器的置 1 端

S2——第二个 D 触发器的置 1 端

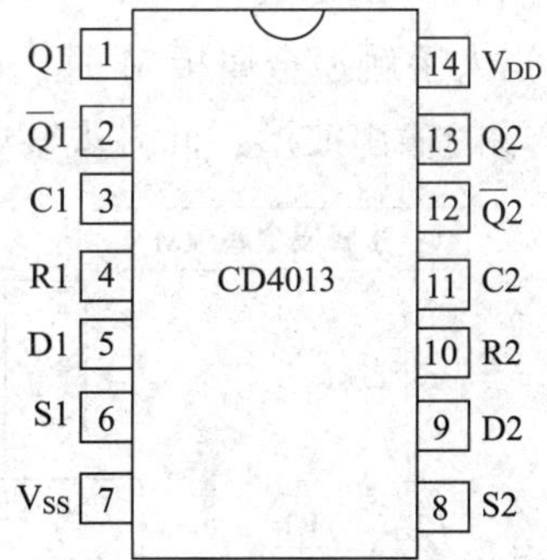

图 6—1—17　双 D 触发器 CD4013 的引脚排列图

按表 6—1—6 所列元件明细核对元器件的数量、型号和规格，如有短缺、差错应及时补缺和更换。用万用表的电阻挡对元器件进行检测，更换不符合质量要求的元器件。

2. 装配电路

安装好的触摸转换开关电路板如图 6—1—18 所示。

图 6—1—18　触摸转换开关电路板

3. 测试步骤及要求

（1）电路安装完毕后，对照测试线路图和装配图进行检查，仔细检查电路中各元件是否安装正确，导线、焊点是否符合要求，有极性器件的安装连接是否正确。

（2）用万用表检测电源是否有短路问题，发现短路，应先检查，排除短路点。

（3）无误后，按集成电路标记口的方向插上集成电路，方可通电测试。

（4）测试要求：

当人手触摸金属板 M 时，用示波器分别观察测量 IC1a 的 CP 端和 Q 端、IC1b 的 CP 端和 Q 端的输出波形，同时观察电灯的状态，并将观察测量结果记录下来。

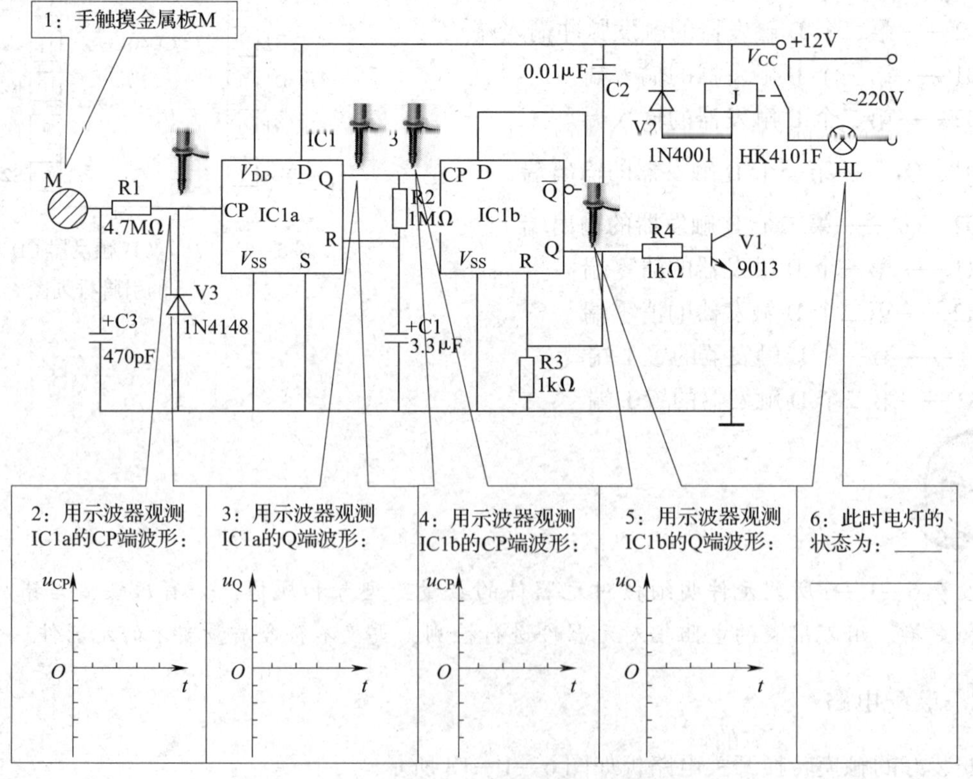

图 6—1—19　触摸转换开关电路板测量结果

试根据对测量结果的分析，得出触发器 IC1a、IC1b 构成电路的功能。

知识巩固

一、填空题

1. 触发器通常由________电路组成，但其逻辑功能却与之完全不同。

2. 触发器具有________和________功能，它在某一时刻的输出不仅____________，而且______________。

3. 触发器按功能可分为__________、__________、__________和__________触发器。

二、选择题

1. 下面关于触发器与组合逻辑电路的说法，正确的是（　　）。

A. 两者都有记忆能力

B. 只有组合逻辑电路有记忆能力

C. 只有触发器有记忆能力

2. 触发器工作时，时钟脉冲作为（　　）信号。

A. 输入　　B. 清零　　C. 抗干扰　　D. 控制

3. 触发器电路中，利用 S_D 端、R_D 端可以根据需要预先将触发器（　　）。

A. 置 1　　B. 置 0　　C. 置 1 或置 0

三、判断题

1. 触发器在某一时刻的输出状态，不仅取决于当时输入信号的状态，还与电路的原始状态有关。（　　）

2. 触发器进行复位后，其两个输出端均为 0。（　　）

3. 触发器与组合逻辑电路两者都没有记忆能力。（　　）

四、在“与非”型和“或非”型基本 RS 触发器中，输入如图 6—1—20 所示波形，试分别画出两种基本 RS 触发器的 Q 和 $\overline{Q}$ 波形。

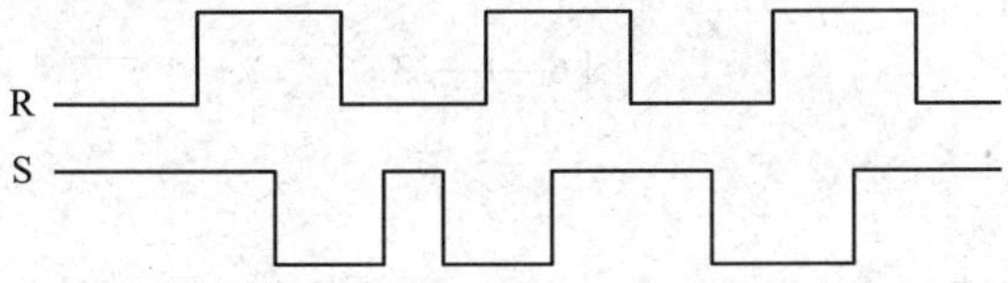

图 6—1—20

五、已知与非门组成的基本 RS 触发器的现状为 Q^n，要求触发器的新状态为 Q^{n+1}，试在表 6—1—7 中填入相应的输入状态。

表 6—1—7

Q^n	Q^{n+1}	R_D	S_D
0	0		
0	1		
1	0		
1	1		

六、边沿 JK 触发器输入波形如图 6—1—21 所示，试画出 Q 和 $\overline{Q}$ 波形。（设触发器的初始状态 Q=0。）

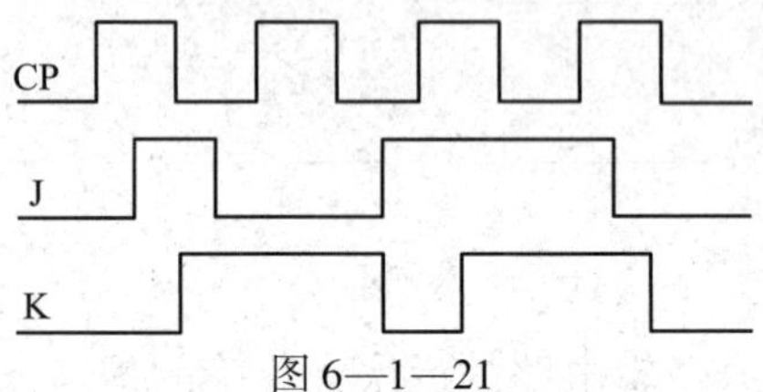

图 6—1—21

七、维持阻塞 D 触发器的输入波形如图 6—1—22 所示，试画出 Q 和 $\overline{Q}$ 波形。（设触发器的初始状态 Q=0。）

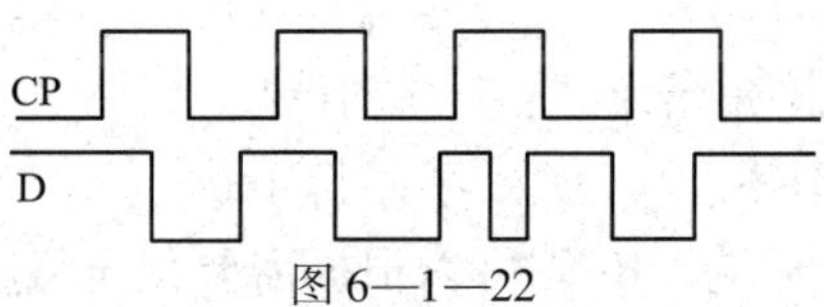

图 6—1—22

八、试根据图 6—1—23 中 A、B 端输入波形，画出 Y1、Y2、Q 端的波形。（设 Q 的初始状态均为 0。）

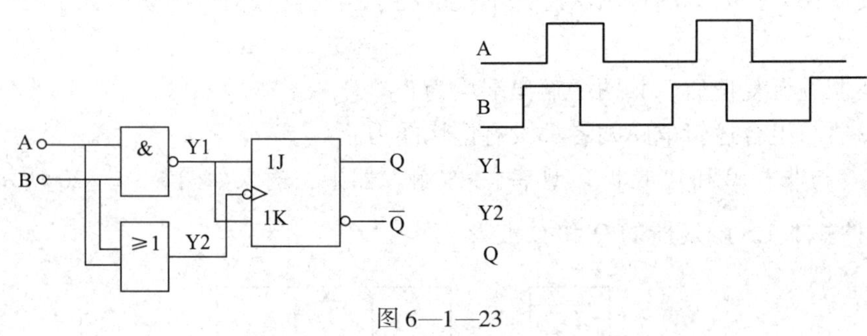

图 6—1—23

任务二　555 定时器及其应用

任务要求

1. 熟悉 555 定时器的工作原理。

2. 掌握555定时器构成的单稳态电路、振荡电路等应用电路的功能。

3. 能正确分析、安装和测试秒指示电路。

实际生产生活中，许多设备都有闪烁的指示灯在显示其工作状态，如图6—2—1所示。闪烁的工作指示灯有的帮助人们安全行事，有的提醒人们时间在秒闪烁中度过。本任务的目标就是设计一个秒闪烁指示灯电路，其电路组成示意图如图6—2—2所示。

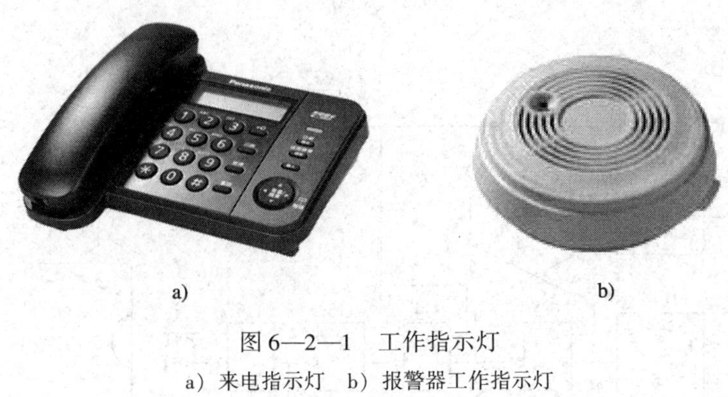

a)　　b)

图6—2—1　工作指示灯

a）来电指示灯　b）报警器工作指示灯

555定时器构成秒振荡器 → 指示灯

图6—2—2　秒闪烁指示灯电路组成示意图

基础知识

一、555集成定时器

常用的555集成定时器有TTL定时器和CMOS定时器两种类型，两者的工作原理基本相同。如图6—2—3所示是CMOS定时器CC7555。它由电阻分压器，两个电压比较器A、B，基本RS触发器，放电管V以及输出缓冲门G5、G6组成。

1. 电阻分压器

电阻分压器由3个阻值相同的电阻R串联而成。由于集成运放具有高输入阻抗的特点，当CO端不施加电压时，$u_{CO}=\frac{2}{3}V_{DD}$，运放B的“+”端电压为$\frac{1}{3}V_{DD}$。

2. 电压比较器

定时器的主要功能取决于集成运放A、B组成的比较器。比较器的输出直接控制基本RS触发器和放电管V的状态。比较器输出与输入之间的关系为：

若$u_{TH}>\frac{2}{3}V_{DD}$，$u_{o1}=1$；

a)

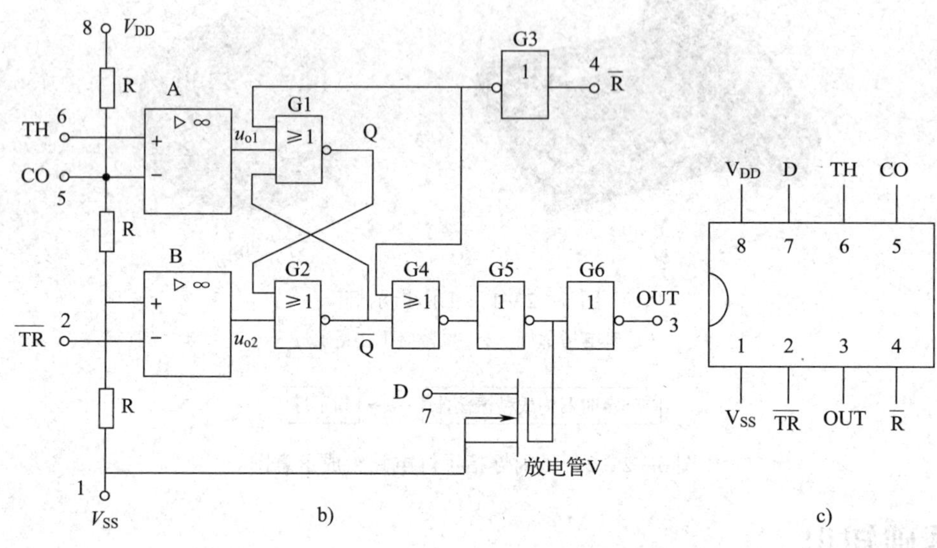

图 6—2—3 定时器 CC7555

a）CC7555 外形图 b）电路原理图 c）外形引脚图

若 $u_{TH} < \frac{2}{3}V_{DD}$，$u_{o1} = 0$。

若 $u_{\overline{TR}} > \frac{1}{3}V_{DD}$，$u_{o2} = 0$；

若 $u_{\overline{TR}} < \frac{1}{3}V_{DD}$，$u_{o2} = 1$。

式中，TH 为阈值输入端，$\overline{TR}$为触发输入端。

3. 基本 RS 触发器

基本 RS 触发器由或非门 G1、G2 组成。

$\overline{R}$ 是外部复位端，低电平有效。当 $\overline{R}=0$ 时，Q = 0，基本 RS 触发器不管比较器的输出如何而强制复位；当 $\overline{R}=1$ 时，定时器工作，基本 RS 触发器状态取决于比较器的输出。

4. 放电管 V 和输出缓冲级

放电管 V 为 N 沟道增强型 MOS 管。当 G5 开通时，V 截止，D 端与地断开；当 G5 关闭

时，V 导通，D 端与地接通。

G5、G6 组成输出缓冲级，其作用是提高定时器的带负载能力，同时隔离负载对定时器的影响。

综上所述，定时器的基本功能见表 6—2—1。

表 6—2—1　　定时器的基本功能表

输入			输出			
U_{TH}	$U_{\overline{TR}}$	$\overline{R}$	Q	$\overline{Q}$	OUT	放电管 V
×	×	0	0	×	0	导通
$<\frac{2}{3}V_{DD}$	$<\frac{1}{3}V_{DD}$	1	1	0	1	截止
$>\frac{2}{3}V_{DD}$	$>\frac{1}{3}V_{DD}$	1	0	1	0	导通
$>\frac{2}{3}V_{DD}$	$<\frac{1}{3}V_{DD}$	1	1	0	1	截止
$<\frac{2}{3}V_{DD}$	$>\frac{1}{3}V_{DD}$	1	原态	原态	原态	原态

上述讨论是在 CO 端悬空的条件下进行的。如果 CO 端施加一外加电压（其值在 $0\sim V_{DD}$ 之间），比较器的参考电压将发生变化，电路的阈值、触发电平也将随之改变。

二、555 定时器的应用

1．单稳态触发器

（1）电路　555 定时器构成的单稳态触发器如图 6—2—4a 所示。电路中电阻 R、电容 C 为外接定时元件。

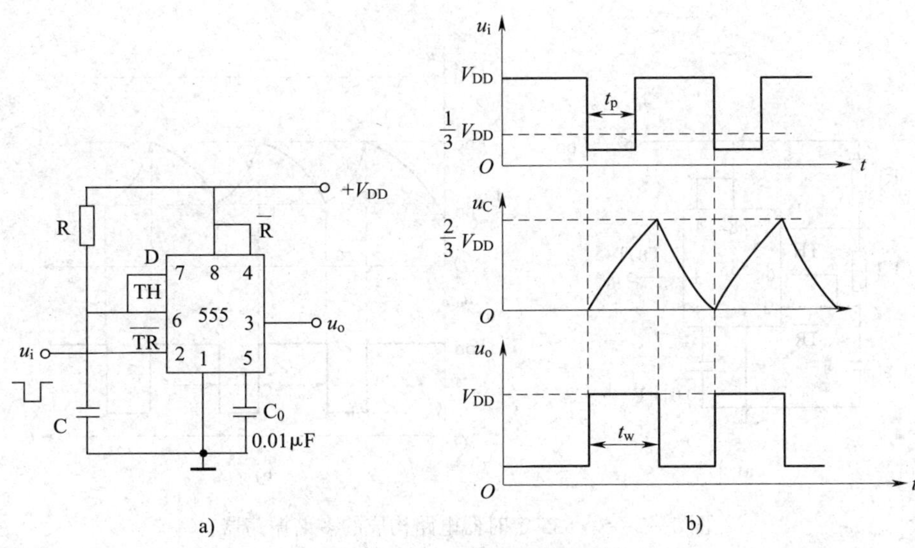

图 6—2—4　单稳态触发器

a）电路图　b）输入波形和输出波形

(2) 工作原理

1) 当单稳态触发器无触发脉冲信号时，输入端 u_i = “1”。直流电源 $+V_{DD}$ 接通以后，通过电阻 R 向电容 C 充电，当 u_C（u_{TH}）上升到$\frac{2}{3}V_{DD}$时，$Q=0$，$\bar{Q}=1$，OUT = 0，放电管 V 导通，电容器 C 放电，$u_{TH}<\frac{2}{3}V_{DD}$，而 $u_{\overline{TR}}=u_i$ = “1” $>\frac{1}{3}V_{DD}$，根据 555 定时器功能可知，此时电路保持原态“0”不变，这种状态即是单稳态触发器的稳定状态，如图 6—2—4b所示。

2) 当单稳态触发器有触发脉冲信号，即 $u_i=u_{\overline{TR}}$ = “0” $<\frac{1}{3}V_{DD}$时，由于 $u_{TH}<\frac{2}{3}V_{DD}$，触发器输出由“0”变为“1”，放电管由导通变为截止，直流电源 $+V_{DD}$通过电阻 R 向电容 C 充电，电容两端电压 u_C（u_{TH}）按指数规律上升。当 $u_{TH}=u_C<\frac{2}{3}V_{DD}$时，输出保持原状态“1”不变，这种状态即是单稳态触发器的暂稳状态。

3) 当 u_C（u_{TH}）$\geqslant\frac{2}{3}V_{DD}$时，又有 $u_{\overline{TR}}>\frac{1}{3}V_{DD}$，电路发生翻转，$Q=0$，$\bar{Q}=1$，OUT = 0，放电管 V 导通，电容 C 放电，电路自动返回到稳定状态。

可见，输出脉冲宽度 t_w就是暂稳状态持续的时间，即电容两端的电压从 0 充电至$\frac{2}{3}V_{DD}$所需要的时间。由计算可得：$t_w\approx1.1RC$。

2. 多谐振荡器

(1) 电路　如图 6—2—5a 所示为 555 定时器电路构成的多谐振荡器，电路中电阻 R1、R2 和电容 C 为外接定时元件。

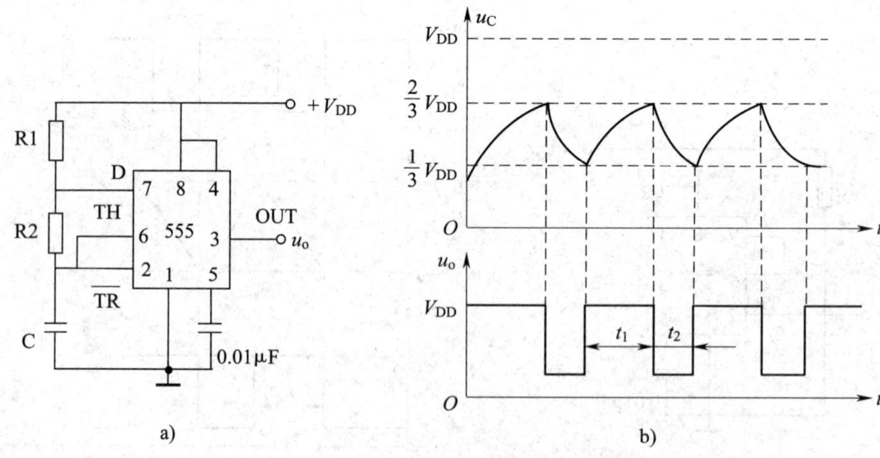

图 6—2—5　555 定时器电路构成的多谐振荡器

a）电路图　b）输入波形和输出波形

(2) 工作原理　接通电源瞬间，电容两端电压 $u_C=0$，即 $u_{TH}=u_{\overline{TR}}=u_C=0<\frac{1}{3}V_{DD}$，OUT＝“1”，放电管 V 截止，直流电源通过电阻 R1、R2 向电容充电，电容电压开始上升。当电容两端电压 $u_C \geqslant \frac{2}{3}V_{DD}$，即 $u_{TH}=u_{\overline{TR}}=u_C \geqslant \frac{2}{3}V_{DD}$时，电路翻转，输出就由 OUT＝“1”变为 OUT＝“0”，放电管 V 导通，电容经 R2、V 放电，电容电压逐渐下降。当电容两端电压下降到 $u_C \leqslant \frac{1}{3}V_{DD}$，即 $u_{TH}=u_{\overline{TR}}=u_C \leqslant \frac{1}{3}V_{DD}$时，电路再次翻转，输出又由 OUT＝“0”变为 OUT＝“1”。如此周而复始，在一种暂稳状态和另一种暂稳状态之间自动转换，便形成了振荡。电路输出波形如图 6—2—5b 所示。

由计算可得输出矩形波的振荡周期：

$$T=t_1+t_2\approx 0.7\ (R_1+R_2)\ C+0.7R_2C\approx 0.7\ (R_1+2R_2)\ C$$

式中，t_1——充电时间，即电容两端电压从$\frac{1}{3}V_{DD}$上升到$\frac{2}{3}V_{DD}$所需时间。

t_2——放电时间，即电容两端电压从$\frac{2}{3}V_{DD}$下降到$\frac{1}{3}V_{DD}$所需时间。

电路输出矩形波的占空比：$q=\frac{t_1}{T}=\frac{t_1}{t_1+t_2}=\frac{R_1+R_2}{R_1+2R_2}$。

555 定时器电路构成的多谐振荡器如何输出一个秒脉冲？

3. 施密特触发器

施密特触发器是一种具有回差特性的双稳态电路。其特点是：电路具有两个稳态，且两个稳态依靠输入触发信号的电平大小来维持，由第一稳态翻转到第二稳态，再由第二稳态翻回第一稳态所需的触发电平存在差值。

(1) 电路　555 定时器电路构成的施密特触发器如图 6—2—6a 所示。

(2) 工作原理　当输入信号 $u_i=u_{\overline{TR}}=u_{TH}<\frac{1}{3}V_{DD}$时，输出为高电平；当输入信号$\frac{1}{3}V_{DD}<u_i<\frac{2}{3}V_{DD}$时，电路输出维持原态不变，输出继续为高电平；当输入信号上升到 $u_i \geqslant \frac{2}{3}V_{DD}$时，电路翻转，输出变为低电平；当 u_i上升到峰值后，开始下降，若 $u_i>\frac{1}{3}V_{DD}$，电路输出维持原态不变，输出仍然为低电平；当输入信号下降到 $u_i<\frac{1}{3}V_{DD}$时，电路再次翻转，输出又返回高电平。电路输出波形如图 6—2—6b 所示。

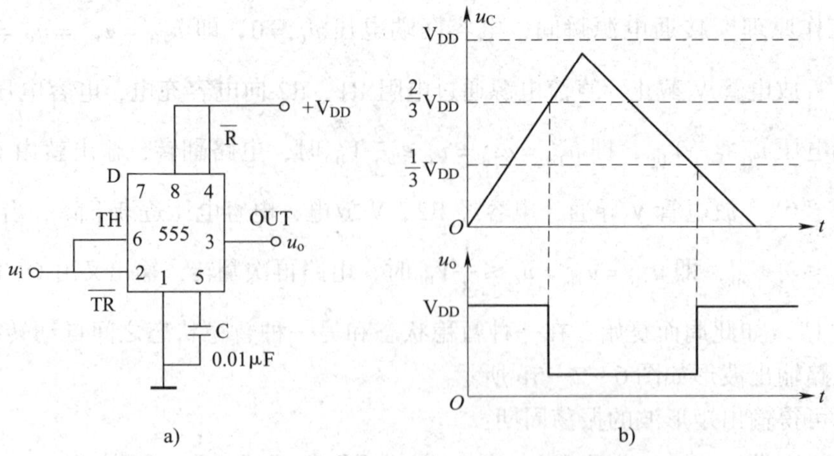

图 6—2—6　555 定时器电路构成的施密特触发器

a）电路图　b）输入波形和输出波形

由上述分析可知，在输入信号上升过程中，当 $u_i \geqslant \frac{2}{3}V_{DD}$时，电路输出由高电平变为低电平；而在输入信号下降过程中，当 $u_i \leqslant \frac{1}{3}V_{DD}$时，电路输出由低电平变为高电平，可见电路具有回差特性。回差电压：$\Delta U_T = \frac{2}{3}V_{DD} - \frac{1}{3}V_{DD} = \frac{1}{3}V_{DD}$。

如果在 CO 端施加直流电压，则可改变电路回差电压 ΔU_T的大小。施加的直流电压越高，ΔU_T就越大。

三、555 定时器在智能楼宇设备中的应用

555 定时器组成的多谐振荡器经常被用于智能大楼或智能小区中具有指示灯闪烁功能的场所，例如电梯指示灯显示或者智能立体车库操作指示灯等，如图 6—2—7 所示。

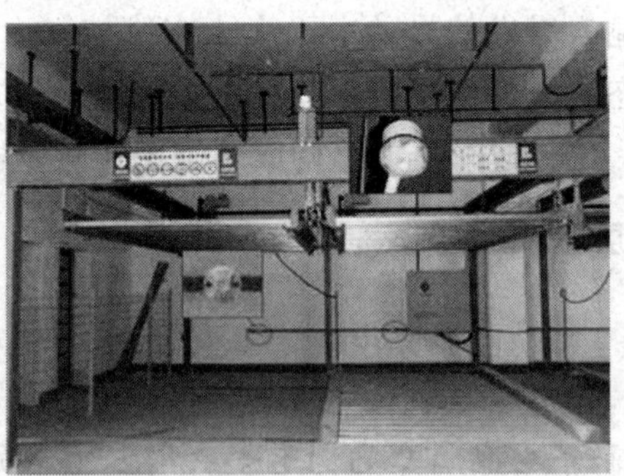

图 6—2—7　信号指示灯

任务实施

根据表 6—2—2 所示秒闪烁指示灯电路元件清单对电路进行安装、调试，并将其调试结果记录下来。

表 6—2—2　秒闪烁指示灯电路元件清单

电路名称	秒闪烁指示灯电路（见图 6—2—8）		
序号	名称	规格	数量
1	电阻 R1	47 kΩ	1 只
2	电阻 R2	51 kΩ	1 只
3	电阻 R3	200 Ω	1 只
4	电阻 R4	200 Ω	1 只
5	电容 C1	10 μF	1 只
6	电容 C2	0.01μF	1 只
7	发光二极管 V1	红色	1 只
8	发光二极管 V2	绿色	1 只
9	555 集成定时器 IC	NE555	1 个
10	8 脚集成电路插座	—	1 个
11	实验电路板	14×14（焊点数）	1 块

如图 6—2—8 所示为秒闪烁指示灯测试电路。

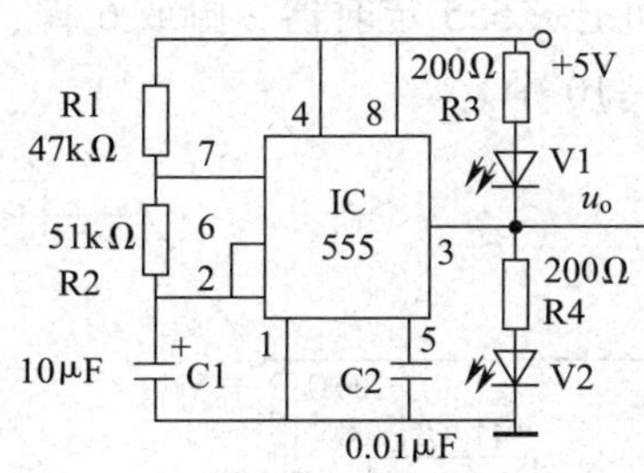

图 6—2—8　秒闪烁指示灯测试电路

按表 6—2—2 所列元件明细核对元器件的数量、型号和规格，如有短缺、差错应及时补缺和更换。用万用表的电阻挡对元器件进行检测，更换不符合质量要求的元器件。

1. 装配电路

安装好的秒闪烁指示灯电路板如图 6—2—9 所示。

2. 测试步骤及要求

（1）电路安装完毕后，对照测试线路图和装配图进行检查，仔细检查电路中各元件是否安装正确，导线、焊点是否符合要求，有极性器件的安装连接是否正确。

图 6—2—9　秒闪烁指示灯电路板

（2）用万用表检测电源是否有短路问题，发现短路，应先检查，排除短路点。

（3）无误后，按集成电路标记口的方向插上集成电路，方可通电测试。

（4）测试要求：

用示波器分别观察、测量和记录 555 定时器 2 脚或 6 脚、3 脚的输出波形，并观察发光二极管的状态，记录在图 6—2—10 中。

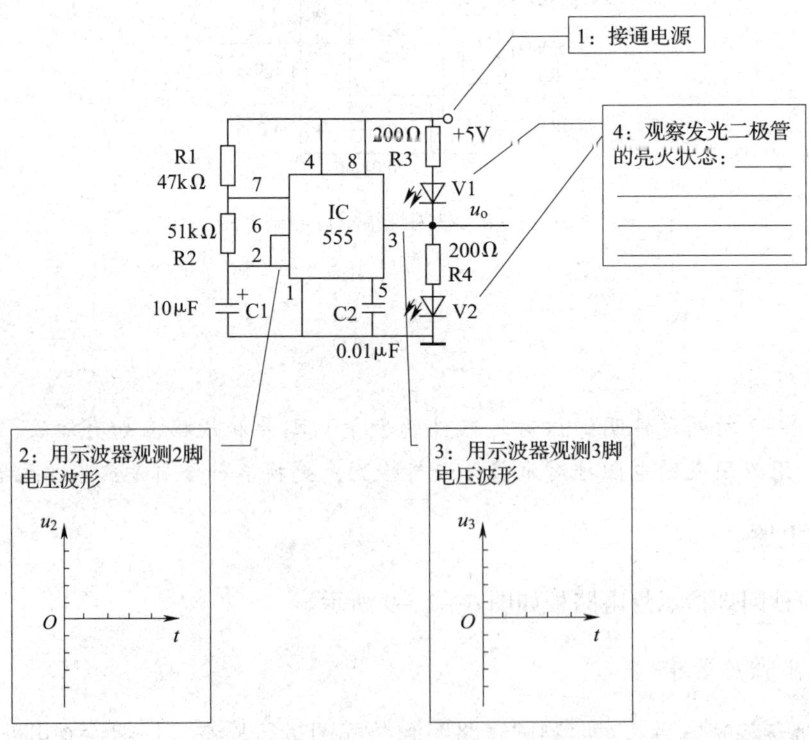

图 6—2—10　秒闪烁指示灯电路板测量结果

根据测试记录，分析测量结果得出该电路的输出信号频率。

知识巩固

一、填空题

1. 常用的555集成定时器有________定时器和________定时器两种类型，两者的工作原理基本相同。CMOS定时器CC7555由___________、两个___________、___________、___________以及输出缓冲门组成。

2. 由555定时器组成的多谐振荡器的振荡周期为___________________。

3. 施密特触发器是一种具有____________的双稳态电路，其特点是：电路具有________稳态，且________稳态依靠____________来维持。

二、判断题

1. 施密特触发器是一个双稳态触发器。（　　）

2. 施密特触发器是利用其回差特性进行波形变换的。（　　）

3. 单稳态触发器、施密特触发器和多谐振荡器的内部都有正反馈，因此电路状态转换十分迅速。（　　）

三、选择题

1. 改变施密特触发器的回差电压而输出电压不变，则触发器输出电压要变化的是（　　）。

A. 幅度　　B. 脉冲宽度　　C. 频率　　D. 波形

2. 施密特触发器一般不适用于（　　）电路。

A. 延时　　B. 波形变换　　C. 波形整形　　D. 幅度鉴定

3. 施密特触发器的特点是（　　）。

A. 没有稳态　　B. 有两个稳态

C. 有两个暂稳态　　D. 有一个稳态和一个暂稳态

四、设施密特触发器的负向阈值电压 $U_T = 0.8$ V，回差电压 $\Delta U = 0.8$ V。试画出在图6—2—11所示输入波形下，施密特触发器的输出波形 u_o。

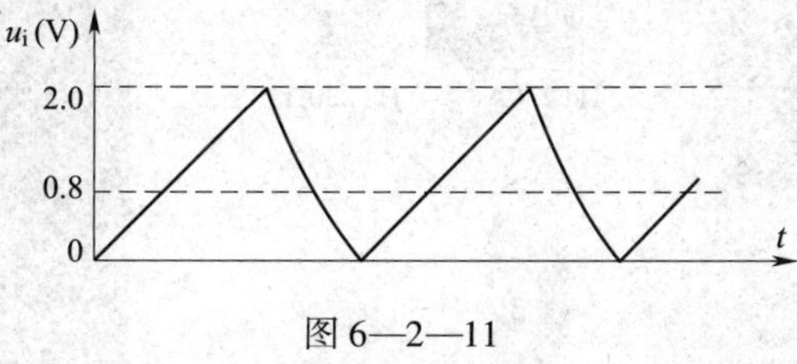

图6—2—11

五、如图6—2—12所示是由555定时器电路构成的一个简易电子门铃，试分析该电路的工作原理。

六、分析图 6—2—13 所示电路的工作原理。

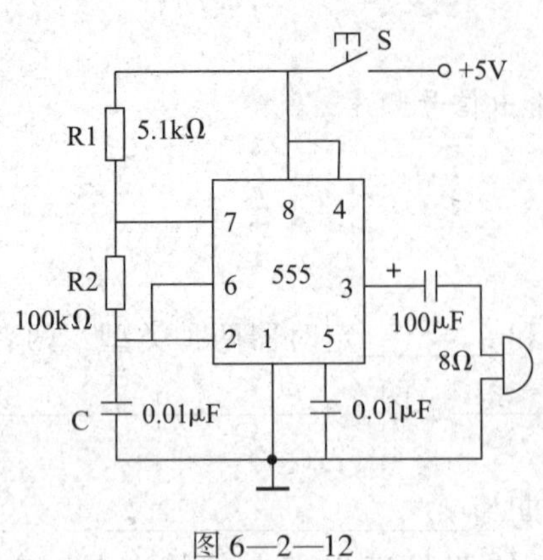

图 6—2—12

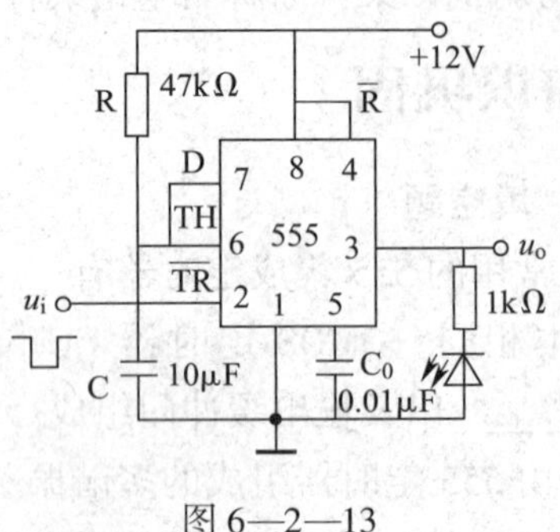

图 6—2—13

任务三　时序电路及其应用

任务要求

1. 理解时序电路的概念，掌握时序电路的特点。
2. 熟悉计数器、寄存器的功能。
3. 能正确分析、安装、调试和测量秒计时显示电路。

无论在居家布防设备中，还是在自动消防实时控制系统设备中，甚至于在监控实时录像系统设备中，时间的控制都是比较重要的，而形成时间的最基本单位就是秒计时，如图 6—3—1 所示。本任务的目标就是实现秒计时，并将计时值显示出来，其电路组成示意图如图 6—3—2 所示。

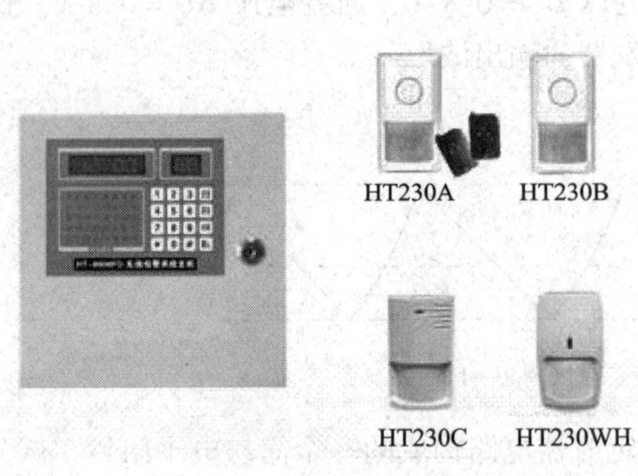

安防设备

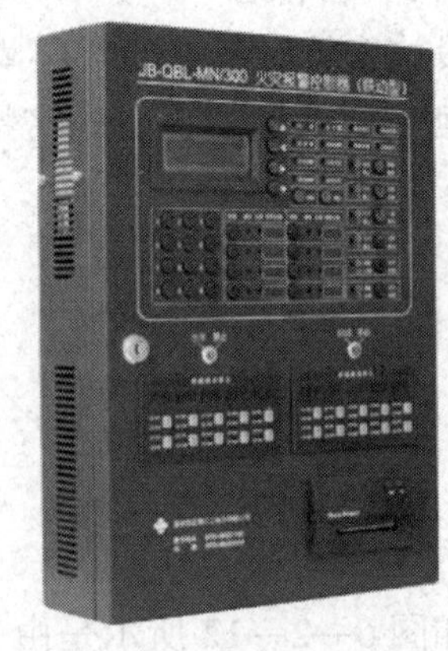

消防设备

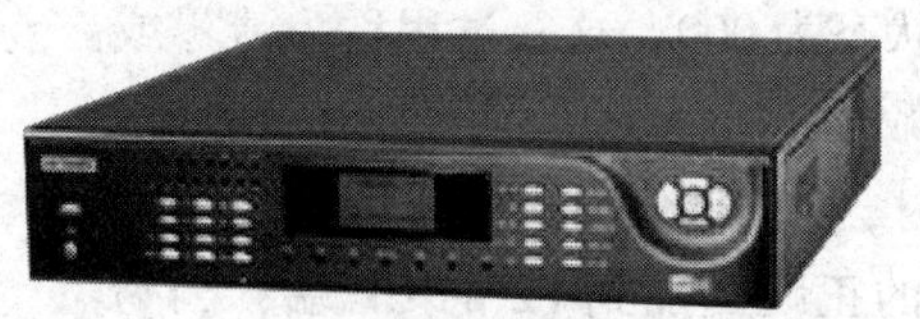

监控实时录像设备

图 6—3—1　具有秒显示功能的楼宇设备

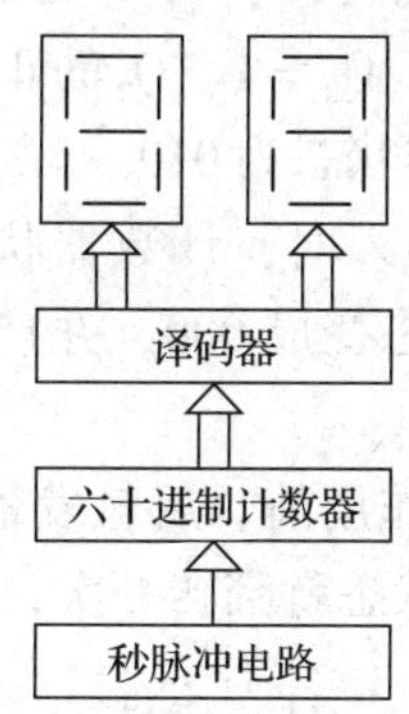

图 6—3—2　秒计时显示电路组成示意图

基础知识

一、计数器

计数器是数字系统中能累计输入脉冲个数的数字电路。除了计数之外，计数器还可用来定时、分频等。

计数器按计数进制不同，可分为二进制计数器、十进制计数器和 N 进制计数器。按计数单元中触发器翻转顺序来分，则有异步计数器和同步计数器两大类。在异步计数器中，当计数脉冲输入时，各级触发器翻转不是同时的，而是有先后的；在同步计数器中，所有触发器在同一脉冲作用下翻转是同时的。按计数过程中计数器数值的增减来分，又可分为递增计数器、递减计数器和可逆计数器。随着计数脉冲的输入而递增计数的叫作递增计数器，递减计数的叫作递减计数器，可增可减的叫作可逆计数器。

1. 二进制计数器

以异步三位二进制递增计数器为例：

（1）电路　异步二进制递增计数器的电路图如图 6—3—3 所示。它由三级 JK 触发器组成，由于 J = K = 1，故来一个触发脉冲，触发器状态翻转一次，Q 端为各触发器的输出，C 为进位输出。

（2）工作原理　计数器工作前，一般都需要把所有的触发器置“0”，即计数器状态为000，这一过程称为清零或复位。清零之后，计数器就可以开始计数了。

第一个计数脉冲输入时，在该脉冲的下降沿到来时刻，F1 翻转，Q_1 由 0 变 1。Q_1 的正跳变加到 F2 的 CP 端，因为触发器都是负跳变触发，所以 F2 不翻转，计数器的状态为 001。

第二个计数脉冲输入时，F1 又翻转，Q_1 由 1 变 0。Q_1 的负跳变送到 F2 的 CP 端，F2 翻转，$Q_2 = 1$。Q_2 的正跳变送到 F3 的 CP 端，F3 不翻转，计数器状态为 010。

按照上述规律，当第七个脉冲输入时，计数器状态为 111。如输入第八个脉冲，计数器状态变成 000，并产生一个向高位的进位信号。

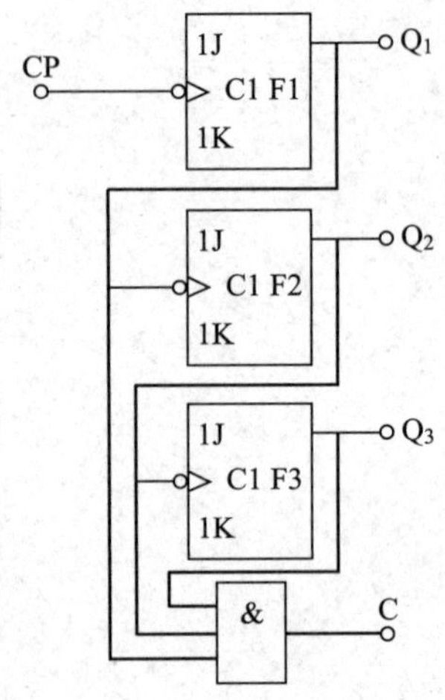

图 6—3—3　异步二进制递增计数器的电路图

若用 Q^n、Q^{n+1} 分别表示 CP 脉冲作用前、后触发器 Q 端的状态，则由上述可知，每向触发器 CP 端输入一个脉冲，触发器状态就翻转一次，即

$$Q^{n+1} = \overline{Q^n}$$

由图 6—3—3 可得到进位方程：

$$C = Q_3^n Q_2^n Q_1^n$$

按照计数器翻转规律，可直接得到计数器状态表，见表 6—3—1。

表 6—3—1　　三位异步二进制递增计数器状态表

输入 CP 脉冲个数	计数器状态 Q_3^n Q_2^n Q_1^n	进位 C
0	0　0　0	0
1	0　0　1	0
2	0　1　0	0
3	0　1　1	0
4	1　0　0	0
5	1　0　1	0
6	1　1　0	0
7	1　1　1	1
8	0　0　0	0

由状态表可知，图 6—3—3 所示电路具有二进制递增计数功能。

三位异步二进制递增计数器波形如图 6—3—4 所示。

2. 二—五—十进制计数器

在计数器中，十进制数通常是用二进制数表示的，所以十进制计数器是指二—十进制编码的计数器。本任务中将采用二—五—十进制计数器构成十进制计数器。

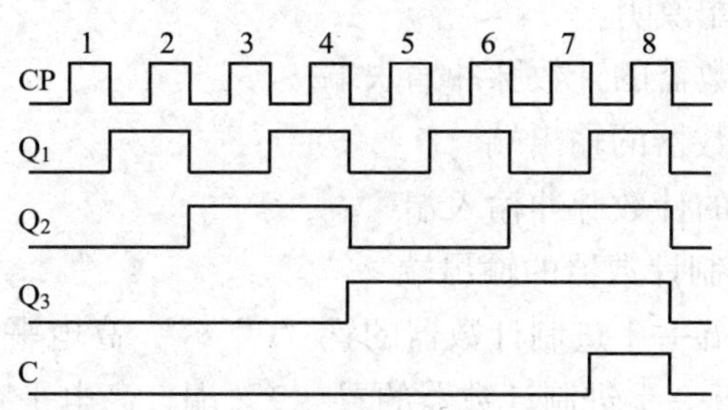

图 6—3—4　三位异步二进制递增计数器的波形

例如，CT74LS290 型二—五—十进制计数器，它由一个独立的一位二进制计数器和一个五进制计数器组成。

（1）逻辑图（见图 6—3—5a）

（2）引脚排列图及功能表（见图 6—3—5b、c）

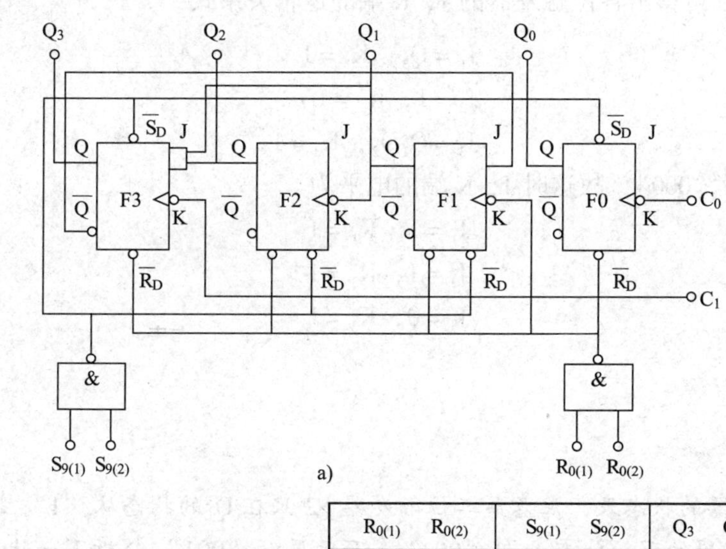

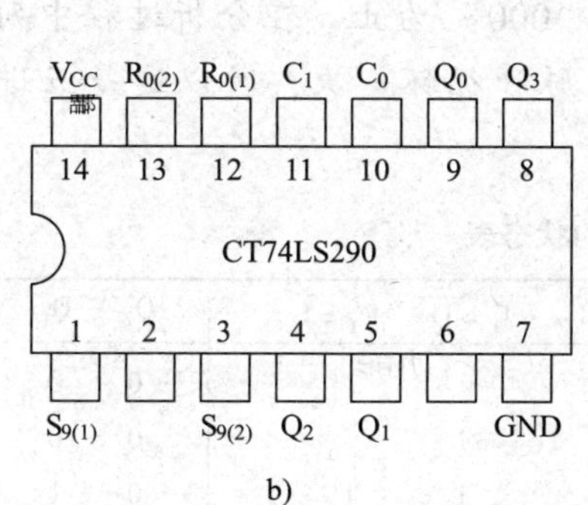

$R_{0(1)}$	$R_{0(2)}$	$S_{9(1)}$	$S_{9(2)}$	Q_3	Q_2	Q_1	Q_0
1	1	0 ×	× 0	0	0	0	0
×	×	1	1	1	0	0	1
×	0	×	0	计数			
0	×	0	×	计数			
0	×	×	0	计数			
×	0	0	×	计数			

（×表示任意态）

c)

图 6—3—5　CT74LS290 型二—五—十进制计数器

a）逻辑图　b）引脚排列图　c）功能表

CT74LS290 各引脚功能说明：

C_0——一位二进制计数器的计数脉冲输入端

Q_0——一位二进制计数器的输出端

C_1——五进制计数器的计数脉冲输入端

Q_3、Q_2、Q_1——五进制计数器的输出端

$R_{0(1)}$、$R_{0(2)}$——二—五—十进制计数器的置“0”端，高电平有效

$S_{9(1)}$、$S_{9(2)}$——二—五—十进制计数器的置“9”端，高电平有效

V_{CC}——电源端

GND——接地端

（3）工作原理

1）只输入计数脉冲 C_0，由 Q_0端输出，为二进制计数器。

2）只输入计数脉冲 C_1，由 $Q_3Q_2Q_1$端输出，为五进制计数器。

由图 6—3—5a 可得出各位触发器的 J、K 端的逻辑关系式

$$J_1 = \overline{Q_3}，K_1 = 1$$
$$J_2 = 1，K_2 = 1$$
$$J_3 = Q_1Q_2，K_3 = 1$$

因初始状态为“000”，故这时 J、K 端的电平为

$$J_1 = 1，K_1 = 1$$
$$J_2 = 1，K_2 = 1$$
$$J_3 = 0，K_3 = 1$$

根据 JK 触发器的状态表，注意第二位触发器 F2 只在 Q_1的状态从“1”变为“0”时才能翻转得出各触发器的下一状态，即“001”。而后再以“001”分析下一状态，这时触发器 F1 和 F2 都翻转，得出“010”。一直分析到恢复“000”为止。在分析过程中列出状态表，见表 6—3—2。由表 6—3—2 可见，经过 5 个脉冲循环一次，所以这是五进制计数器。

表 6—3—2　　五进制计数器的状态表

时钟脉冲数	$J_3 = Q_1Q_2$	$K_3 = 1$	$J_2 = K_2 = 1$		$J_1 = \overline{Q_3}$	$K_1 = 1$	Q_2	Q_1	Q_0
0	0	1	1	1	1	1	0	0	0
1	0	1	1	1	1	1	0	0	1
2	0	1	1	1	1	1	0	1	0
3	0	1	1	1	1	1	0	1	1
4	0	1	1	1	0	1	1	0	0
5	0	1	1	1	1	1	0	0	0

3）将 Q_0 端与 C_1 端连接，计数脉冲从 C_0 端输入，从 $Q_3Q_2Q_1Q_0$ 输出，这就构成了 8421 码十进制计数器，如图 6—3—6 所示，电路状态见表 6—3—3。

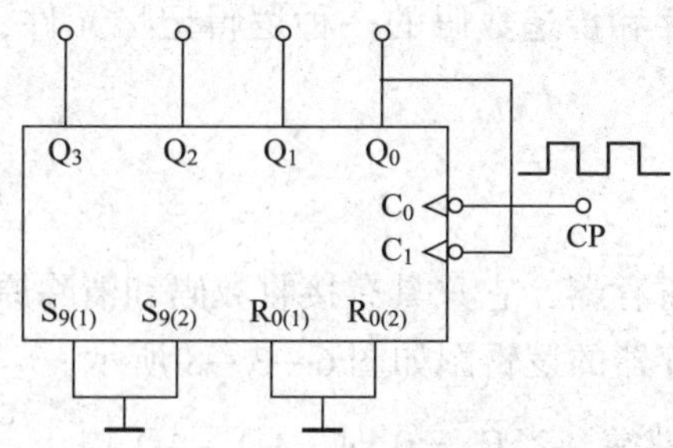

图 6—3—6　8421 码十进制计数器

表 6—3—3　**十进制递增计数器状态表**

输入 CP 脉冲个数	计数器状态			
	Q_3^n	Q_2^n	Q_1^n	Q_0^n
0	0	0	0	0
1	0	0	0	1
2	0	0	1	0
3	0	0	1	1
4	0	1	0	0
5	0	1	0	1
6	0	1	1	0
7	0	1	1	1
8	1	0	0	0
9	1	0	0	1
10	0	0	0	0

4）用 CT74LS290 构成六十进制计数器。为了得到六十进制计数器，可以将两片 CT74LS290 接成十进制的计数器串联起来。如图 6—3—7 所示，十位的 $Q_3Q_2Q_1Q_0$ 从 0000 到 0101 时，计数器正常计数。当 0101 增至 0110 时，与非门输出为 0，十位和个位计数器都转变为 00000000，从而实现了六十进制计数。

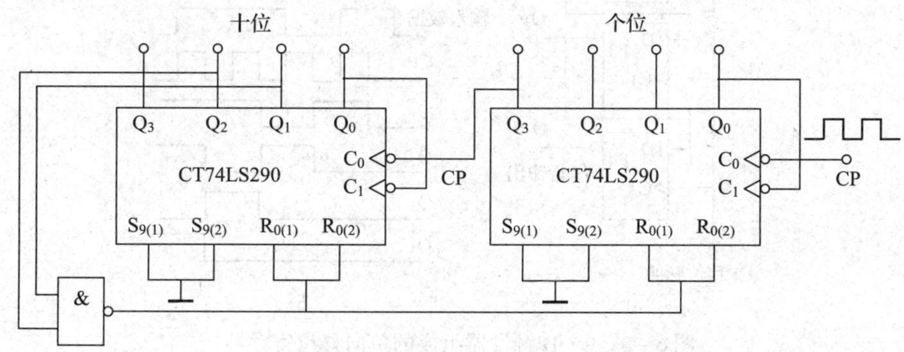

图 6—3—7　两片 CT74LS290 接成六十进制的计数器

二、寄存器

寄存器是能够接收、暂存和传递数码的一种逻辑记忆元件，它分为数码寄存器和移位寄存器两种类型。

1．数码寄存器

数码寄存器是最简单的寄存器，它只具有接收数码和清除原有数码的功能。

D 触发器构成的数码寄存器的逻辑图如图 6—3—8 所示。

图 6—3—8 中，$\overline{C_r}$ 为清零端，当 $\overline{C_r}=0$ 时，1Q ~ 4Q 均为“0”态。寄存数码时，$\overline{C_r}=1$，在 CP 上升沿到来后，输入端 1D ~ 4D 的数码并行存入 1Q ~ 4Q 之中。当 $\overline{C_r}=1$、CP = 0时，各触发器处于保持状态。

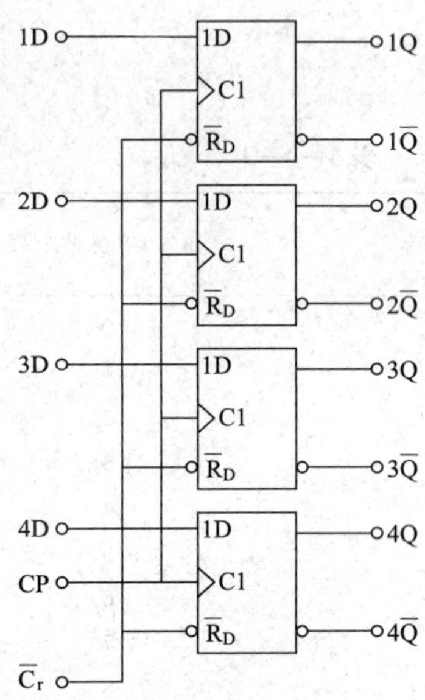

图 6—3—8　D 触发器构成的数码寄存器

2．移位寄存器

移位寄存器除了具有寄存数码的功能之外，还具有数码移位的功能。移位寄存器分单向移位寄存器和双向移位寄存器。

（1）单向移位寄存器　如图 6—3—9a 所示是由 D 触发器组成的单向移位寄存器。当移位脉冲上升沿来到后，输入数据移入 F1，而每个 D 触发器的状态移入下一级触发器，F4 的状态移出寄存器。设各触发器初态均为 0，输入数据为 1011，则经过 4 个 CP 移位脉冲之后，1011 全部存入寄存器。移位波形图如图 6—3—9b 所示。

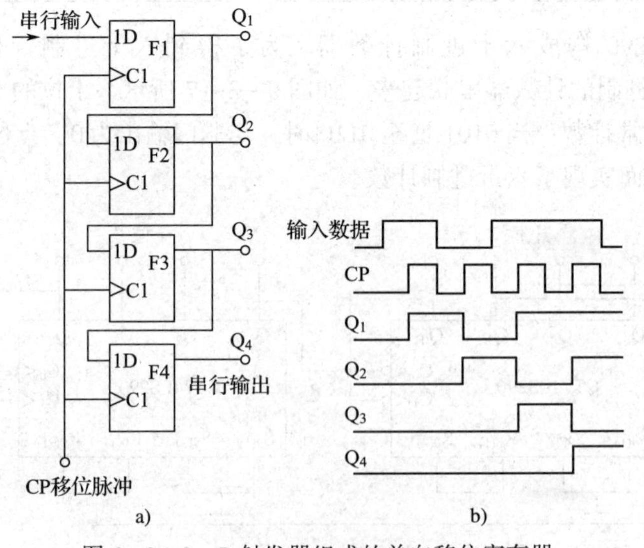

图 6—3—9　D 触发器组成的单向移位寄存器

a）逻辑图　b）波形图

这种输入数据取自 F1 的 D 端，当来一个 CP 移位脉冲时，各触发器状态移入下一级的输入方式叫作串行输入。输出取自各触发器的 Q 端，叫作并行输出。而输出取自最高位触发器的 Q 端，叫做串行输出。因此，图 6—3—9a 所示电路叫作串行输入、串并行输出单向移位寄存器。

（2）双向移位寄存器　双向四位 TTL 型集成移位寄存器 74LS194，具有双向移位，串、并行输入，保持数据和清除数据等功能。它的外形图、管脚排列分别如图 6—3—10 和图 6—3—11 所示。

图 6—3—10　双向移位寄存器 74LS194 外形图

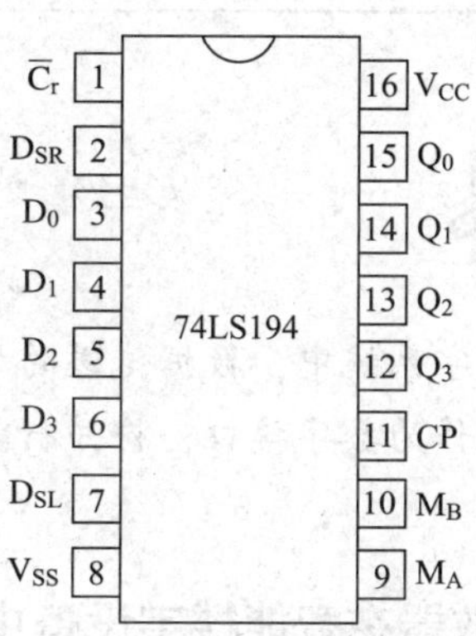

图 6—3—11　双向移位寄存器 74LS194 管脚排列图

74LS194 各引脚功能说明：

$\overline{C_r}$——清零端

M_A、M_B——工作状态控制端

D_{SL}——左移串行数据输入端

D_{SR}——右移串行数据输入端

$D_0 \sim D_3$——并行数据输入端

$Q_0 \sim Q_3$——并行数据输出端

CP——时钟脉冲

V_{CC}——电源端

GND——接地端

双向移位寄存器 74LS194 的逻辑功能见表 6—3—4。

表 6—3—4　　双向移位寄存器 74LS194 的逻辑功能表

输入										输出				注释
$\overline{C_r}$	M_B	M_A	D_{SR}	D_{SL}	CP	D_0	D_1	D_2	D_3	Q_0^{n+1}	Q_1^{n+1}	Q_2^{n+1}	Q_3^{n+1}	
0	×	×	×	×	×	×	×	×	×	0	0	0	0	清零
1	×	×	×	×	0	×	×	×	×	Q_0^n	Q_1^n	Q_2^n	Q_3^n	保持
1	1	1	×	×	↑	D_0	D_1	D_2	D_3	D_0	D_1	D_2	D_3	并行输入
1	0	1	1	×	↑	×	×	×	×	1	Q_0^n	Q_1^n	Q_2^n	右移输入 1

续表

输入										输出				注释
$\overline{C_r}$	M_B	M_A	D_{SR}	D_{SL}	CP	D_0	D_1	D_2	D_3	Q_0^{n+1}	Q_1^{n+1}	Q_2^{n+1}	Q_3^{n+1}	
1	0	1	0	×	↑	×	×	×	×	0	Q_0^n	Q_1^n	Q_2^n	右移输入 0
1	1	0	1	×	↑	×	×	×	×	Q_1^n	Q_2^n	Q_3^n	1	左移输入 1
1	1	0	0	×	↑	×	×	×	×	Q_1^n	Q_2^n	Q_3^n	0	左移输入 0
1	0	0	×	×	×	×	×	×	×	Q_0^n	Q_1^n	Q_2^n	Q_3^n	保持

在数字系统中，数据传送的方式有串行和并行两种。由于移位寄存器的特点，可用移位寄存器作为数字接口，将并行数据串行发送出去；也可将串行数据逐位接收下来，形成并行数据。

三、计数器在智能楼宇设备中的应用

在整个智能小区或智能大楼监控、安防和消防的工作过程中，为了避免由于人为的疏忽或错漏，也为了应对突发事件的调查和总结，在各个系统的实时记录中，总是需要同步于当前时间进行记录。同时，时间计数器还作为对值班工作人员的考勤进行评判。其在秒脉冲的控制下进行 24 进制和 60 进制的计数工作。此外，寄存器作为一个记忆单元用来记录相应的情况。

任务实施

根据表 6—3—5 所示秒计时显示电路元件清单对电路进行安装、调试，并观察其工作情况。

表 6—3—5　　秒计时显示电路元件清单

电路名称	秒计时显示电路（见图 6—3—12）		
序号	名称	规格	数量
1	LED 数码显示器 IC1、IC2	BS204	2 个
2	七段显示译码器 IC3、IC4	74LS247	2 个
3	双二—五—十进制计数器 IC5	74LS390	1 个
4	2 输入四与门 IC6	CD4081	1 个
5	16 脚集成电路插座	—	3 个
6	14 脚集成电路插座	—	1 个

续表

序号	名称	规格	数量
7	按钮开关 S	—	1 个
8	电阻 R7～R20	510Ω	14 只
9	电阻 R5、R6	47kΩ	2 只
10	电容 C3	0.01μF	1 只
11	实验电路板	—	1 块

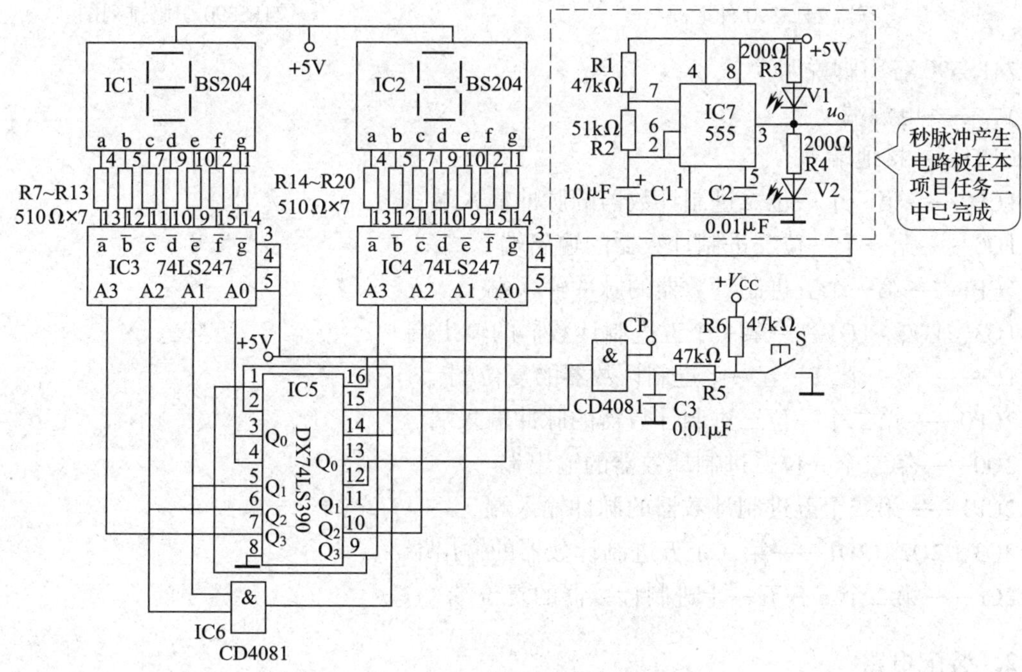

图 6—3—12　秒计时显示的测试电路

按表 6—3—5 所列元件明细核对元器件的数量、型号和规格，如有短缺、差错应及时补缺和更换。用万用表的电阻挡对元器件进行检测，更换不符合质量要求的元器件。

1. 识别集成电路

双二—五—十进制计数器 74LS390 集成电路外形图如图 6—3—13 所示，其引脚排列如图 6—3—14 所示。

图 6—3—13 双二—五—十进制计算器 74LS390 外形图

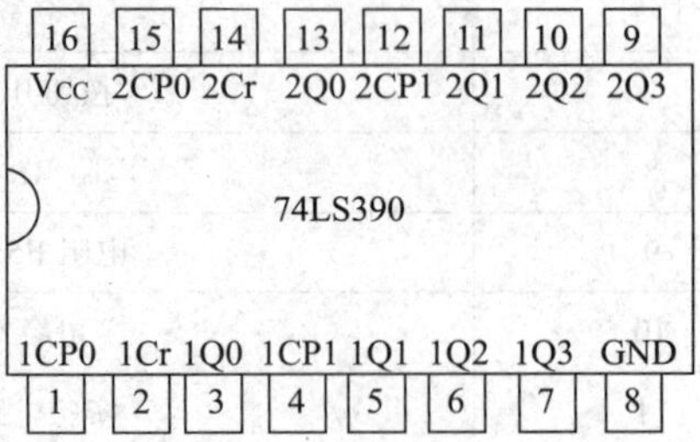

16	15	14	13	12	11	10	9
Vcc	2CP0	2Cr	2Q0	2CP1	2Q1	2Q2	2Q3
74LS390							
1CP0	1Cr	1Q0	1CP1	1Q1	1Q2	1Q3	GND
1	2	3	4	5	6	7	8

图 6—3—14 双二—五—十进制计算器 74LS390 引脚排列图

74LS390 各引脚说明：

V_{CC}——电源端

GND——接地端

1CP0——第一个一位二进制计数器的脉冲输入端

1Q0——第一个一位二进制计数器的输出端

1CP1——第一个五进制计数器的脉冲输入端

1Q3、1Q2、1Q1——第一个五进制计数器的输出端

1Cr——第一个二—五—十进制计数器的复位端

2CP0——第二个一位二进制计数器的脉冲输入端

2Q0——第二个一位二进制计数器的输出端

2CP1——第二个五进制计数器的脉冲输入端

2Q3、2Q2、2Q1——第二个五进制计数器的输出端

2Cr——第二个二—五—十进制计数器的复位端

2. 装配电路

安装好的秒计时显示电路板如图 6—3—15 所示。

3. 测试步骤及要求

（1）电路安装完毕后，对照测试线路图和装配图进行检查，仔细检查电路中各元件是否安装正确，导线、焊点是否符合要求，有极性器件的安装连接是否正确。

（2）用万用表检测电源是否有短路问题，发现短路，应先检查，排除短路点。

（3）无误后，按集成电路标记口的方向插上集成电路，方可通电测试。

（4）测试要求：

1）不按开关 S，将脉冲信号发生器的脉冲送 CP 端，观察显示器变化，并记录在图 6—3—16中（个位、十位），用示波器观察波形（注意 *X* 轴坐标时间），并记录。

2）按下开关 S，将脉冲信号发生器的脉冲送 CP 端，观察显示器变化，并记录。

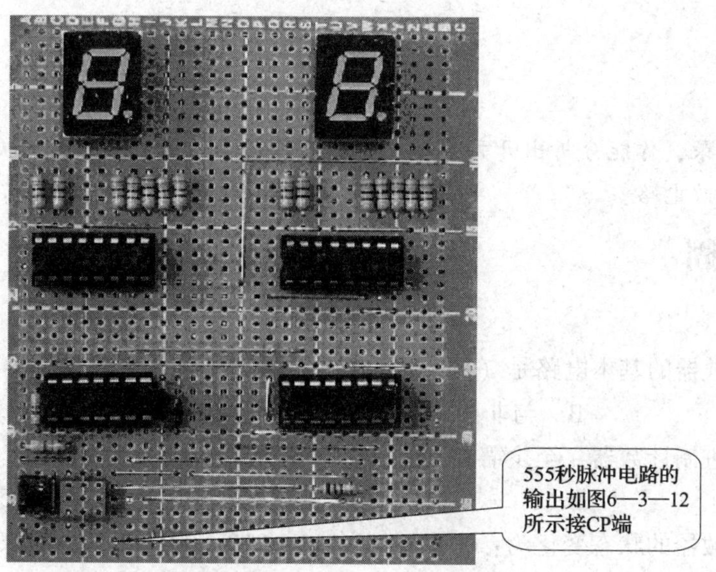

图 6—3—15 秒计时显示电路板

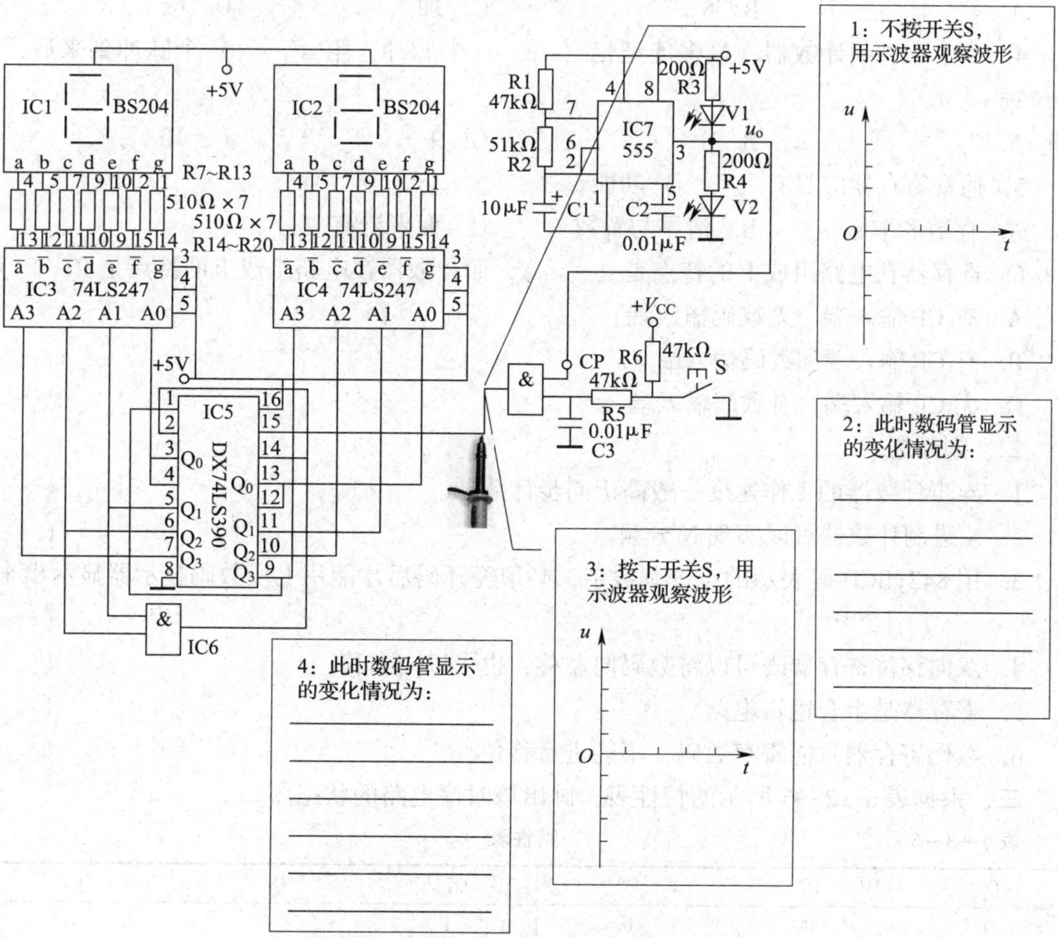

1：不按开关S，用示波器观察波形

2：此时数码管显示的变化情况为：

3：按下开关S，用示波器观察波形

4：此时数码管显示的变化情况为：

图 6—3—16 秒计时显示电路板测量结果

想一想

根据测试记录，你能分析出开关 S 在电路中的作用吗？若要将电路改成 00 ~ 99 秒计时显示，应如何修改电路？

知识巩固

一、选择题

1. 构成计数器的基本电路是（　　）。

A. 或非门　　B. 与非门　　C. 触发器

2. 一个十进制计数器，至少需要（　　）个触发器构成。

A. 2　　B. 3　　C. 4　　D. 5

3. 一个计数器的状态变化为：000→100→011→010→001→000，则该计数器是（　　）进制（　　）法计数器。

A. 4　　B. 5　　C. 加　　D. 减

4. 一个八进制计数器，最多能记忆（　　）个脉冲，第（　　）个脉冲到来后，向高位进一。

A. 7　　B. 8　　C. 9　　D. 10

5. 通常寄存器应具有（　　）功能。

A. 存数和取数　　B. 清零与置数　　C. 两者皆有

6. 寄存器在电路组成上的特点是（　　），而计数器在电路组成上的特点是（　　）。

A. 有 CP 输入端、无数码输入端

B. 有 CP 输入端和数码输入端

C. 无 CP 输入端、有数码输入端

二、判断题

1. 异步计数器的工作速度一般高于同步计数器。（　　）

2. N 进制计数器可以实现 N 分频。（　　）

3. 用 8421BCD 码表示的十进制数字，必须经译码后才能用七段数码显示器显示出来。（　　）

4. 双向移位寄存器既可以将数码向左移，也可以向右移。（　　）

5. 寄存器是组合逻辑电路。（　　）

6. 数码寄存器只能寄存数码，不能进行移位。（　　）

三、根据表 6—3—6 所示的特性表，画出该时序电路的状态图。

表 6—3—6　特性表

Q_3^n	Q_2^n	Q_1^n	Q_3^{n+1}	Q_2^{n+1}	Q_1^{n+1}
0	0	0	1	0	0
0	0	1	0	0	0

续表

Q_3^n	Q_2^n	Q_1^n	Q_3^{n+1}	Q_2^{n+1}	Q_1^{n+1}
0	1	0	1	0	1
0	1	1	0	0	1
1	0	0	1	1	0
1	0	1	0	1	0
1	1	0	1	1	1
1	1	1	0	1	1

四、分析图 6—3—17a 所示电路的逻辑功能，列出特性表，并画出 Q_0、Q_1、Q_2 的波形。（设各触发器的初始状态均为 0。）

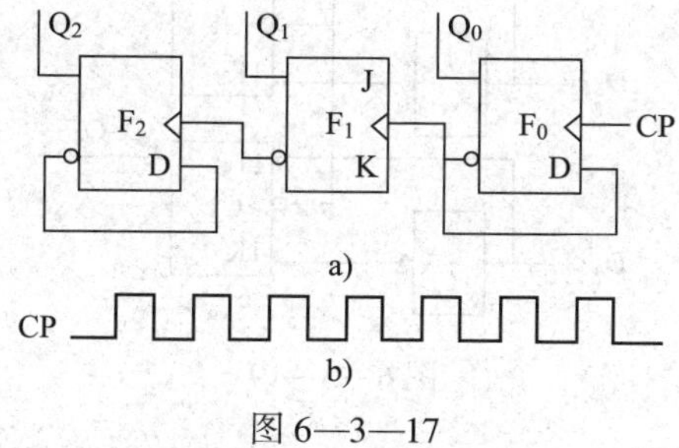

图 6—3—17

CP 个数	Q_0	Q_1	Q_2
0	0	0	0
1			
2			
3			
4			
5			
6			
7			
8			

五、某计数器的输出端 Q_3、Q_2、Q_1 的波形如图 6—3—18 所示，试画出该计数器的状态图。

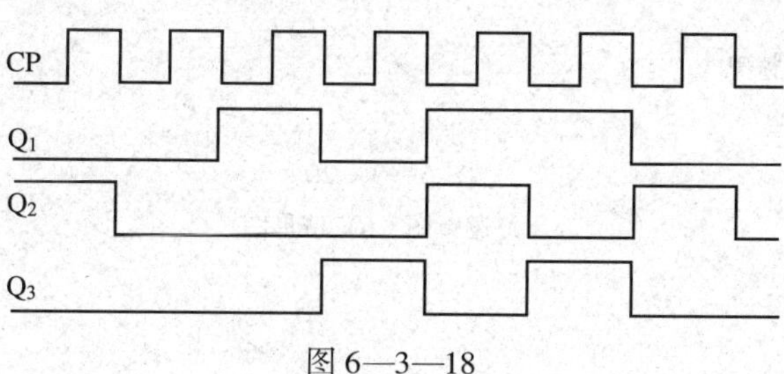

图 6—3—18

六、用两片 74LS390 构成 24 进制计数器，画出电路图。

七、图 6—3—19 所示为边沿 JK 触发器所组成的数码寄存器，试说明该数码寄存器的工作原理。

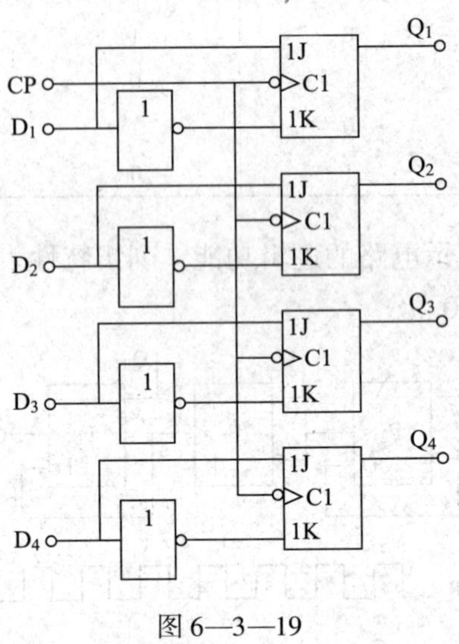

图 6—3—19

八、如图 6—3—20 所示是一个串并行输入、串并行输出移位寄存器，试说明该移位寄存器的工作原理，并根据输入波形画出输出波形。

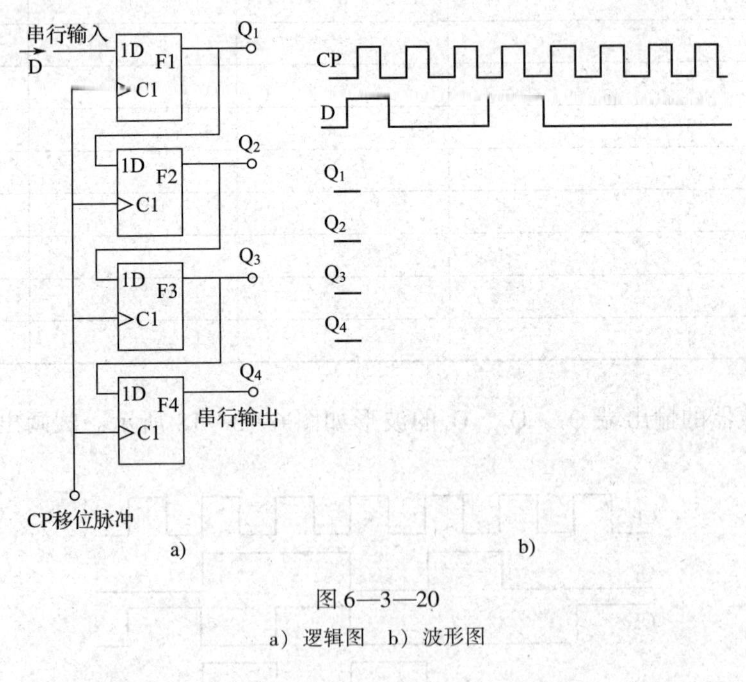

图 6—3—20

a）逻辑图 b）波形图